Claire Bessant

Das Beste für meine Katze

Claire Bessant

Das Beste für meine Katze

Samtpfoten lieben und verstehen

KOSMOS

Inhalt

Einleitung

Wissen Sie, wie Ihre Katze denkt? Was sie motiviert? Jede Katze ist das Produkt einer Evolution über Millionen von Jahren, während der sie sich zu einem perfekten Jäger und einem optimal angepassten Lebewesen entwickelte. Katzen sind zum wichtigsten Gefährten der Menschen geworden, ohne auch nur einen ihrer Instinkte aufzugeben. Was geht unter ihrer wunderschönen Hülle vor? Katzen können sich nicht äußern. Wäre das Zusammenleben mit ihnen einfacher, wenn wir ihr verborgenes Leben besser verstehen?

Hauskatzen nehmen vielfältige Belastungen auf sich. Wir zwingen ein ursprünglich zutiefst einzelgängerisches Raubtier dazu, mit uns und anderen Katzen ein soziales Leben zu führen. Schon die Katzendichte in einer Stadt führt zwangsläufig zu Stress und zusätzlich belasten wir sie noch durch unser Bedürfnis nach Nähe. Wir züchten Katzen mit genetischen Defekten, vergessen, sie früh genug an ein soziales Leben zu gewöhnen und erwarten dennoch, dass sie friedlich mit anderen Artgenossen in unseren Wohnungen leben. Unsere menschlichen Eigenheiten sind eine echte Herausforderung an die Anpassungsfähigkeit einer Katze. Wie selten echte Problemfälle sind, ist ein Beweis dafür, wie gut sich die meisten Katzen trotz allem diesen Bedingungen anpassen können.

Ich möchte versuchen zu erklären, was den Charakter einer Katze prägt, warum sie sich so und nicht anders verhält. Ich habe versucht, die Wünsche einer Katze aus ihrem Verhalten zu ermitteln, damit wir lernen, ihr das Leben ein wenig leichter zu machen.

Wenn wir zur Seele einer Katze vordringen, werden wir ihnen den Respekt entgegenbringen können, den sie verdienen.

1
Ein perfektes Haustier für mich

Ein soziales, zweibeiniges Wesen, das der Sprache mächtig ist, trifft auf ein vierbeiniges Raubtier an der Spitze der Nahrungskette. Es ist Liebe auf den ersten Blick – auf Seiten der Zweibeiner. Inzwischen hat sich die Partnerschaft der beiden bewährt: Sie ist stabil, kommt ohne Eifersucht aus und lässt dem Raubtier weitgehende Freiheiten, erlaubt sogar andere Beziehungen. Ist das nicht zu schön, um wahr zu sein? Wie konnte eine solche Beziehung Bestand haben? Sie hat nicht nur gehalten, sondern ist sogar noch sehr viel stärker geworden! Mann (vermutlich häufiger Frau) trifft Katze und ist fasziniert. Das Geheimnis dieser Beziehung ist das stabile Band.

Früher akzeptierte die Gesellschaft nicht bedingungslos, dass ein Mensch in ein Tier vernarrt war. Ein arbeitender Hund stand in hohem Ansehen, denn er erfüllte eine Aufgabe. Die Menschen durften ihm mit Respekt und Zuneigung begegnen, denn er leistete etwas dafür. Die Katze hatte dagegen keine echte Aufgabe, außer, dass sie gelegentlich Mäuse fing, und galt lange als nutzloser Kostgänger – geduldet, aber nicht geliebt. Wer seine Zuneigung zu Katzen offen bekannte, galt als merkwürdig. Manche Frau des Mittelalters wurde wegen ihrer Liebe zu Katzen sogar als Hexe beschimpft und bis in jüngste Zeit kam es durchaus vor, dass in der Zuneigung zu Katzen eine »kompensierte Liebe zu Kindern« gesehen wurde.

Zeiten und Einstellungen haben sich gewandelt. Die Katze hat den Haushund vom Spitzenplatz am Feuer verdrängt. Sie muss sich nicht länger im Freien durchschlagen, sondern darf auf dem besten

Sessel des Menschen und auf seinen weichsten Kissen Platz nehmen. In Großbritannien leben mehr Hauskatzen als -hunde (7,5 Mio. Katzen gegen 6,1 Mio. Hunde). Die Katzen leben in etwa 5 Mio. Haushalten, was statistisch 1,5 Katzen pro Katzenhaushalt bedeutet. Während sich die meisten Menschen mit einem Hund zufriedengeben, füttern die meisten Katzenhalter mehr als eine Katze. Nur ein Fünftel der Hundehalter haben mehr als einen Hund, dagegen leisten sich über ein Drittel der Katzenhalter mindestens zwei Katzen – davon aber später.

Heute ist es gesellschaftlich akzeptiert, seine Liebe zu Katzen zu zeigen. Auch die Anerkennung für den hart arbeitenden Hund, der vor dem Haus in seiner Hütte hauste, hat sich gewandelt. So gut wie alle Hunde leben heute als Haustier mit Familienanschluss in der Wohnung. Die Liebe zu Tieren wird nicht nur allgemein anerkannt, sondern die Gesellschaft reagiert ablehnend, wenn jemand sein Tier vernachlässigt. Von diesem Wandel in unserer Einstellung haben besonders die Katzen profitiert. Ihre Anpassungsfähigkeit kam ihnen dabei zugute.

Wie kommt es, dass die Katzen innerhalb kurzer Zeit vom wenig geachteten Mäusejäger zum geliebten Hausgenossen aufgestiegen sind? Haben sie ihr Verhalten geändert? Tatsächlich haben sich nicht die Katzen, sondern die Menschen geändert. Die Katzen sind geschickt in eine Lücke geschlüpft, die durch Veränderungen in der Lebensweise der Menschen entstand, und sie haben sich komfortabel darin eingerichtet. Was könnten die Gründe dafür sein?

Genügend Zeit?

Zu keiner Zeit waren wir so beschäftigt wie heute. Die Menschen arbeiten härter und länger und viele Arbeitgeber erwarten zusätzlich Mehrarbeit. Natürlich fehlen die warnenden Stimmen nicht, die den Wert der Familie betonen und den Eltern empfehlen, mehr Zeit mit ihren Kindern zu verbringen. Dennoch bleibt es nicht aus, dass zusätzliche Arbeit die Eltern länger von zu Hause fernhält. Dies gilt auch für Selbstständige, die jede Gelegenheit für Geschäfte nützen und fast rund um die Uhr zur Verfügung stehen müssen. Es ist ein Teufelskreis. Die Verkürzung der Wochenarbeitszeit zugunsten von mehr Familie und Hobbys ist ein hehres Ziel, das aber nur von wenigen wirklich genutzt werden kann – die Arbeitsbelastung lässt das nicht zu.

Die Aufgabenstellung in der Familie änderte sich vor 30 bis 40 Jahren. Bis dahin blieben die Frauen zu Hause und kümmerten sich um den Haushalt, die Kinder und den Mann. Heute gehen vielfach beide Partner arbeiten, um die laufenden Kosten und den Lebensunterhalt zu finanzieren. Für manche berufstätige Frau ist die Arbeitswelt sogar weniger anstrengend als der Haushalt. Früher konnte eine Frau, die ständig zu Hause war, die Dinge des täglichen Lebens tagsüber erledigen: Einkäufe, Wäsche waschen, kochen und anderes mehr. Heute müssen diese Tätigkeiten in den Abend- oder gar Nachtstunden, und an den Wochenenden erledigt werden. Zudem ist die Erziehung der Kinder keine leichte Aufgabe. Nur an den Wochenenden bleibt Zeit, sich länger mit ihnen zu beschäftigen. Wirkliche Ruhezeiten sind selten und kürzer geworden. Nichts tun, nur auf dem Sofa ausruhen, ist heute ein kostbarer Luxus! Katzen beanspruchen nicht viel Zeit. Sie wollen nicht ausgeführt werden und geben sich mit einer gelegentlichen Zuwendung zufrieden.

Verantwortung übernehmen

Der Hund ist der beste Freund des Menschen und hat es doch immer schwerer, einen Platz in unserem vollen Terminkalender zu finden. Hunde sind Herdentiere, sie suchen instinktiv nach einer Gruppe, in der sie sich sicher fühlen. Hunde, die den ganzen Tag allein sein müssen, fühlen sich gestresst und reagieren häufig mit zerstörerischem

Verhalten. Auch in juristischer Hinsicht sind Hundehalter für ihre Tiere verantwortlich und sollten genau darüber informiert sein, wo sich ihr Hund aufhält und was er gerade treibt. Ein frei laufender Hund kann eine Gefahrenquelle für andere sein. Selbst freundliche Hunde können den Gehweg beschmutzen oder die Nachbarschaft durch andauerndes Gebell stören. Ein Hundehalter muss sich also bemühen, seinem Hund ein Umfeld zu bieten, in dem er sich wohlfühlt, sich gut benimmt und weder Menschen noch andere Hunde gefährdet. Wenn ein Welpe ins Haus kommt, ist er nur selten bereits ausgebildet. Wir tragen die Verantwortung dafür, ihn ordentlich zu erziehen. Das kostet Zeit und setzt eine gewisse Erfahrung voraus. Ein Hund muss in seine neue Familie integriert werden und braucht regelmäßig Auslauf.

Die juristische Verantwortung bedeutet auch, dass wir für Schäden aufkommen müssen, die unser Hund verursacht. Wenn eine Katze im Garten des Nachbarn eine Taube tötet, ist der Katzenhalter nicht verantwortlich. Handelt es sich um zahme Tauben, muss der Gartenbesitzer sie gegen Katzen schützen. In Großbritannien hat diese Ungleichbehandlung Folgen: Wer einen Hund anfährt, muss den Vorfall melden, bei einer Katze ist das nicht erforderlich. Hunde dürfen nicht frei streunen, Katzen dürfen dies sehr wohl. Im Auge des Gesetzgebers sind Katzen weniger wert als ein Hund, dafür sind sie freier in ihren Handlungen und ihr Besitzer trägt eine geringere Verantwortung.

Für eine Katze da sein

Es gibt immer weniger Menschen, die genügend Zeit, Platz und ausreichende Kenntnisse haben, einen Hund richtig zu halten. Dabei hat unsere Bereitschaft, uns um ein Tier zu kümmern, keineswegs nachgelassen. Wir zeigen einem Haustier gerne unsere Zuneigung. Nach einem langen Tag im Büro in eine leere Wohnung zu kommen, macht keinen Spaß. Es geht uns gleich besser, wenn dort ein Tier auf uns wartet und sich bei der Begrüßung ganz offensichtlich freut. Katzen sind sauber, unabhängig, fühlen sich nicht einsam, sind gute Gefährten und brauchen nur wenig Pflege. Zudem ist es eher unwahrscheinlich, dass man wegen einer Katze Ärger mit Nachbarn oder Freunden bekommt. Katzen sind eine ideale Lösung.

Ein pflegeleichtes Haustier

Katzen sind wunderbare Gefährten. Viele von ihnen folgen ihren Besitzern durch die Wohnung, schlafen in ihrer Nähe, setzen sich auf die Zeitung, die man gerade lesen möchte, verteilen ihre Haare gleichmäßig auf der Computertastatur und begleiten uns gern in den Garten. Es wirkt unglaublich entspannend und beruhigend, eine schnurrende Katze zu streicheln. Das ist sogar erwiesen.

Es gibt viele Studien über die Vorzüge, einen Hund zu halten. Hundehalter haben niedrigeren Blutdruck, leiden weniger unter Depression und erholen sich nach einer Krankheit schneller als Menschen ohne Hund. Nicht zuletzt kommt das sicher auch daher, dass ein Hund täglich Auslauf braucht. Dieser Auslauf ist eine Verpflichtung, die Katzenhalter nicht eingehen müssen. Sie brauchen nicht bei Wind und Wetter ins Freie zu gehen und mit dem Hund an jedem Baum und jeder Fährte stehen zu bleiben. Sie müssen sich auch nicht mit fremden Menschen unterhalten, die einem mit Fragen zum Hund auf die Nerven gehen. Wenn ein Hundehalter im kalten Winter mit seinem Hund Gassi geht, dürfen es sich Katzenhalter vor dem warmen Kamin gemütlich machen. In Krankenhäusern oder Rehabilitations-Zentren wird der positive Einfluss von Hunden genutzt, um die Rekonvaleszenz der Patienten zu unterstützen. Theoretisch wäre das auch mit Katzen möglich, aber die wenigsten Katzen sind begeistert, wenn sie ihr vertrautes Revier verlassen müssen, um Fremde zu besuchen. Katzen brauchen Zeit, sich an einen Menschen zu gewöhnen und entscheiden selbst, ob sie den Kontakt suchen. Die Beziehung zu einer Katze ist immer persönlicher als die zu einem Hund, der »nur« seinen Platz im Rudel sucht.

Frau und Katze

Die Rolle der Frauen in unserer Gesellschaft hat sich noch dramatischer verändert als die Rolle der Katzen. Frauen bewältigen die Doppelbelastung von Haushalt und Beruf und beteiligen sich an wichtigen häuslichen Entscheidungen. In der traditionellen Familie, die früher von den Entscheidungen des Mannes abhängig war, hatte der Hund seinen Platz. Frauen – aus welchen Gründen auch immer – lieben Katzen mehr als Hunde. Außerdem »dürfen« sie Katzen halten und engere Bindungen zu ihnen aufbauen. Wenn sie die Wahl haben, fällt die Entscheidung regelmäßig gegen den Hund, zugunsten der Katze. Möglicherweise spielt dabei auch eine Rolle, dass Katzen pflegeleichter sind.

Mann und Katze

Aber nicht nur Frauen lieben Katzen. Auch Männer können sich dazu durchringen, sich zu einer Katze zu bekennen, obwohl viele immer noch die unbedingte Loyalität und den Gehorsam eines Hundes bevorzugen. Bis auf die wenigen, die selbst eine Katze haben, bewerten Männer eine Katze sehr distanziert: Katzen scheinen ihnen unabhängig und reserviert, da sie sich keinem Fremden zuwenden und nicht um Aufmerksamkeit betteln. So bleiben die Kontakte Mann-Katze oft oberflächlich. Andererseits verwandeln sich »bekehrte« Männer oft in die eifrigsten Befürworter von Katzen. Viele Männer, die auf Hunde festgelegt sind, wären sicher nie auf die Idee gekommen, eine Katze zu halten. Wenn sie jedoch über einen

Partner oder ein Kind zufällig »an die Katze« geraten, wird aus ihrer anfänglichen Skepsis schnell Zuneigung. Sie erfahren, dass Katzen nicht ablehnend oder zu unabhängig sind, sondern intelligent, elegant und auf eine eigene Art »besonders«, wenn sie uns begrüßen oder sich dazu herablassen, auf unserem Schoß zu schlafen. Diese bekehrten Männer werden als Erste nervös, wenn die Katze krank wird und sie sind verzweifelt, wenn die Katze stirbt.

Wenn Männer dann noch Katzen mit Hunden vergleichen, ziehen die Hunde häufig den Kürzeren: Hunde betteln um ein Zeichen der Zuneigung oder sitzen still und warten auf ein Wort oder ein Tätscheln. Katzen sind überlegen, ruhig und selbstbewusst. In Beziehungen zwischen Katzen und Hunden ist die Katze meist der Chef. Wenn eine Katze einen Hund unverwandt anstarrt, sieht er ihr nicht in die Augen, sondern legt sich hin, um den Kontakt zu vermeiden. Es kommt aber auch vor, dass Katzen und Hunde die besten Freunde werden.

Schuldgefühle?

Katzen sind auch deswegen beliebt, weil sie bei uns keine Schuldgefühle aufkommen lassen. Viele Menschen schaffen es einfach nicht mehr, all das zu erledigen, was sie gerne möchten: Sie vernachlässigen den Partner, schenken ihren Kindern nicht die Aufmerksamkeit, die sie verdienen. Zu allem Überfluss haben sie oft nicht die Zeit, lange genug mit dem Hund draußen zu sein. Weil er zu lange eingesperrt war und sich einsam fühlt, heult er, bellt und nagt an den Möbeln herum. Sein berechtigtes Verhalten macht den Besitzer unglücklich. Er fürchtet sich vor Beschwerden der Nachbarn und bekommt zusätzlich Schuldgefühle.

Eine Katze fühlt sich wohl, auch wenn man sie allein und in Ruhe lässt. Sie führt ihr eigenes Leben, ohne große Aufmerksamkeit zu verlangen. Katzen teilen sich sogar ihre Nahrung selbst ein. Morgens bekommen sie eine ausreichende Tagesration und bedienen sich, wann immer sie Hunger verspüren. Sie gehen ins Freie, wenn sie den Drang danach verspüren oder benutzen ein sauberes Katzenklo. Katzen sind auch dann zufrieden, wenn man sich nicht dauernd um sie kümmert. Katzenhalter, die von Anfang an vor Schuldgefühlen gefeit sein möchten, sollten sich zwei Kätzchen aus einem Wurf anschaffen. Die beiden kommen gut miteinander aus, leisten sich Gesellschaft. Der Mehraufwand ist gering, der Spaß doppelt so groß.

Wohnungstauglich

Viele Menschen arbeiten heute länger als früher, und dennoch bleibt unter dem Strich nicht viel Geld übrig. Daher verbringen sie die knappe Freizeit vorwiegend in den eigenen vier Wänden. Die Home-Entertainment-Branche boomt: Flatscreen-Fernseher, DVDs, Satellitenfernsehen, Pay-TV, Stereoanlagen und CDs sind wie geschaffen dafür, sich den Feierabend zu Hause zu versüßen. Wer sich hauptsächlich in der Wohnung aufhält, legt größeren Wert auf eine ansprechende Umgebung. Zeitschriften und sogar Fernsehprogramme geben uns Ratschläge, wie eine »schöne« Wohnung auszusehen hat. Hunde stören dabei eher. Sie machen Unordnung.

Ein nasser Hund, der vom Gassi-gehen in die Wohnung kommt, duftet nun einmal nicht angenehm. Der Eigengeruch verstärkt sich mit dem Alter des Hundes. Auf dem Land kann man den Hund draußen lassen, bis er wieder trocken ist, aber in der Stadt bleiben nur die Küche oder das Bad, wo sich die schlammigen Fußabdrücke und Dreckspritzer leichter wieder entfernen lassen. Katzen lassen zwar ihre Haare überall zurück – je dichter das Fell, desto größer das Problem – dafür riechen sie nicht, solange das Katzenklo regelmäßig gesäubert wird. Sie machen keine Unordnung, und eine Katze, die dekorativ auf dem Teppich oder dem Sofa liegt, ist eher eine Bereicherung des Ambientes.

Katze bleibt Katze

Selbst der wildeste, kampferprobte Kater strahlt Eleganz und Würde aus, während ein schlankes, junges Kätzchen sich mit vollendeter Grazie und Schönheit bewegt. Zum Glück haben es die Züchter nicht geschafft, den Körperbau einer Katze wesentlich zu verändern. Manche Katzen mit Stammbaum zeichnen sich zwar durch üppige Behaarung aus, andere sind gedrungener, wieder andere schlanker, aber das Wesentliche eines Katzenkörpers, die schönen Augen, das weiche Fell und seine Zeichnung, und die geschmeidigen Bewegungen blieben bei allen Züchtungsversuchen erhalten.

Der einfache Weg ins Freie

Die Katzenklappe ist ein weiterer Grund, warum die Haltung einer Katze einfach ist. Eine Wohnung mit Katzenklappe entlastet den Besitzer von der Verantwortung, ständig ein Auge auf die Katze haben zu müssen. Sie kann ganz nach Belieben ein- und ausgehen. Eine moderne Katzenklappe lässt sich fest verschließen, wenn die Katze nachts besser im Haus bleiben sollte. Der einzige Nachteil ist, dass sich die Katzen der Nachbarschaft über dieses Schlupfloch ins Haus schleichen könnten, aber die Vorteile der Katzenklappe überwiegen deutlich.

Money, money, money

Katzen sind nicht besonders teuer. In Großbritannien haben nur etwa 10 Prozent der Hauskatzen einen Stammbaum. Diese können dann mehrere hundert Pfund kosten. Alle übrigen Katzenliebhaber besorgen sich ihre Katzen im Tierheim, aus dem Wurf eines Bekannten oder adoptieren eine streunende Katze, die sich zufällig vor der Tür einstellt. In fast allen Fällen gehen die Anschaffungskosten für eine Katze gegen Null. Viele Katzenhalter entdecken erst lange nach den Katern der Umgebung, dass ihr kleines Katzenmädchen schon eine richtige Katze ist, und dass sich bereits die nächste Katzengeneration ankündigt. Dann suchen sie nach einem liebevollen Heim für den überraschenden Nachwuchs und geben die Kätzchen gerne ab.

Die Folgekosten sind für alle Katzenhalter gleich – ob für die einfache Hauskatze oder die Katze mit Adelstitel – Impfungen, Entwurmungs- und Flohkuren, Versicherung, Futter und Katzenstreu. Insgesamt halten sich die Kosten aber in Grenzen.

Ein langlebiger Gefährte

Katzen können recht alt werden. Im Tierreich gilt die Faustregel: Je größer das Tier, desto langlebiger ist es. Mäuse sterben früher als Kaninchen und Hunde leben länger als Kaninchen. Bei Hunden mit Stammbaum ist die Regel umgekehrt: Je größer die Rasse, desto kürzer das Leben. Vermutlich sind aber daran die Züchter nicht unschuldig, denn die üblichen mittelgroßen schwarz-braunen Mischlingshunde werden oft deutlich älter. Außerdem leben aktive Rassen länger als ruhige. Jack Russell Terriers und Collies sind sogar für ihre Langlebigkeit berühmt. Katzen werden meist älter als Hunde.

Ein Hund wird im Durchschnitt 12, eine Katze etwa 14 Jahre alt. Angeblich gibt es auch hier besonders langlebige Rassen: Siam- oder Burma-Katzen sollen bis zu 20 Jahre alt werden. Vielleicht werden Katzen älter, weil sie sehr aktiv sind oder ihre Ruhephasen zur totalen Entspannung nutzen können. Aus welchem Grund auch immer, Katzen bleiben uns lange erhalten – etwa die Zeit, die es braucht, bis ein Kind zum Teenager reift. Auch das macht sie zu ganz besonderen Gefährten. Eine gesunde, zufriedene alte Katze, an die wir uns gewöhnt haben und die unsere Eigenarten kennt, ist eine unglaubliche Bereicherung für unser Leben.

Katzen sind nun mal so

Es kommt uns nicht in den Sinn, das Verhalten einer Katze ändern zu wollen, damit sie sich besser in unseren Lebensplan und die Erwartungen der Gesellschaft einfügt. Bei Hunden sieht das anders aus. Hier halten wir Erziehung und Ausbildung für erforderlich. In unserer Beziehung zu einer Katze erwarten wir geradezu, dass sie einen eigenen Charakter zeigt und im Zusammenleben mit uns selbstbewusst bleibt. Wir sind durchaus bereit, gewisse Eigenheiten unserer Katze zu akzeptieren. Katzen sind Wesen mit eigenem Willen und wir müssen uns nicht ständig für sie verantwortlich fühlen.

Als Haustier bestens geeignet

Fasst man alle Überlegungen zusammen, kommt man zu folgendem Schluss: Katzen sind kluge, graziöse Tiere, wunderbare Gefährten und dennoch unabhängig. Sie sind elegant, selbstbewusst und wir fühlen uns geehrt, wenn sie sich uns anschließen. Sie sind sauber, ruhig und verletzen niemanden. Was will man mehr? Katzen haben in unseren Häusern und Wohnungen das perfekte Umfeld gefunden, obwohl sie sich nie ernsthaft darum bemüht haben und sich in mancher Hinsicht noch verhalten wie wilde Tiere. Wir haben ihnen eine perfekte »ökologische Nische« geschaffen – und die Katzen haben sie gerne und im Sturm erobert.

2

Wie alles begann

Wie ist die Beziehung zwischen Mensch und Katze entstanden? Wie haben es die Katzen geschafft, ihre Position in unseren Herzen und Wohnungen zu erobern? Warum gerade Katzen und nicht Frettchen oder Waschbären? Wie wurde die Katze zu unserem Haustier?

Am Anfang war die Jagd

Vor etwa 4000 Jahren gingen die alten Ägypter zur Speicherwirtschaft über. Sie lagerten ihr Getreide ein, um das ganze Jahr über versorgt zu sein. Die Körner waren natürlich auch für Ratten und Mäuse äußerst interessant, denn damit genossen auch sie den Vorzug eines ganzjährigen Nahrungsangebotes und vermehrten sich prächtig. Zum Glück für die Ägypter gab es Raubtiere, die die Mäuse- und Rattenplage eindämmten. So zum Beispiel die Nordafrikanische Wildkatze (Streifenkatze) mit ihrem sandfarbenen Fell mit dunklen Streifen auf Schwanz und Beinen. Sie war etwas größer als unsere heutige Hauskatze und sehr viel scheuer.

Vermutlich war es ein Segen, dass diese Katzen (*Felis silvestris lybica*) ihre Scheu verloren und sich näher an die Menschen anschlossen. Für die Katzen war diese Beziehung nur von Vorteil: Sie konnten reichlich Beute fangen und mehr Junge aufziehen als in der Wildnis. Vielleicht haben die Ägypter einige Jungkatzen gefangen und in ihren Häusern großgezogen. Die Kätzchen waren zweifellos schon damals einfach unwiderstehlich. Die Ägypter züchteten über viele Generationen die jeweils freundlichsten und hübschesten Nachkommen weiter. Offenbar war das Erbgut der afrikanischen Katzen günstig. Sie gewöhnten sich gern an die Menschen. Anders die Europäische Wildkatze. Sie verliert ihre Scheu nie. Selbst wenn junge Wildkatzen im Haus aufgezogen werden, kehren sie bei der ersten Gelegenheit in die Wildnis zurück. Sie sind hochgradig sensibel und reagieren auf die kleinste Gefahr mit Flucht.

Forscher haben herausgefunden, dass das kleinere Gehirn der Grund dafür ist, dass sich einige Arten domestizieren ließen. Bei den modernen Hauskatzen sind die Gehirnanteile, die auf Bewegungen und Geräusche reagieren, kleiner als bei den Wildkatzen. Für die Evolution ist diese Entwicklung sinnvoll, denn nur eine Katze, die nicht auf jedes Geräusch reagiert, kann mitten im Lärm der menschlichen Gesellschaft leben. Entsprechend hat auch die Größe der Nebennierendrüsen, die das Adrenalin produzieren, abgenommen. Dieses Hormon ist für den Kämpfen-oder-Fliehen-Reflex verantwortlich. Katzen, die weniger Adrenalin bildeten, sind ruhiger und nicht so schreckhaft.

Die ersten Katzen, die mit den Ägyptern zusammenlebten, verloren nicht nur die Scheu vor den Menschen, sie waren auch bereit, ihre Reviere mit anderen Katzen zu teilen. Wildkatzen sind Einzelgänger, die keine andere Katze in ihren Revieren dulden und sich nur zur Paarung einen Partner suchen. Sobald die Jungkatzen für sich selbst sorgen können, verlassen sie die Mutter und suchen sich ein eigenes Revier. Der Grund für dieses strenge Revierverhalten ist das jeweilige Beuteangebot. Das Revier einer weiblichen Katze muss groß genug sein, um sie selbst und ihre Jungen zu versorgen. Eine weitere Katze würde ihre Überlebenschancen deutlich einschränken. Die Speicher der ägyptischen Bauern boten dagegen ein schier unerschöpfliches Nahrungsangebot. So hatten die Katzen keinerlei Probleme, ihre Jungen aufzuziehen, und auch die Notwendigkeit, zum Überleben ein Revier gegen Artgenossen verteidigen zu müssen, war nicht mehr vorhanden. Auch in diesem Punkt erwiesen sich die Katzen als äußerst anpassungsfähig.

Mit der Gewöhnung an den Menschen veränderten sich die Katzen: Ihre Körpergröße nahm ab, ihr Gehirn wurde kleiner und sie reagierten weniger schreckhaft. Vermutlich veränderte sich schon damals auch ihre äußere Erscheinung. Die ursprüngliche Wildkatze war dicht behaart und durch ein schwaches Streifenmuster getarnt. Möglicherweise begannen bereits die Ägypter – bewusst oder unbewusst – mit der Zucht von Katzen mit hübscherem Fell.

Tatsächlich ein Haustier?

Es ist verblüffend, wie stark sich die nordafrikanische Wildkatze domestizieren ließ und an den Menschen angepasst hat. Doch abgesehen von einem veränderten Lebensumfeld und einigen Verhaltensweisen haben sich die Katzen erstaunlich wenig verändert. Anders als Rinder oder Schafe bewegen sie sich auf einem schmalen Grat zwischen Wild- und Haustier. Vielleicht könnte man sagen, sie sind uns auf dem Weg zum Haustier ein Stück entgegengekommen. Selbst die friedlichste Hauskatze hat ihre wilden Instinkte nicht ganz verloren. Sie wäre grundsätzlich in der Lage, sich draußen allein durchzuschlagen.

Vergleichen wir die Katze mit unserem zweiten wichtigen Haustier, dem Hund. Die Menschen haben aus der Urform des Hundes eine Vielzahl von Rassen mit speziellen Fähigkeiten gezüchtet. Es gibt Hunde, die apportieren, die mit auf die Jagd gehen, kämpfen, rennen oder als Hüte- und Blindenhunde arbeiten. Jede dieser Aufgaben erforderte eine Hunderasse mit besonderen körperlichen Voraussetzungen: Kleine Hunde durchstöbern Fuchsbaue, Kampfhunde strotzen vor Muskeln, Laufhunde sind extrem schlank und langbeinig und Hütehunde zeichnen sich durch einen kräftigen Körperbau aus. Mit den körperlichen Veränderungen veränderte sich auch der

Charakter. Doch alle Hunderassen haben gelernt, friedlich mit den Menschen umzugehen. Der Hund wurde an menschliche Ansprüche angepasst – vom winzigen Chihuahua bis zum riesigen Mastiff oder einem Irischen Wolfshund.

Bei Katzen ist das nicht gelungen. Die Züchter haben es nicht einmal versucht. Die Katze hat bei minimalen körperlichen Veränderungen und ungebrochener Eigenständigkeit aus der Bindung an den Menschen für sich das Beste herausgeholt. Das Erbgut einer Katze ist flexibel genug, um eine wilde zu einer zahmen Katze zu machen, aber damit ist die Anpassung abgeschlossen. Natürlich waren die Züchter bei der Fellfarbe und in gewissem Rahmen auch beim Körperbau erfolgreich – von der kompakt gebauten, langhaarigen Perserkatze mit ihrem kurzen Gesicht bis zur feingliedrigen Siamkatze. Trotz des unterschiedlichen Aussehens sind alle immer noch ungefähr gleich groß und teilen dasselbe Verhalten. Bei Katzenrassen gibt es längst nicht die Bandbreite an unterschiedlichen Verhaltensweisen wie beispielsweise zwischen einem Labrador und einem Terrier oder zwischen einem Windhund und einem King Charles Spaniel.

3
Die wilde Katze

Als Einstimmung auf die Hauskatze und ihr Leben in unseren Wohnungen kann es nicht schaden, sich zunächst mit den wilden Katzen vertraut zu machen: Wie leben sie, wie verhalten sie sich und wie fügen sie sich in ihre Umwelt ein? Wenn wir wissen möchten, wie die Katzen uns sehen, müssen wir ihre Motivation verstehen und wissen, wie sie allein zurechtkommen. Wie gehen sie mit anderen Katzen um? Wo fühlen sie sich wohl und was meiden sie? Unsere Studienobjekte werden verwilderte Katzen und frei lebende Hauskatzen sein. Vorab gilt es, einige Definitionen zu klären.

»Verwilderte« Katzen sind Hauskatzen, die völlig ohne menschlichen Einfluss leben. Sie verhalten sich im Extremfall wie echte Wildtiere, lassen sich nicht berühren und geraten in Panik, wenn sie eingesperrt werden. Verwilderte Katzen leben durchaus in der Nähe von Menschen, weil sie dort das beste Nahrungsangebot vorfinden, sie werden sich aber nie an ein Leben als Haustiere gewöhnen – wir sollten sie respektieren wie jedes wilde Tier.

»Halbverwilderte« Katzen hatten bereits Kontakt zu Menschen. Sie schließen sich anderen Katzen an – auch verwilderten Katzen –, wenn sie eine ergiebige Nahrungsquelle finden. Manche lassen sich zähmen und leben dann zufrieden mit Menschen zusammen. »Bauernhofkatzen« treffen immer wieder einmal mit verwilderten oder halbverwilderten Katzen zusammen, bleiben aber in der Regel in einer eigenen Gemeinschaft auf den Höfen. Sie stibitzen Milch, schleichen sich in den Flur, fangen Mäuse und Ratten – wie die Katzen im

Bilderbuch. Allerdings laufen heute auf Bauernhöfen keine freundlichen Kühe in hölzernen Scheunen herum und knabbern am Heu, in dem die Kätzchen friedlich in den Sonnenstrahlen spielen, die durch Ritzen im Dach einfallen. Obwohl die Bilderbuchzeiten endgültig vorbei sind, haben Katzen auf den Bauernhöfen überlebt. Sie suchen in Futtersilos nach Mäusen, kommen ins Haus und werden von den Menschen gefüttert. Dennoch leben sie trotz Familienanschluss immer noch relativ frei und wild auf dem Hof.

»Hauskatzen« leben ständig bei den Menschen. Sie teilen unser Leben und bleiben in der Wohnung. Vielfach dürfen sie frei entscheiden, ob sie im Zimmer bleiben oder ins Freie gehen wollen. Hauskatzen gelten als Familienmitglieder, die selbstverständlich auch einen Umzug mitmachen. Im Urlaub kommen sie ins Katzenhotel und wenn sie krank werden, bringen wir sie zum Tierarzt. Wenn es nötig ist, können aus Hauskatzen aber wieder halbverwilderte Katzen werden, die sich eigenständig durchschlagen.

Natürlich gibt es innerhalb der Hauskatzen unterschiedliche Gruppen, je nachdem, was sie dürfen und was nicht. Einige Katzen leben ausschließlich in der Wohnung, weil ihre Besitzer sie nicht ins Freie lassen wollen oder können. Solche Wohnungs- oder Schoßkatzen schließen sich sehr eng an ihren Besitzer an und sind in jeder Beziehung von ihm abhängig: Futter, Toilette und Spiele. Ließe man sie frei, würden sie zunächst in Panik geraten, sich aber recht schnell wieder den veränderten Lebensbedingungen anpassen.

Nur einige Rassekatzen können sich nicht mehr ohne weiteres in der Freiheit zurechtfinden. Perserkatzen haben durch Zucht ein derart dichtes, langes Unterfell, dass sie sich nicht mehr selbst säubern können. Ohne die Pflege durch den Besitzer würde ihr Fell verklumpen. Die Katze würde sich schnell äußerst unwohl fühlen. Außerdem können Perserkatzen mit ihren kurzen Schnauzen nicht mehr effektiv jagen. Sie würden vermutlich verhungern. Eine andere Art, die haarlose Sphinxkatze, würde einen durchschnittlichen Winter nicht überstehen.

Einzelgänger und Gruppentiger

Wer Katzen verstehen möchte, sollte sich zunächst klarmachen, wie Katzen miteinander leben. Während die meisten wilden Katzen als Einzelgänger leben, haben sich die Vorfahren unserer Hauskatzen zu Gruppen zusammengeschlossen. Wie weit ist diese Entwicklung bei unserer Hauskatze fortgeschritten?

Die Europäische Wildkatze, die ein streng einzelgängerisches Leben führt, braucht große Reviere. Ein Quadratkilometer kann eine bis drei Katzen ernähren. Verwilderte Katzen schließen sich in der Nähe eines sicheren Unterschlupfes oft zu Gruppen zusammen. In der Nähe einer Müllkippe, in Häfen oder bei Hotels steht mehr regelmäßige Nahrung zur Verfügung. Hier leben bis zu 100 Katzen pro km^2. In manchen Stadtvierteln erhöht sich die Dichte sogar auf bis zu 2000 Katzen pro km^2. Auf Bauernhöfen, wo die Katzen zusätzlich gefüttert werden, leben zwischen 5 und 100 Katzen pro km^2. Kern einer solchen Katzengemeinschaft ist eine weibliche Katze, die Sicherheit für ihre Jungen braucht. Die Entfernung und Verteilung verfügbarer Futterquellen bestimmt, wie weit eine weibliche Katze laufen muss, um ihre Jungen mit Futter zu versorgen. Eine üppige und regelmäßige Futterquelle bedeutet kleine Reviere, spärliche, weit verbreitete Futterquellen lassen nur große Reviere zu. Die Reviergröße einer weiblichen Katze richtet sich also nach Nahrungsangebot und Verstecken, während die Kater ihre Reviere an die der Weibchen anpassen!

Brünstige Kater bewegen sich durch die Reviere mehrerer Katzen. Ihre eigenen Reviere sind etwa dreimal größer als die Reviere der Katzen. Die Reviergröße verändert sich im Laufe des Jahres, je nachdem, wo sich die Katzen aufhalten und wie viele es sind. Kater, die nicht in der Brunst sind, besetzen deutlich kleinere Reviere, etwa so groß wie die der Katzen.

Weibliche Katzen, die sich ausschließlich über die Jagd versorgen, leben gewöhnlich allein, doch um eine sichere Futterquelle schließen sich häufig mehrere Katzen zusammen und ziehen ihre Jungen gemeinsam groß. Während sich die jungen weiblichen Katzen eine Zeitlang bei den Müttern aufhalten, werden die geschlechtsreifen Männchen vertrieben. Es kann Jahre dauern, bis sie selbst Vater werden, denn die älteren Revierkater bewachen ihre Territorien eifersüchtig.

Wie ist es den wilden Vorfahren unserer Hauskatze gelungen, sich vom Einzelgänger zu einem Gruppentier zu entwickeln? Experten gehen davon aus, dass das Futterangebot entscheidend war: Bot sich den Katzen eine ausreichende Futterquelle, überwanden sie den Instinkt, allein zu leben und duldeten andere Katzen neben sich. Heute geht die gegenseitige Toleranz sogar so weit, dass Katzen ihre Jungen in einer gemeinsamen Kinderstube aufziehen und sie gemeinsam verteidigen. Da die weiblichen Katzen in einer Gruppe häufig miteinander verwandt sind, fördern sie mit der Unterstützung der anderen Jungen auch die Verbreitung ihrer eigenen Gene. Ganz fremde Katzen werden meist vertrieben. Von den Katern können sich nur sehr wenige fortpflanzen. Dabei ist es im Sinne der Evolution, dass Katzen fremde Kater fast immer als Paarungspartner akzeptieren. Sie bringen neue Gene in das Erbgut ein und konkurrieren nicht – wie fremde Katzenmütter – um das Nahrungsangebot.

Die Reviere der Kater überschneiden sich. Sie sind zu groß, als dass ein Kater sie allein verteidigen könnte. Die meisten Kater suchen sich ihre Partnerin in einer Katzengruppe oder bei einzeln lebenden Katzen. Dasselbe Muster findet man auch bei wilden Katzen. Brünstige, starke Männchen streifen weiter herum als Kater, die weiter unten in der Rangordnung stehen. Das Leben in der Gruppe entwickelt sich also dank der Unterstützung durch den Menschen – dem Futterangebot –, während die Stabilität der Gruppe von den Weibchen abhängt.

Dominierende Katzen und treulose Kater

Betrachten wir das Leben in einer Katzengruppe etwas genauer: Sogar einzelgängerische, wilde Katzenweibchen halten sich in 80 Prozent ihrer Zeit in einer selbst gewählten Gruppe auf – bei ihren Jungen.

Für Katzengruppen gilt:

- Hauskatzen schließen sich zu Gruppen zusammen, wenn sie genügend Nahrung finden. Diese Gruppen bestehen meist aus miteinander verwandten Katzen und mehreren Generationen ihrer weiblichen Jungen. Sie verhalten sich fremden, weiblichen Katzen gegenüber aggressiv.
- Brünstige Kater wechseln von Gruppe zu Gruppe. Die jungen Kater werden vertrieben und suchen eigene Reviere.
- Junge Kater schließen sich nicht zu Junggesellengruppen zusammen, sondern leben allein, anders als beispielsweise Löwen.
- Brünstige Kater halten keinen Kontakt zu ihren Jungen
- Brünstige Kater sind anderen Katern gegenüber feindlich und aggressiv. In kleinen Gruppen reagieren sie sogar aggressiv auf nicht geschlechtsreife Kater, weil diese in kleinen Gruppen eine größere Bedrohung darstellen.
- Weibliche Katzen helfen sich bei der Geburt und ziehen ihre Jungen gemeinsam auf.
- Wenn in einer Wohnung eine Katze mit ihren neugeborenen Jungen und der dazugehörige Kater zusammenleben, sollte man in der ersten Zeit den Kater vom Wochenbett fernhalten.

Forscher haben viele Katzengruppen untersucht und dabei festgestellt, dass die männlichen Katzenbabys häufiger mit ihren männlichen Geschwistern als mit älteren Katzenjungen Kontakt haben. Auch die Kätzchen bleiben lieber bei ihren Schwestern als bei älteren Katzen. Könnte dieser engere Kontakt auf der gemeinsamen Sozialisation (siehe Kapitel 10) beruhen?

Körpersprache und Duftsignale

Wenn wir die Signale betrachten, mit denen sich Katzen untereinander verständigen, verstehen wir vielleicht besser, was sie uns mitteilen wollen. Möglicherweise können wir dann mit einigen typischen und für uns problematischen Verhaltensmustern besser umgehen. Betrachten wir dazu entsprechende Verhaltensweisen in der Natur:

In der Form ihrer Kommunikation sind unsere Hauskatzen ihren wild und einzelgängerisch lebenden Verwandten immer noch sehr ähnlich. Allerdings leben Hauskatzen auf viel engerem Raum zusammen als Wildkatzen. Sie schließen sich nicht zu kooperierenden Jagdgesellschaften (wie z.B. Löwen) zusammen. Ihre Kommunikation muss nicht nur über große Entfernungen funktionieren, sondern auch im direkten Kontakt.

Wilde, eng zusammenlebende Tiere müssen lernen, sich gegenseitig zu tolerieren und Konflikte oder gar Kämpfe zu vermeiden. Hunde sind Rudeltiere. Sie fühlen sich nur in der Gruppe sicher und verfügen über eine Vielzahl von Ausdrucksmöglichkeiten. Ihren Platz in der Rangordnung des Rudels festigen sie durch Beschwichtigungs-, Dominanz- oder Unterwerfungsgesten. Eine strenge Hierarchie und die Regeln für die Plätze innerhalb der Rangordnung verhindern unnötige Kämpfe und sparen Energie. Bei gemeinsamen Aktionen kennt jeder seinen Platz und handelt entsprechend, ohne dass um jede Entscheidung gekämpft wird. Obwohl es auch in einem Wolfsrudel immer wieder Unruhe gibt, bleiben bedrohliche Aggressionen gegeneinander aus. Die gute Zusammenarbeit ist nur möglich, weil Hunde über ein breites Spektrum differenzierter Körpersprache verfügen.

Die einzigen Katzen, die in einer Gruppe leben und bei der Jagd miteinander kooperieren, sind die Löwen. Für die Harmonie der Gruppe sind die Löwinnen und ihr Nachwuchs verantwortlich. Die männlichen Löwen leben nur so lange mit den Löwinnen zusammen, bis sie von einem jüngeren, stärkeren Männchen vertrieben werden. Bis auf kleine Junggesellengruppen leben die männlichen Löwen keineswegs in Harmonie miteinander.

Auch unsere Hauskatzen benutzen Signale, um sich anderen Katzen mitzuteilen. Eine einzelgängerische Katze setzt die Botschaften vor allem ein, um Artgenossen abzuschrecken. Sie hinterlässt Duftsignale, die mehrere Stunden oder gar Tage haften bleiben. Ihre Wirksamkeit hängt vom Wetter ab. Regen kann den Duft abwaschen oder der Wind ihn in die falsche Richtung wehen, oder die Situation ändert sich schneller als die Botschaft. Das erinnert an einen Brief mit einer Einladung zu einem bestimmten Termin. Noch während der Brief unterwegs ist, könnte ein wichtiger Termin die Einladung sinnlos machen. Wir können per Telefon oder E-Mail die Einladung zum Glück rückgängig machen. Eine wild lebende Katze hat es da schwerer.

Wie gesagt entscheidet das Futterangebot darüber, ob Katzen allein oder in Gruppen leben. Wenn die Ressourcen (Nahrung, Unterschlupf) nur für sie und ihre Jungen ausreichen, verteidigt eine Katze ihr Revier gegen andere Katzen. Kater vertreiben konkurrierende Kater. Bei den Revierkämpfen stehen den Kontrahenten allerdings sehr wirksame Waffen zur Verfügung, mit denen sie gefährliche Wunden reißen können. Ehe es zu einer körperlichen Auseinandersetzung kommt, nutzen Katzen alle möglichen Signale, um einen Kampf abzuwenden. Katzen fehlt das Verhaltensrepertoire der Hunde, die mit Dominanz- und Unterwerfungsgesten ein soziales Rangordnungssystem aufrechterhalten. Sie setzen keine derartigen Unterwerfungsgesten ein, kennen aber dennoch viele Möglichkeiten, um sich einer Konfliktsituation zu entziehen. Sie setzen alles daran, einen potenziellen Kontrahenten durch aggressive Drohungen zu vertreiben, anstatt sich selbst dem Risiko einer Verletzung auszusetzen. Ihr abgestuftes System von Drohungen und Kompromissen nützt nicht der Gruppe, sondern der einzelnen Katze. Über kurze Entfernungen setzen Katzen Duftsignale in Kombination mit Körpersprache ein.

Zum persönlichen Duft jeder einzelnen Katze kommt der gemeinsame Gruppenduft. Jede fremde Katze ohne Gruppenduft wird als Eindringling angesehen. Man könnte Katzen als Einzelgänger mit der Option zum sozialen Leben definieren: Wenn sie wollen, verhalten sie sich sehr freundlich. Ihr Leben in einer Gruppe ist nicht organisiert, d.h. einige Mitglieder sind intoleranter, gewaltbereiter oder dominanter als andere, ohne dass diese Unterschiede sich in Form einer allgemein akzeptierten Rangordnung äußern würden.

Natürlich gibt es Situationen, in denen selbst eine einzelgängerische Katze den Kontakt sucht. Ein Beispiel dafür ist die Paarung, durch die das Überleben der Art gesichert wird. Dabei dienen mehrere Signale der Kommunikation über große Distanzen. Dank dieser ganz besonderen Signale finden Kater eine rollige Katze auch aus weiter Entfernung. Katzen teilen anderen Katzen mit, dass sie paarungsbereit sind oder in Ruhe gelassen werden wollen. Sie markieren mit Urin, Kot und Sekreten aus mehreren Drüsen ihr Revier nicht nur zur eigenen Bestärkung, sondern auch, um anderen Katzen ihre Präsenz anzuzeigen. Laute stimmliche Kommunikation findet dagegen nur während der Paarungszeit statt, wenn sich Kater und Katze finden müssen. Durch laute Schreie versuchen Kater auch potenzielle Konkurrenten von einem bestimmten Weibchen fernzuhalten. Die Rufe rolliger Katzen und das laute Maunzen der Kater sind über große Entfernungen zu hören. Die übrigen Lautäußerungen dienen dazu, andere Katzen fernzuhalten. Auf kurze Distanzen werden die Laute durch Körpersprache unterstützt. Freundliche Lautäußerungen gibt es nur zwischen einer Katzenmutter und ihren Jungen.

Markierte Grenzen

Katzen können ausgezeichnet riechen. Dabei hilft ihnen das Jacobsonsche Organ, ein spezielles Riechorgan im Gaumendach. Beim sogenannten Flehmen heben die Katzen die Oberlippe an und lenken die Luft durch den leicht geöffneten Mund in konzentriertem Strahl genau auf dieses Organ. Auch Pferde und Hirsche können flehmen. Durch Lippen- und Zungenbewegungen strömen kurze Luftstöße ins Gaumendach und konzentrieren die Duftmoleküle. Damit können Katzen gezielt bestimmte Duftinformationen aus der Umwelt empfangen.

Flehmen

Um das Flehmen einer Katze zu bemerken, muss man sie sorgfältig beobachten: Sie zieht die Oberlippe leicht zurück und saugt die Luft in kurzen Stößen auf das Jacobsonsche Organ im Gaumendach. Katzen zeigen das Flehmen besonders häufig, wenn man ihnen Katzenminze anbietet. Möglicherweise fließen die Informationen über die Duftstoffe auf ähnlichen Wegen ins Gehirn wie LSD bei Menschen. Katzenminze ist harmlos, die Wirkung kurzlebig und macht nicht abhängig. In Katzenspielzeugen wird dieser Duftstoff als »Catnip« bezeichnet. Katzen reiben, miauen oder rollen sich gerne, wenn sie mit Katzenminze in Berührung kommen.

Viele Tierarten, von den Insekten bis zu den Säugetieren, kommunizieren über Duftstoffe, sogenannte Pheromone, die wie Hormone im Körper eine bestimmte Reaktion auslösen. Darauf weist bereits der Name hin (*pheros* ist griechisch und bedeutet »weit«, *horman* »auslösen«). Ein Pheromon wirkt bei Artgenossen bereits in kleinsten, über die Luft übertragenen Dosen. Ihre wichtigste Rolle übernehmen die Pheromone in der sexuellen Kommunikation: Wenn ein Kater kurz nach einer Katze durch den Garten geht, schnuppert er an Markierungen oder Urin und nimmt häufig den Duftstoff durch intensives Flehmen auf, insbesondere, wenn die Markierung von einer empfängnisbereiten Katze stammt. Vermutlich sondern Drüsen im Gesicht, auf den Pfoten, dem Hinterteil und am Schwanz solche Pheromone ab.

Urin ist ein sehr wirkungsvoller, über größere Entfernungen wirksamer Botenstoff. Katzen, die ihren Urin in einem Loch verscharren, versuchen ihre Anwesenheit zu verschleiern. Der Duft kann nicht aufsteigen und durch den Wind verbreitet werden. Katzenmütter verbergen auf diese Weise, dass ihre Jungen in der Nähe sind und schützen sie so vor Raubtieren. Unter der Erde verscharrter Urin kann nicht als verräterischer Duft aufsteigen. Dieser Trick funktioniert vor allem bei einzeln lebenden Katzen, während er in der hohen Katzendichte in unseren Städten weniger Wirkung zeitigt.

Andererseits kann Urin auch als deutliches Signal aktiv versprüht werden. Wenn Katzen vertikale Flächen, etwa in Höhe einer Katzennase, mit Urin einsprühen, setzen sie eine von allen bemerkbare Duftmarke. Dazu stellen sie sich mit dem Rücken zur Fläche und spritzen mit zitterndem Schwanz und tretelnden Beinen etwa ein Milliliter Urin nach rückwärts. Kater intensivieren diese Markierungen, wenn sie eine rollige Katze in der Nähe wahrnehmen.

Neben dem Urin geben Katzen Sekrete aus den Analdrüsen ab. Bakterien zersetzen den Urin, sodass aus Sekreten und Abbauprodukten des Urins der charakteristisch scharfe Geruch von Katern entsteht. Vermutlich sind im Urin Aminosäuren enthalten, die von den Bakterien zu schwefelhaltigen Substanzen mit stechendem Geruch umgebaut werden. Aus dem Duft des Urins schließen Katzen auf die Gesundheit der Kater. Nur wenn sich der Kater von einem gesunden, proteinhaltigen Futter ernährt hat, kann er Aminosäuren ausscheiden. Ein kräftig duftender Urin weist also den Weg zu einem gesunden, gut ernährten Kater! An windstillen Tagen können Katzen den Urinduft eines Katers noch aus 12 Metern Entfernung riechen.

Forscher und Verhaltensforscher sind sich noch nicht einig, ob Katzen auch mit ihrem Kot eine Botschaft hinterlassen. In ihrem eigenen Revier scharren die meisten Katzen eine Grube, erleichtern sich und scharren alles wieder zu. Dieses Verhalten könnte dazu dienen, den Eigengeruch zu verbergen oder es ist ein Ausdruck der Sauberkeit: Die Katze möchte ihr Revier nicht verunreinigen. Viele wild lebende Raubkatzen – auch manche Hauskatzen – hinterlassen aber Kothaufen an besonders prominenten Stellen in ihren Revieren, was als Botschaft interpretiert werden könnte.

Eine weitere Botschaft mit Fernwirkung sind die gut sichtbaren Kratz- und Duftspuren, die Katzen an ihren regelmäßig benutzten Wegen hinterlassen. Damit zeigen sie den Besitz ihres Reviers an. Mit den Pheromonen vermitteln sie anderen Katzen, welches Territorium besetzt ist und welche Wege von mehreren Katzen benutzt werden. Während die Pheromone langsam schwächer werden, bleiben die Kratzspuren dauerhaft erhalten.

Eine wichtige Rolle nehmen auch die Lautsignale ein, die über größere Entfernung gehört werden. Die meisten Fernsignale dienen dazu, andere Katzen fernzuhalten. Nur in der Paarungszeit locken Katzen durch laute Rufe einen Paarungspartner herbei.

Katzen in Paarungsstimmung machen damit auf sich aufmerksam und rufen Kater aus größerer Entfernung herbei. Entsprechend demonstrieren Kater ihre Anwesenheit. Die Rufe locken Katzen an und weisen andere Kater in ihre Schranken. Artgenossen, die solche Rufe hören, können an unterschiedlichen Stimmlagen erkennen, ob sie von einer paarungsbereiten Katze oder einem kampfwilligen Kater stammen.

Gute Umgangsformen

Einzeln lebende, erwachsene Wildkatzen kommen meist mit Fernkommunikation aus. Nur in der Paarungszeit nähern sie sich ihren Rivalen und dem anderen Geschlecht. Enge Kontakte auf kürzeste Entfernungen gibt es natürlich zwischen Katzenmüttern und ihren Babys. Unsere Hauskatzen leben dagegen ständig in Gruppen, ähnlich wie Löwen. Sie verständigen sich über Duft- und sichtbare Signale. Zu Lautäußerungen kommt es nur selten, allenfalls zwischen Katzenbabys und ihren Müttern. Und mit dem Menschen, doch davon später.

Das Kratzen auf vertikalen, meist hölzernen Flächen erfüllt drei Aufgaben: Es entfernt die alte, abgenutzte Oberfläche und schärft die Krallen; es hinterlässt ein gut sichtbares Zeichen; und die Duftdrüsen zwischen den Krallen verwandeln die Kratzspur in eine Duftmarkierung. Dominante Katzen kratzen gerne vor anderen, unterlegenen Katzen, möglicherweise um ihnen zu zeigen, wer »das Sagen hat«.

In der Kommunikation auf kurze Entfernungen spielen Düfte eine große Rolle. Eine Katze besitzt mehrere Duftdrüsen, die individuelle Duftnoten produzieren. Sie sitzen unter dem Kinn, in den Mundwinkeln, an beiden Schläfen, an der Schwanzbasis und auf dem Schwanz.

Katzen streichen mit den Drüsen über Zweige und vertikale Flächen, um ihre persönlichen Duftnoten zu hinterlassen – für sich und andere Katzen. Während wir diese Düfte nicht wahrnehmen, sind sie für andere Katzen sehr interessant. Kater beschnuppern die Hinterlassenschaft von Katzen, um deren Paarungsbereitschaft zu überprüfen.

Katzen reiben sich aneinander, um ihre persönlichen Düfte auszutauschen und nehmen dabei einen gemeinsamen Gruppenduft an, der jede andere Katze ausgrenzt, die nicht zu dieser Gruppe gehört. Während der Kopf die individuelle Duftnote behält, nehmen Flanken und Schwanz eher den Gruppenduft an.

Wissenschaftler fanden heraus, dass der »Kopfduft« einer Katze vor allem ihr selbst nützt: Sie überträgt ihre eigenen Pheromone an bestimmte Stellen innerhalb ihres Reviers. Wenn sie durch ihr Revier streift und regelmäßig auf den eigenen Duft stößt, fühlt sie sich sicher und kann sich entspannen.

Naturgemäß ist die visuelle Kommunikation auf die direkte Nähe zu anderen Katzen beschränkt. Hier überwiegen Signale, die potenzielle Konflikte entschärfen: Selbstbewusste Katzen sträuben die Haare und stellen sich seitlich, um größer zu wirken. Andere versuchen, Konflikten aus dem Weg zu gehen, indem sie sich mit angelegten Ohren an den Boden drücken. Vermutlich bemerken wir aber längst nicht alle subtilen Signale, die eine Katze ihrem Gegenüber übermittelt.

Es wäre interessant zu wissen, ob in Gruppen zusammenlebende Hauskatzen andere Signale austauschen als wilde, allein lebende Katzen. Immerhin treffen Hauskatzen ständig aufeinander, während eine wilde Katze visuelle und taktile Kommunikation nur während der Paarungszeit und bei der Jungenaufzucht benötigt. In dem ausgezeichneten Buch *Die domestizierte Katze,* das Turner und Bateson herausgegeben haben, sind wissenschaftliche Forschungsergebnisse zum unterschiedlichen Verhalten unserer Hauskatzen zusammengestellt. Das Buch ist eine faszinierende Lektüre für jeden, der sich für das Verhalten von Katzen interessiert.

Offenbar nähern sich ausschließlich Hauskatzen – und auch Löwen – mit der typischen »Schwanz-hoch«-Haltung. Einzelgängerisch lebenden Katzen fehlt dieses Verhalten; Wildkatzen heben nur den Schwanz, wenn sie mit Urin markieren wollen. Vielleicht hat sich dieses Verhalten zum Zeichen für freundschaftliche Annäherung entwickelt. Eng miteinander lebende Katzen sind darauf angewiesen. Hauskatzen und Löwen haben aber noch ein weiteres gemeinsames Verhalten: Sie reiben gerne ihre Körper aneinander. Vermutlich versichern sie sich damit gegenseitig ihrer Gruppenzugehörigkeit.

Obwohl die gegenseitige Fellpflege gerne als Zeichen der Zuneigung interpretiert wird, gibt es auch andere Erklärungsmöglichkeiten. Forscher haben herausgefunden, dass die Fellpflege häufig von bestimmenden Katzenpersönlichkeiten ausgeht, die ihre Partner sogar beißen können! Vielleicht festigen dominante Katzen über den Putzvorgang nur ihre Position.

Das typische Rollen einer Katze geht auf die sexuelle Aufforderung einer weiblichen Katze zurück, auch bei Wildkatzen. Wilde

Kater rollen sich nicht voreinander. Bei Hauskatzen kommt es dagegen vor, dass junge, männliche Kater sich vor älteren Katern rollen. Möglicherweise drücken sie damit eine Form von Unterwerfung aus, um einem Angriff des stärkeren Männchens vorzubeugen. Bei wilden Katzen kommt es ausschließlich im Umfeld der Paarung zur wechselseitigen Fellpflege oder dem Reiben von Körper an Körper. Hauskatzen benutzen die direkte Berührung dagegen regelmäßig als Begrüßungsgeste. Interessanterweise benutzen Katzen, die in der Wildnis als Einzelgänger leben, in einer Gruppe im Zoo ebenfalls diese Form der Begrüßung. Möglicherweise fehlt den wilden Katzen einfach nur die Gelegenheit, einen Partner mit freundlichem Körperreiben zu begrüßen.

Obwohl unsere Hauskatzen von Wildkatzen abstammen, haben sie sich an das Leben in der Gruppe angepasst. Voraussetzung dafür sind ein gutes Futterangebot und sichere Verstecke. Neben zahlreichen Signalen für die Fernkommunikation benutzen Katzen ein reiches Repertoire von Verhaltensweisen, um sich im direkten Kontakt zu verständigen. Anders als frei lebende, wilde Katzen, die nur ausnahmsweise Gelegenheit zur Interaktion mit Artgenossen finden, sind unsere eng aufeinanderlebenden Hauskatzen stärker auf diese Form der Kommunikation angewiesen.

4
Warum sind Katzen etwas Besonderes?

Die meisten Menschen finden den Anblick einer Katze ästhetisch. Sicher war das einer der Gründe, warum die Ägypter Katzen in ihre Häuser ließen und sich bemühten, sie möglichst rasch zu zähmen. Vermutlich suchten sie sich besonders attraktive Tiere aus, vielleicht Exemplare mit deutlichen Streifen und hellem Fell. Aus der Paarung gingen Nachkommen mit anderen Fellmustern hervor. Im Zusammenleben mit den Menschen entstanden neue Varianten und unterschiedliche Farben und Fellformen. Noch heute werden Fellfarben und Muster von Rassekatzen nach strengen Kriterien gezüchtet. Obwohl sich das Fell unserer Katzen in Muster, Farbe und Haarlänge merklich unterscheidet, hat ihr Körper etwa die Form und Größe ihrer Ahnen behalten. Es gibt zwar Unterschiede von Rasse zu Rasse, doch selbst die größte Katze ist kaum doppelt so groß wie die kleinste. Vielleicht liegt das nur daran, dass Katzen erst seit etwa 100 Jahren gezielt gezüchtet werden, vielleicht sind Katzen aber auch genetisch weniger variabel als Hunde. Der Unterschied zwischen dem kleinsten und dem größten Hund ist enorm! Die gezüchtete Größe einer Hunderasse richtet sich nach seinen für den Menschen wichtigsten Fähigkeiten: Einige Rassen wurde auf Schnelligkeit gezüchtet, andere müssen Wölfe jagen und wieder andere müssen durch Fuchs- und Kaninchenbaue kriechen können.

Das Erbgut der Katzen macht sie zu perfekten Raubtieren, doch offenbar gibt es nur wenige Gene für Fellfarben und Größe. Von der ursprüngliche Beziehung zwischen Mensch und Katze – Katzen halten Vorratsspeicher frei von Mäusen – ist heute nichts mehr geblieben. Tatsächlich lehnen es viele Katzenhalter sogar ab, dass ihr Haustier Mäuse ins Haus schleppt. Dafür entwickelten sich andere, hoch geschätzte Eigenschaften der Katze.

Wir haben durch Zucht weder ihr Wesen noch ihr Aussehen entscheidend verändert. Da auch ihr Verhalten weitgehend gleich geblieben ist, sind sich alle Katzen unabhängig von der Rasse in Bezug auf ihre Instinkte und Fähigkeiten recht ähnlich. Bei Hunden ist das völlig anders. Ein Labrador kann jederzeit alles und jedes apportieren und ein Terrier jagt allem hinterher, was sich bewegt. Die Katze ist sich über die Jahrtausende selbst treu geblieben und teilt noch immer zahlreiche Eigenschaften mit ihren wilden Verwandten.

Einfach vollkommen

Wenn Aussehen und Fähigkeiten zusammenpassen, zu welchen »Fähigkeiten« einer Katze würde ihr Aussehen passen? Machen wir ein Gedankenexperiment: Wie würde ein Team von Spezialisten vorgehen, um die perfekte »künstliche Katze« zu konstruieren?

Eine Katze ist auf Fleischnahrung angewiesen, und muss in der Lage sein, andere Tiere zu erbeuten. Ihr Körper kann bestimmte Stoffe nicht selbst herstellen. Sie lebt von hochwertigem Futter und braucht regelmäßig Nachschub. Pflanzen kommen als Nahrung nicht in Frage. Ihre Beute, also Ratten, Mäuse und kleine Nagetiere, ist vor allem in der Dämmerung, also bei schwachem Licht, aktiv. Da sich diese kleinen Tiere blitzschnell ins Unterholz zurückziehen können, müssen sich Katzen sehr leise anschleichen und blitzschnell zupacken können. Der Zugriff muss unmittelbar tödlich sein, damit das Beutetier nicht doch noch entkommt – eine zweite Chance gibt es nicht.

Anders als Wölfe oder Löwen jagt eine Katze allein und nicht im Team. Sie kann keinen Hinterhalt mit anderen Rudelmitgliedern legen, sondern muss vom ersten Heranpirschen an ein stets wachsames Beutetier bis zum endgültigen Zugriff alles allein erledigen.

Sollte sich das Spezialistenteam einen Hund als Vorbild nehmen, wird es bald feststellen, dass dessen Fähigkeiten für die »künstliche Katze« nicht ausreichen. Die Katze ist einem Hund weit überlegen: Sie muss sich selbst versorgen und allein zurechtkommen. Sie muss leise schleichen und blitzschnell und tödlich zuschlagen. Um ihrer Beute zu folgen, braucht sie einen kräftigen und gleichzeitig beweglichen Körper. Das Team würde also eine lange Wirbelsäule mit abgerundeten Wirbeln – für die Beweglichkeit – konstruieren, die in einem langen Schwanz endet, der die Balance hält. Die Glieder wären über sehr bewegliche Gelenke und stabile Sehnen verbunden. Der Schultergürtel wäre schmal und die Schlüsselbeine nicht fest mit der Schulter verbunden. Nur weil ihre Schlüsselbeine elastisch über Muskulatur verankert sind, können sich Katzen auch auf schmalsten Unterlagen elegant und sicher bewegen. Dank der verkleinerten Schulterblätter kann eine Katze ihre Schulter mit den Beinen nach vorn bewegen, was der Schrittlänge und den fließenden Bewegungen zugute kommt, ohne dass Kraft verloren geht. Die Katze geht auf den Zehen. Die Polster an ihren Pfoten entsprechen unseren Zehen und Teilen des Mittelfußes. Sie macht lange, weite Schritte, berührt den Boden nur leicht und hebt die Zehen sofort wieder ab. Das Konstruktionsteam müsste also Hinterbeine mit kräftigen Muskeln konstruieren, um den Körper nach vorn zu bewegen. Die Vorderbeine sollten plötzliche Stopps abfangen können. Eine Katze kann aus langsamem Gang rasch in schnellen Lauf wechseln. Dabei drückt sie sich mit beiden Hinterbeinen zugleich vom Boden ab, das Rückgrat krümmt und streckt sich elastisch, um mehr Spannkraft und damit größere Schrittweiten zu erzielen. Im Sprung überwindet eine Katze das Fünf- bis Sechsfache ihrer Körperlänge.

Für unser Spezialistenteam wäre dies schon eine fast unlösbare Aufgabe, aber damit wäre die Arbeit längst noch nicht getan. Wie verhält sich ein kleines Beutetier, das um sein Leben rennt? Es ist enorm schnell und kann blitzschnelle Haken schlagen. Mit dem Maul wäre es kaum zu erwischen. Wölfe schlagen ihre Zähne in die Beute, aber sie jagen im Rudel und können aus verschiedenen Richtungen zupacken. Eine Katze braucht andere Mittel, um ihre Beute zu stellen: Das Team muss ihre Vorderfüße mit wirksamen Waffen ausstatten. Je schärfer die Krallen, desto besser. Andererseits wären lange, scharfe Krallen ein Hindernis beim Anschleichen und sie würden sich beim schnellen Laufen rasch abnutzen. Das gilt in der Tat für die Krallen eines Hundes, aber er braucht sie nur zum Laufen. Also denkt sich das Katzenkonstruktionsteam eine brillante Alternative aus: Die rasiermesserscharfen Krallen liegen gut geschützt in einer Scheide. Dort nutzen sie sich beim Laufen nicht ab und werden nur bei Bedarf ausgefahren. Wenn eine Katze ihre Zehenglieder mit Muskeln und Bändern gerade nach vorn streckt, klappen die Krallen aus den Scheiden. Da die Krallenspitzen etwas nach hinten gebogen sind, kann die Beute nicht mehr entkommen. Die Katze muss ihre Krallen auch bei nicht gestreckten Beinen ausfahren können. Dabei hilft ihr ein bewegliches Gelenk, mit dem sie nicht nur ihre Beute zum Mund führt, sondern das auch hilfreich beim Klettern oder der Fellpflege ist. Mit den »Krallen-Steigeisen« können Katzen senkrechte Flächen hochklettern und ihren Beutetieren praktisch überallhin folgen. Sind die Krallen eingeklappt, läuft die Katze lautlos auf den weichen Ballen.

Nun hat die »künstliche Katze« also sehr bewegliche Vorderbeine und Krallen; sie kann ihre Beute packen und zum Mund bewegen. Die kräftigen Kiefer mit den langen, spitzen Zähnen halten das Opfer endgültig fest. Die scharfen Reißzähne gleiten zwischen die Halswirbel und durchschneiden mit fast chirurgischer Präzision das Rückgrat.

Bis dahin hätte das Konstruktionsteam also optimale Arbeit geleistet. Der Katzenkörper wäre kräftig, geschmeidig und biegsam; er könnte sich leise bewegen, kraftvoll abspringen und die Beute mit Krallen und Zähnen packen. Die Katze wäre nicht für lange

Hetzjagden, sondern für Anschleichen mit Überraschungsmoment gebaut. So weit, so gut. Jetzt müsste die Katze ihre Beute nur noch aufspüren.

Eine Art inneres Radarsystem, das auf passende Beute reagiert, wäre nicht schlecht. Worauf müsste es ansprechen? Wenn kleine Tiere durch das Unterholz schleichen, machen sie raschelnde Bewegungen, außerdem stoßen sie hörbare Töne und Töne im Ultraschallbereich aus. Ein »Katzenradar« müsste also speziell auf diese Tonlagen reagieren. Das Team würde sich daher dem Gehör der Katze zuwenden und es auf Ultraschall und die Laute der Beutetiere abstimmen. Tatsächlich hören Katzen im Frequenzbereich zwischen 30 bis 50 000 Hz, und verfügen damit über eines der besten Gehöre im Tierreich. Nur Delfine und Pferde hören noch besser. Da die Beutetiere im Verhältnis zu der Umgebung winzig ausfallen, sich sehr schnell bewegen und die Katze nicht lange rennen kann, wird das Konstruktionsteam die Katze mit wirkungsvollen Empfangsantennen ausstatten – den Ohren. Sie sitzen mit sehr großen Ohrmuscheln auf dem Kopf und werden von 12 Muskeln in einem Radius von 180° bewegt. Verdächtige Geräusche werden durch Rinnen und Kanäle verstärkt und bis ins Innenohr geleitet. Das Gehirn verarbeitet die minimalen Zeitunterschiede, mit denen die Geräusche das linke und rechte Ohr erreichen und berechnet daraus sehr präzise die Position der Schallquelle. In einer Entfernung von 2 Metern kann eine Katze eine Schallquelle auf 8 cm genau, in 20 m Entfernung immer noch auf 40 cm genau bestimmen. Das ist völlig ausreichend, um eine Beute zu orten und sich anzuschleichen.

Eine wichtige Vorgabe für die Katzenkonstruktion wäre die Berücksichtigung des Dämmerungslichts, in dem sich die Beutetiere bewegen. Eine Katze muss ihre Beute bei schwachem Licht erkennen – eine weitere Aufgabe für das Team. Im Zwielicht verschwinden die Farben und die Konturen werden undeutlich. Für uns wäre eine braune Maus zwischen den Blättern am Boden unsichtbar. Die Augen einer Katze müssen in den kleinen Kopf passen und selbst bei extrem schwachem Licht noch etwas erkennen. Also sind Katzenaugen relativ zum Kopf ungewöhnlich groß und brauchen eine Pupille, die sich dreimal so weit öffnen kann wie die des Menschen. Damit fallen sehr große Lichtmengen auf die Netzhaut, die als Nervensignale ins Gehirn geleitet werden. In der Netzhaut stehen sehr viel mehr lichtempfindliche Stäbchen – für das Sehen in Schwarzweiß – als Zapfen – für das Sehen von Farben – zur Verfügung. Also kann eine Katze zwar in der Dämmerung noch recht gut sehen, erkennt aber bis auf Blau und Grün keine Farben mehr, insbesondere kein Rot.

Damit ist das Dämmerungsauge aber noch nicht fertig. Eine zusätzliche Lage von Zellen hinter der Netzhaut, das *Tapeptum lucidum*, reflektiert das Licht und leitet es ein zweites Mal durch die lichtempfindlichen Zellen. Diese Schicht wird sichtbar, wenn das Katzenauge von einer Lampe oder einem Blitzlicht getroffen wird; dann schimmern ihre Augen silbrig grün. Nicht ohne Grund heißen die selbst reflektierenden Leuchten an Fahrzeugen und Straßenbegrenzungen »Katzenaugen«. Mit diesen Augen sieht eine Katze nicht nur um vieles besser als der Mensch, sie hat auch spezielle, auf Bewegung reagierende Nervenzellen, mit denen sie jedes Zucken einer Maus erkennt.

Ohne zusätzlichen Schutz bekäme die Katze mit einem derart sensiblen System große Probleme, wenn sie sich bei Tageslicht bewegt – das Licht wäre einfach zu hell. Andere nachtaktive Säugetiere, z.B. die Buschbabys, haben zwar noch viel größere Augen, schlafen aber am hellen Tag. Das Spezialistenteam würde das Problem anders lösen. Katzen können ihre hübsch gefärbte Iris, das schützende Häutchen über dem Auge, bis auf einen schmalen Spalt zusammenziehen. Zusätzlich zieht sich das Augenlid bei grellem Sonnenlicht über die Augenöffnung. Und, als wäre das noch nicht genug, gibt es noch eine dritte Schutzfolie, die Nickhaut, die nur bei Gefahr über das Auge gezogen wird. Sie bleibt meist geöffnet und ist nur selten zu sehen. Nur Katzen, die sich nicht wohlfühlen, ziehen die Nickhaut nicht mehr vollständig zurück.

Da die Augen vorn am Kopf angeordnet sind, sieht eine Katze dreidimensional und hat ein breites Sichtfeld. Damit erkennt sie Beutetiere und Feinde, falls sie selbst gejagt wird. Die beste Sicht hat eine Katze aus einer Entfernung von zwei bis sechs Metern. Das ist die Entfernung für ihren tödlichen Schlag, in der eine Beute kaum noch eine Chance hat.

Katzen sehen also gut bei Tag und im Dämmerlicht, das wir schon als dunkel empfinden. In völliger Dunkelheit fällt kein Licht mehr in das Katzenauge. Dann sieht auch eine Katze nichts mehr. Doch warum stößt eine Katze, wenn sie eine Maus nach Gehör jagt, auch im Dunkeln nicht an Hindernisse? Was könnte sich das Konstruktionsteam noch ausdenken? Die Katze hat einfache, aber sehr effektiv arbeitende Sensoren: Lange, bewegliche Tasthaare am Kopf, den Ellbogen und kürzere Tasthaare überall am Körper spüren jede Bewegung und jeden Luftzug auf. Die langen Schnurrhaare beiderseits der Nase sind besonders empfindlich. Sie reagieren noch auf eine 5 Nanometer lange Bewegung. Das sind zwei Tausendstel der Haardicke eines Menschen. Dicht gepackte Nerven an der Basis der Haare senden die Information an das Gehirn und an andere Sinnesorgane, damit die Katze rechtzeitig ausweichen kann. Die Tasthaare sind so empfindlich, dass Katzen bei der Annäherung an ein Hindernis bereits die winzigen Luftströmungen bemerken, bevor sie es berühren.

Das nächste Problem wäre der Haltebiss. Ließe die Katze ihre Beute kurz los, um sie mit einem Biss zu töten, würde das Tier auf Nimmerwiedersehen verschwinden, und die Katze eine gute Mahlzeit verlieren. Wenn sich eine Katze an ihr Opfer anschleicht, muss sie sich in direkter Nähe anders orientieren als aus der Entfernung. Sie kann daher ihre Schnurrhaare frei bewegen, von fast gerade nach vorn bis flach angelegt an den Kopf. Sobald sie mit den Krallen zuschlägt und ihr Opfer zum Mund führt, stellt sie die Schnurrhaare nach vorn. Sie liefern der Katze zusätzliche Informationen, in welcher Position sich die Maus gerade befindet. Mit einer Reihe von

Tasthaaren auf der Oberlippe – damit registriert sie die Lage der Haare oder Federn – spürt sie, wie die Beute im Mund sitzt, findet den Nacken und beißt präzise zu.

Auch diese Schwierigkeiten hätte das Konstruktionsteam also bestens gelöst und einen Körper und Sinnesorgane mit vielen innovativen Ideen konstruiert. Ihr Raubtier vom Reißbrett funktioniert wundervoll und ist von großer Schönheit – ein Ferrari unter den Raubtieren. Alle diese einzelnen raffinierten Bauteile werden von einem faszinierenden Gehirn gesteuert. Es registriert jede von den Sinnesorganen gesendete Information und berechnet daraus den nächsten Schritt. Ein zu großes Gehirn hätte nicht in den schmalen Kopf gepasst, also haben Katzen ein normales Säugetiergehirn, das aber unglaublich gut organisiert ist. Immerhin muss es mit einer riesigen Menge von Sinneseindrücken fertigwerden, die Augen, Ohren und Tasthaare liefern. Die kontinuierlich fließenden Informationen werden im Kleinhirn verarbeitet.

Für eine erfolgreiche Jagd muss die Katze ihren Kopf – und damit die Augen – ruhig und auf gleicher Höhe halten. Während sie sich vorsichtig anschleicht, darf sie die Beute niemals aus den Augen verlieren, sonst würde sie den idealen Augenblick zum Zuschlagen verpassen. Um die komplizierten Bewegungsabläufe zu koordinieren, benutzt die Katze ein Gleichgewichtsorgan im Innenohr. Es besteht aus drei U-förmigen, mit Flüssigkeit gefüllten Röhren. Millionen winziger Haare, die mit Nerven verbunden sind, bewegen sich mit der Flüssigkeit, wenn die Katze den Kopf bewegt. Obwohl alle Säugetiere dieses Organ besitzen, ist es bei der Katze perfekt ausgebildet. Auf jede Veränderung der Lage ihres Kopfes reagiert das Gehirn mit einer Nachricht an die Muskeln, die den Körper wieder in die richtige Position bringen.

Aber das ist immer noch nicht alles. Da Katzen als Jäger sehr präzise und schnell reagieren müssen, werden viele ihrer Körperfunktionen von automatisch zusammenarbeitenden Systemen gesteuert. Eine fallende Katze dreht zuerst ihren Kopf, dann den Körper im freien Fall in die richtige Position, sodass sie auf jeden Fall auf allen vier Füßen landet. Diese automatische Drehbewegung wird vom Gleichgewichtsorgan gesteuert. Natürlich wird sich auch eine Katze verletzen, wenn sie aus großer Höhe herunterfällt. Aber einen Sturz vom Baum steckt sie locker weg. Bei den meisten Reaktionen fließen alle Informationen der Sinnesorgane zum Gehirn, werden verarbeitet und als Befehle an die Muskeln weitergeleitet. Obwohl diese Vorgänge blitzschnell ablaufen, vergeht doch etwas Zeit fürs »Nachdenken«. Für eine fallende Katze wäre das fatal. Sie würde auf den Boden prallen und sich verletzen. Bei ihr fließen alle Informationen der Sinnesorgane direkt zu den Muskeln. Dabei läuft ein vorprogrammiertes Bewegungsmuster ab, das die Katze sicher auf allen vier Pfoten landen lässt. Diese Schnelligkeit verschafft der Katze den Vorteil, den sie braucht, um Beute zu fangen und Feinden zu entgehen.

Das Konstruktionsteam hat fantastische Arbeit geleistet. Es hat das ultimative Raubtier geschaffen – wir können nur darüber staunen. Zudem ist dieses perfekte Raubtier anpassungsfähig und anschmiegsam und damit sehr viel liebenswerter als andere Raubtiere!

Die Evolution hat Millionen von Jahren gebraucht, um diesen Ferrari unter den Raubtieren zu erschaffen. Wäre es dem Spezialistenteam nur darum gegangen, ein Kuscheltier zu konstruieren, das schnurrend auf unserem Schoß schläft und ein paar Mal am Tag zum Futternapf schleicht, wäre ganz sicher keine Katze dabei herausgekommen. Das sollten wir niemals vergessen, wenn wir unsere Katzen zwingen möchten, Vegetarier zu werden oder die Jagd aufzugeben. Unsere Katzen sind, wie sie sind, und sehen so aus, weil die Evolution sie als perfektes Raubtier mit wunderbaren Eigenschaften erschaffen hat.

5
Ein Jäger mit Leib und Seele

Kein Buch über Katzen wäre vollständig, wenn darin eine Würdigung ihrer Jagdtechnik fehlen würde. Wir werden unsere Katzen nur verstehen, wenn wir wissen, was und wie sie jagen und wie ihre bemerkenswerten Fähigkeiten bei der Jagd zusammenspielen.

Ohne ihre besonderen Fähigkeiten als Raubtier – die Jagd auf Mäuse und Ratten in den Kornspeichern – wäre die Katze vermutlich nie domestiziert worden. Katzen werden zwar in manchen Regionen der Welt immer noch als Mäusejäger gehalten, doch in den meisten westlichen Ländern hat sich ihre Rolle gewandelt. Viele Katzenhalter könnten vermutlich besser damit umgehen, wenn ihre Katze keine halbtoten Vögel, Mäuse und Ratten nach Hause bringen würde. Sie haben ein Problem damit, dass ihre Katze noch immer ihrem Jagdinstinkt folgt. Dafür dürfte es zwei Gründe geben: Viele Menschen lehnen das Jagen grundsätzlich ab, oder es ist ihnen nicht bewusst, dass Katzen einfach faszinierende und perfekte Jäger sind. Wir erwarten, dass Katzen unser Leben teilen und sich gegenüber anderen Tieren friedlich verhalten. Vermutlich kennt jeder Katzenhalter die Bilder von Katzen, die Mäuse auf sich dulden oder nichts dagegen haben, wenn ein Wellensittich auf ihrem Kopf sitzt und an ihren Ohren knabbert. Während die Besitzer sicher sind, dass ihre Katze den kleinen Gefährten kein Leid zufügt, würde ich keinen Cent darauf wetten. Das übliche Argument ist: »Sie kennen sich doch schon seit der Geburt.« Ich würde die beiden niemals allein lassen, denn jede Katze reagiert ganz instinktiv auf die Bewegung einer potenziellen Beute, wenn sie die richtige Größe hat und erreichbar ist. Das Mäuschen wäre im Maul der Katze verschwunden, ehe die Katze nachdenken könnte. In den Jahrmillionen der Evolution ist ein perfektes Raubtier entstanden, dessen Reflexe schneller sind als der Gedanke an den »Jugendfreund«. Katzen sind schnell genug, um einen fliegenden Vogel oder eine rennende Maus zu fangen, und sie sind klug. Ich bin sicherlich nicht die erste Mutter, die im Zoogeschäft verzweifelt nach einem Goldhamster mit einer bestimmten Fellzeichnung sucht, weil das Lieblingstier der Kinder im Maul der Katze gelandet ist!

Ohne Menschen, die sie füttern oder von deren Abfällen sie leben, müssen Katzen jagen, um zu überleben. Wilde Katzen nehmen immer nur kleine Futtermengen auf und müssen allzeit bereit sein, für ihre Nahrung zu sorgen. Aber auch eine satte Katze kann sich zur Jagd entscheiden. Hungerzentrum und Jagdzentrum im Gehirn agieren unabhängig voneinander. Es hat also keinen Zweck, die Katze zu füttern und zu hoffen, ihr verginge dadurch die Lust auf die Jagd. Natürlich wird sich eine hungrige Katze eher anstrengen, doch auch eine satte Katze gibt bei der Jagd nur selten auf.

Die perfekte Jagdtechnik

Die wenigsten Katzenhalter kennen die Jagdstrategien ihres Haustieres. Die Katze verschwindet ins Freie und kommt irgendwann mit einem kleinen toten Körper zurück in die Wohnung. Diese »Geschenke« hinterlässt sie auf dem Bett oder im Futternapf. Es kann auch vorkommen, dass eine Katze durch die Katzenklappe auf nächtliche Jagd geht und am anderen Morgen liegen überall in der Küche Federn herum.

Katzen hören ein Beutetier schon aus großer Entfernung und gehen gezielt auf die Suche, bis sie ihr Opfer stellen und töten. Sie überfallen ihre Beute nicht, sie sind heimliche Jäger, die wohlüberlegt vorgehen. Schon Katzenbabys lernen, alle Signale zu interpretieren, die ihre Ohren, Augen und andere Sinnesorgane empfangen. Sie müssen lernen, wie man sich an die einzelnen Beutetiere anschleicht und wie man sie möglichst erfolgreich überrascht. Jede Katze hat ihre eigenen Jagdstrategien. Manche streifen einfach mit offenen Augen und Ohren umher und warten ab, ob sie auf ein potenzielles Opfer stoßen (M-Strategie für »mobile« Katzen). Dabei fällt es uns nicht auf, dass eine scheinbar ruhige Katze mit allen Sinnen den Garten absucht. Die meisten Katzenhalter kennen die sogenannte S-Strategie (»Sitzen und Warten«). Dabei sitzen die Katzen völlig unbeweglich an einem Ort und scheinen nur vor sich hin zu dösen. Tatsächlich jedoch lauern sie an einem für uns unsichtbaren Mäuseweg oder vor einem Loch auf einen der kleinen, pelzigen Gartenbewohner. Katzen mit S-Strategie nehmen eine günstige Position ein und warten scheinbar gelangweilt und vollständig ruhig ab. Selbst wenn sich eine Maus zeigt, bewegt sich die Katze erst dann, wenn sie sicher ist, sie zu erwischen. Schlägt sie zu früh zu, könnte die Maus in ihren Bau entkommen.

Die meisten Katzen wenden beide Strategien an und wandeln sie individuell je nach Beutetier ab. Im Winter lohnt es sich, auf Singvögel zu warten, die sich am Futterplatz einstellen (S-Strategie). Vögel, die ihr Futter am Boden suchen, lassen sich wirkungsvoller mit der M-Strategie fangen, denn Vögel sind äußerst wachsam und würden eine sitzende Katze meiden. Daher muss sich die Katze langsam und möglichst gut getarnt am Boden bewegen, ohne durch ihre Bewegungen aufzufallen. Wenn der Vogel auffliegt und wieder landet, bewegt sich die Katze vielleicht mit einigen Sprüngen etwas schneller, doch dann erstarrt sie wieder. Selbst wenn der Vogel in ihre Richtung blickt, fällt sie kaum auf.

Manche Katzen entwickeln sich zu wahren Experten der Vogeljagd, andere interessieren sich nicht für diese schwierig zu jagende Beute. Jede Katze wartet den besten Augenblick ab, ehe sie ihre Beute anspringt. Bei der Vogeljagd ist dieses angeborene Zögern nicht besonders hilfreich, denn genau in dieser Phase könnte der Vogel noch in die Luft entkommen.

Die meisten Katzenhalter fühlen sich unwohl bei dem Gedanken, dass ihre Katze auch ein »Killer« ist, aber jeder Katzenhalter sollte akzeptieren, dass die Jagd ein Teil des Katzenlebens ausmacht. Sie ist dafür gebaut, mit absoluter Präzision und schnell zu töten. Forschungen haben gezeigt, dass männliche und weibliche Katzen Beute nach Hause bringen. Katzen schleppen aber mehr Tiere an als Kater. Dieser Unterschied hat eine biologische Ursache: Katzen müssen ihre Jungen mit Nahrung versorgen. Katzen mit Jungen jagen merklich effektiver als Katzen ohne Junge. Sie können sogar höhere Frequenzen hören. Einerseits nehmen sie jeden Angstruf ihrer Jungen besser wahr, andererseits entgeht ihnen auch nicht das kleinste Fiepen einer Maus. Hungrige Babys im Nest sind offenbar eine starke Motivation. Die säugende Katze muss gut genährt sein, um ausreichend Milch zu produzieren. Später wollen die Jungen Fleisch fressen und ab einem gewissen Alter schleppt die Katzenmutter lebende Beute an, damit die Kleinen das Jagen perfekt lernen. Kater kümmern sich nicht um ihre Nachkommen; sie bringen Beute allenfalls als Vorrat für sich selbst nach Hause. Junge Hauskatzen sind viel zu aufgeregt, um effektiv zu jagen. Wenn sie zum ersten Mal ins Freie dürfen, jagen sie jedem Wurm und jedem Insekt hinterher. Sobald sie geschickter werden, wagen sie sich an Mäuse. Ab etwa einem Jahr versuchen sie sich regelmäßig an unterschiedlichen Opfern. In dieser Lebensphase schleppen sie ihren Besitzern die meisten Tiere an. Nach etwa drei Jahren lässt die Jagdleidenschaft nach. Einige Katzen jagen noch gelegentlich, doch die meisten werden ruhiger. Sie liegen lieber schlafend in der Sonne und wagen bei schlechtem Wetter allenfalls einen Blick durch das Fenster, wenn die Vögel draußen herumfliegen.

Warum spielen manche Katzen mit ihrer Beute? Untersuchungen haben gezeigt, dass sich in einer jagenden Katze eine große Spannung aufbaut. Dieser Stress muss sich entladen – im Spiel. Bei einem Experiment im Zoo ließen die Forscher Tiger »jagen«. Die Forscher präsentierten das Fleisch auf einem Pfahl, sodass sich die Tiger anstrengen mussten, an das Futter zu kommen. Wenn es gelungen war, das Fleisch zu »erbeuten«, ließen sie es eine Zeitlang am Boden liegen, bevor sie zu fressen begannen. Vermutlich müssen Katzen ihren Adrenalinspiegel, der sich bei der Jagd aufgebaut hat, erst senken und fressen, wenn sie wieder ruhig sind. Manche, vor allem relativ junge Katzen, sind noch keine sicheren Jäger. Sie spielen gerne mit der Beute, um ihre Technik zu perfektionieren.

Die meisten Katzen jagen gerne und sind offenbar hoch motiviert. Sie brauchen die Jagd und einer ausschließlich in der Wohnung lebenden Katze müssen wir einen adäquaten Ersatz in Form von Jagdspielen anbieten.

6
Wir müssen reden …

Eine Katze kann mit anderen Katzen über Körpersprache, Laute und Düfte kommunizieren. Wenn wir uns bemühen, können wir sie in begrenztem Umfang verstehen und manche der Lautäußerungen – Rufe, Miauen und Schnurren – sagen uns etwas. Bei Düften müssen wir passen, außer vielleicht bei einer frischen Markierung, die ein Kater für seine Schöne hinterlassen hat! Der Geruchssinn der Katzen ist extrem gut entwickelt und bestimmt weite Teile ihres Lebens.

Ich kann Dich riechen!

Ein neugeborenes Kätzchen ist blind und schutzlos. Es lässt sich von Geruchssinn, Berührungen und Wärme leiten, um die Zitzen der Mutter zu finden. Es erkennt am Duft sogar seine »persönliche« Zitze und trinkt nur aus ihr. Die Katzenmutter erkennt ihre Jungen am Eigengeruch und dem Duft, den sie selbst auf allen Jungen hinterlässt. Damit ist das erste Beziehungsband über den Geruchssinn geknüpft. Welche Formen der Kommunikation gibt es noch?

Die Sprache des Körpers – besser als Miau

Katzen sind sprichwörtlich Einzelgänger und gehen auch völlig allein auf die Jagd. Anders als Hunde brauchen sie keine typischen

Gruppensignale. Dennoch kommen auch Katzen mit ihren Artgenossen aus, nicht nur während der Paarungszeit oder der Jungenaufzucht, sondern auch bei sozialen Interaktionen. Dafür besitzen sie ein Repertoire von komplexen körperlichen Signalen. Wissenschaftler haben 25 unterschiedliche sichtbare Signale gezählt, die in 16 Kombinationen eingesetzt wurden. Und dabei dürften ihnen noch viele subtilere Nuancen entgangen sein. Wenn es uns gelingt, die wesentlichen Ausdrücke der Katzen-Körpersprache zu erkennen, können wir prinzipiell »verstehen«, was unsere Katze uns sagen möchte.

Katzen treffen am ehesten auf einen unbekannten Artgenossen, wenn sie im Freien umher streifen. In einem dicht besiedelten Wohnort kommt es fast zwangsläufig immer wieder zu solchen Begegnungen. Besonders dramatisch fällt die Begrüßung zwischen rivalisierenden Katern aus – vor allem in Paarungszeiten! Da die meisten Hauskatzen kastriert sind und wir sie nur selten draußen beobachten, kennen die meisten Katzenhalter nur die sanften Interaktionen ihrer Katzen mit Artgenossen, anderen Tieren und Menschen.

Das Verhalten einer spielenden Katze spricht uns an. Kätzchen und ausgewachsene Katzen zeigen dort ihr gesamtes Repertoire in spielerischer Form: von der Jagd über den Kampf bis zur Paarung. Ähnlich wie Menschen, die in ritualisierten Bewegungen, wie z.B. Tänzen, Kampf und Werbung um das andere Geschlecht als Lern- und sozialen Prozess vorstellen. Katzen, die gemeinsam in einem Haushalt leben, gehen gewöhnlich friedlich und ruhig miteinander um, und die wenigsten Auseinandersetzungen zwischen einzelnen Individuen enden im Kampf. Selbst rivalisierende Kater legen ihren Streit meist über die Körpersprache bei. Eine der wichtigsten Funktionen einer ausgefeilten Körpersprache ist es, gefährliche Verletzungen durch einen Kampf zu vermeiden. Ein Angreifer zeigt sein gesamtes Repertoire an Drohgebärden und die schwächere Katze wird verstehen und die Flucht ergreifen. Vielfach regeln Katzen ihre Machtspiele, indem sie sich so lange anstarren – gelegentlich kommen Lautäußerungen hinzu –, bis der Schwächere sich abwendet. Der dominierende Angreifer geht einige Schritte zur Seite, setzt sich, fängt an sich zu putzen und blickt demonstrativ in eine andere Richtung. Für ihn ist die Angelegenheit erledigt und wir Menschen haben den Konflikt fast gar nicht mitbekommen.

In diesem Kapitel wird die Körpersprache des Kopfes (Augen, Ohren, Schnurrhaare und Mund) und des Körpers (Schwanz mit Größe und Winkel, Haltung) behandelt. Da einige Signale von Angst und Wut recht ähnlich aussehen, sind die individuellen »Worte« der Körpersprache zunächst missverständlich. Um die Stimmung einer Katze sicher zu bestimmen, muss der gesamte Körper einbezogen werden. Nur ein einzelnes Merkmal herauszugreifen, wäre verwirrend, weil sich die Signale sehr schnell ändern können.

Ein sorgfältiger Blick auf Haltung, Ohren, Augen und den Schnurrbart der Katze verrät bereits sehr viel über ihre Gefühle. Die Muskeln in ihrem Gesicht erlauben ihr ein breites Spektrum von mimischen Signalen, während ihre Kopfhaltung Aufschluss darüber gibt, ob sie kontaktbereit ist oder sich lieber unsichtbar machen würde. Streckt sie den Kopf nach vorn, versucht sie über Berührung Kontakt aufzunehmen. Ein gutes Beispiel für diese freundliche Annäherung ist das Begrüßungsritual, wenn ihr Mensch nach Hause kommt und sich die Katze mit vorgestrecktem Kopf nähert. Im Konflikt trägt eine selbstbewusste Katze den Kopf hoch, ist sie angriffslustig, kann sie ihn senken. Allerdings reagiert auch eine unterlegene Katze damit, dass sie den Kopf senkt. Sie hebt ihn erst wieder an, wenn ihre Angst in eine aggressive Verteidigungshaltung übergeht. Eine desinteressierte Katze hält den Kopf gesenkt, zieht das Kinn ein und dreht den Kopf zur Seite, um einen Blickkontakt zu meiden.

Man sieht, eine Interpretation ist schwierig, wenn man nur die Haltung des Kopfes betrachtet. Mit anderen Hinweisen der Körpersprache zusammen hat man eine gute Chance, die Stimmung der Katze richtig zu bewerten.

Augen

In der menschlichen Kommunikation spielt der Blickkontakt eine wichtige Rolle. Das gilt grundsätzlich auch für Katzen. Wenn aber Katzen Blickkontakt halten, bedeutet das etwas anderes als beim Menschen. Katzen, die einen unverwandt anstarren, drücken Aggression aus. So versuchen sie Rivalen zu verunsichern und damit einen Konflikt zu lösen. Viele Katzen stellen sofort das Putzen ein oder wachen auf, wenn Menschen sie intensiv betrachten. Die meisten putzen sich aber betont selbstbewusst weiter, bis wir in eine andere Richtung sehen. Katzen reagieren sehr sensibel, wenn sie sich beobachtet oder angestarrt fühlen.

Oft hört man, Katzen seien »Tagträumer«, die ins Leere starren, ohne ein bestimmtes Ziel zu fixieren. Das mag daran liegen, dass Katzen sehr viel aus dem Augenwinkel sehen, während wir ein Objekt von vorn fixieren müssen, um es genau zu erkennen. Katzen sind so lange mit einem peripheren Blick zufrieden, bis sie etwas erkennen, das es wert ist, genauer ins Auge gefasst zu werden.

Augen

Große Pupillen bedeuten Angst oder Erregung; die spitzen Ohren besagen, dass die Katze etwas mit großem Interesse betrachtet.

Eine entspannte, zufriedene Katze; die Größe der Pupillen richtet sich nach der Lichtmenge.

Diese Katze ist aufmerksam (bei Tag), sie ist vorsichtig, aber nicht ängstlich. Nachts sind ihre Pupillen stärker geweitet.

Die Augen einer Katze sind ein gutes Stimmungsbarometer. Die Größe der Pupille wird nicht ausschließlich durch die Lichtmenge, sondern auch über die Emotionen der Katze gesteuert. Enge oder geweitete Pupillen zeigen Interesse, Ärger oder Angst – wie beim Menschen. Aber auch wenn sie ihren Futternapf oder eine befreundete Katze sehen, können sich ihre Pupillen weiten.

Bei einer zufriedenen, entspannten Katze richtet sich die Größe der Pupillen ausschließlich nach dem Lichteinfall. Je weniger Licht, desto weiter und dunkler erscheint die Pupille. Eine völlig entspannte Katze wird die Augen aber nur selten weit aufreißen; vielmehr blinzelt sie als Zeichen von Zufriedenheit unter halb geschlossenen Augenlidern. Blinzeln ist übrigens eine Beschwichtigungsgeste zwischen Katzen. Damit lösen sie die Spannung, die sich beim Anstarren aufgebaut hatte.

Ängstliche Katzen öffnen ihre Pupillen sehr weit. Bei großer Angst reicht die Pupille bei weit aufgerissenen Augen fast bis an den Rand des Augapfels. Eine wütende Katze dagegen, die sich durchsetzen möchte und sich sicher fühlt, wird die Pupillen bis auf einen Schlitz verengen. Die Größe des Pupillenspaltes ist also von verschiedenen Faktoren abhängig: dem Ausmaß der Angst, der Erregung oder dem herrschenden Licht. Eine sichere Deutung liefert die zusätzliche Betrachtung der Ohren.

Ohren

Eine Katze kann ihre Ohren um 180° und unabhängig voneinander drehen, heben und senken. Diese Bewegung wird über 20 bis 30 Muskeln gesteuert. Auch an den Ohren lassen sich wichtige Signale ablesen. Einige Großkatzen tragen auf der Rückseite ihrer dunklen Ohrmuscheln helle Flecken. Wenn sie die Ohren bewegen, macht das Erscheinen oder Verschwinden der Flecken die Absicht ihrer Trägerin unmissverständlich klar. Luchse und andere Wildkatzen mit kürzeren Schwänzen kompensieren die fehlende Schwanzlänge mit auffallenden Haarbüscheln an den Ohrenspitzen, sodass die Stellung ihrer Ohren besser sichtbar ist.

Ohren

Eine entspannte Katze mit aufgerichteten Ohren und gestreckten Schnurrhaaren. Die Größe der Pupillen richtet sich nach dem Licht.

Die Katze fühlt sich gestört und dreht die Ohren nach hinten; sie verengt die Pupillen und richtet die Schnurrhaare nach vorn.

Eine ängstliche Katze. Die Pupillen sind geweitete und die Ohren flach angelegt. Auch die Schnurrhaare können zurückgelegt werden.

Spielende oder jagende Katzen richten die Ohren spitz auf; die Pupillen sind geweitet und die Schnurrhaare nach vorn gerichtet.

Spielende oder jagende Katzen richten die Ohren spitz auf; die Pupillen sind geweitet und die Schnurrhaare nach vorn gerichtet.

Die Ohren einer zufriedenen, entspannten Katze sind meist leicht nach hinten gebogen und nach vorn gerichtet. Wenn sie etwas Interessantes hört, richtet sie die Ohren auf und »spitzt« sie mit den Stirnmuskeln. Diese Bewegung entspricht in etwa unserem Stirnrunzeln. Wenn die Ohren zucken oder sich drehen, ist die Katze unsicher oder fürchtet sich vor dem Lärm. Mit zunehmender Angst bewegt eine Katze ihre Ohren etwas zurück und legt sie näher an den Kopf. Meine beiden jungen Katzen verhielten sich so, als sich ein unbekannter kleiner Hund ihrem Körbchen am Feuer näherte. Als er ihre Fluchtdistanz (die Entfernung zu einem Feind, die noch eine sichere Flucht erlaubt) unterschritt, legten sie ihre Ohren flach an den Kopf und drückten sich auf den Boden des Körbchens. Sie hofften wohl, er würde sie nicht sehen und wieder verschwinden. Damit zeigten sie eine Abwehrreaktion wie aus dem Bilderbuch: Die Katze versucht, so winzig und harmlos zu erscheinen wie möglich. Als sich der Welpe meinem älteren Kater näherte, kam dieser ihm zuvor und schaltete auf Abwehr: Er fauchte den Welpen an, machte einen Buckel und sträubte die Haare auf dem Schwanz, um möglichst groß zu erscheinen. Dabei starrte er den kleinen Hund unverwandt an. Der zögerte und machte sich aus dem Staub, ehe der Kater ihm mit einem Krallenhieb auf die Nase schlagen konnte. Ich brachte den erschrockenen Welpen in sein Körbchen. Er versuchte noch mehrmals, sich dem Kater zu nähern und schien den Scheinkampf sogar zu genießen. Natürlich trug der Kater jedes Mal den Sieg davon!

Schnurrhaare

Auch der Schnurrbart sagt einiges über die Stimmung einer Katze aus. Er ist viel beweglicher, als Menschen glauben. Eine entspannte Katze hält die Haare seitlich. Je interessierter sie ist, desto weiter richten sich die Schnurrhaare nach vorn. Eine ängstliche Katze legt die Schnurrhaare nach hinten an die Wangen, sodass ihr Gesicht so schmal wie möglich erscheint. Sie versucht, harmlos zu wirken, um einem Konflikt auszuweichen.

Die Schnurrhaare verstärken die Hautbewegungen um den Mund. Bei manchen kastrierten Katern mit fettem Gesicht, bei denen die fehlenden männlichen Hormone eine plastische Ausformung des Gesichts verhindern, sind die Muskeln unter den Wangen sichtbar.

Sie spannen sich an, wenn der Kater erregt oder ängstlich ist. Wilde Katzen haben vollere Gesichter und zusätzliche Haare bis hin zur Mähne der Löwen.

Schnurrhaare

Eine entspannte oder gleichgültige Katze hält die Schnurrhaare seitlich. Bei einer gähnenden Katze lässt sich erahnen, zu welchen Bewegungen die Schnurrhaare fähig sind – von flach anliegend bis fächerförmig ausgebreitet, rund um Nase und Mund. Eine Katze in der Defensive, wie hier, zieht die Schnurrhaare zurück, näher ans Gesicht. Sie dreht die Ohren nach hinten und unten und kann erweiterte Pupillen zeigen.

Eine neugierige Katze stellt die Schnurrhaare nach vorn und benutzt sie fast wie eine zusätzliche Pfote, um abzutasten, was sich direkt vor ihrem Gesicht abspielt. Im Dunkeln »sehen« Katzen mit den Schnurrhaaren, wenn sie sich durch Spalten oder Unterholz bewegen.

Maul

Anders als Hunde setzen Katzen ihr Maul nicht als ein Signal zum Angriff ein. Sie fauchen und grollen nur dann mit offenem Maul, wenn sie sich bedroht fühlen. Auch Lippen lecken kann ein Zeichen von Angst sein, allerdings lassen entspannte und zufriedene Katzen manchmal ihre Zunge heraushängen. Manche Katzen sehen dabei verblüffend »dumm« aus.

Menschen gähnen, wenn sie müde oder gelangweilt sind. Damit setzen sie eine Kettenreaktion bei anderen Menschen in Gang – man gähnt mit, ob man will oder nicht. Katzen lassen sich nicht anstecken. Bei ihnen ist Gähnen kein Zeichen von Langeweile. Gähnende Katzen zeigen, dass sie zufrieden sind. Nach einem Schläfchen begleiten sie ihre Streckübungen mit ausgiebigem Gähnen.

Schwanz

Katzen bewegen ihren Schwanz hin und her, auf und ab – elegant und langsam oder peitschenartig schnell. Eine schlafende Katze rollt ihren Schwanz eng an den Körper, bei einer Katze, die erschrickt, sträuben sich die Haare auf dem Schwanz. Wenn eine entspannte, zufriedene und wache Katze durch ihr Revier streift, hängt ihr Schwanz locker herunter. Entscheidet sie sich, eine bestimmte Stelle zu markieren, richtet sie ihn hoch, tritt auf der Stelle und verspritzt ihren Urin. Der Schwanz ist ein wichtiges Kommunikationsmittel und dient gleichzeitig der Balance. Auf der Jagd hält eine Katze den Schwanz gerade nach hinten, bis er beim Sprung auf die Beute der Balance dient. Eine zuckende Schwanzspitze zeigt Erregung und Konzentration, wenn sich die Katze an ein Opfer anschleicht.

In der Kommunikation zwischen Katzen oder zwischen Katze und Mensch spielt der Schwanz eine wichtige Rolle. Trifft eine Katze auf eine andere, freundliche Katze oder ihren Besitzer, hebt sie den Schwanz hoch, neigt ihn über ihren Rücken und knickt die Spitze ab. Mit dieser Schwanzposition kann die andere Katze den Duft unter der Schwanzwurzel kontrollieren und sich versichern, dass die Katze bekannt ist oder zur Gruppe gehört. In der Regel wird die Begrüßung von einem Säuseln oder Zwitschern begleitet. Katzenbabys rennen zur Begrüßung mit erhobenen Schwänzen auf ihre Mutter zu und lassen sich auf ihren Körper fallen. Dann reiben sie über den Schwanz der Mutter, um sie um Futter zu bitten. Erwachsene Katzen reiben sich an ihrem Besitzer und winden ihren Schwanz um seine Beine, Hände oder sogar den Futternapf, um ihn zum Füttern zu bewegen.

Schwanz

Eine Katze begrüßt eine bekannte Katze. Sie hält den Schwanz mit abgeknickter Spitze hoch.

Eine laufende Katze hält den Schwanz entspannt und schräg hängend hinter sich. Wird der Schwanz nicht als Kommunikationsmittel gebraucht, benutzt die Katze ihn als Balancierhilfe beim Springen und Klettern.

Spielende Katzen oder Kätzchen halten ihren Schwanz häufig in Form eines umgekehrten U, vor allem wenn sie sich gegenseitig spielerisch durch die Wohnung jagen. Katze lieben – ähnlich wie kleine Kinder – diese Mischung aus Spaß und Spannung. Manchmal sträuben sie dabei die Schwanzhaare wie eine Flaschenbürste.

Eine Katze, die eine Situation beobachtet, schlägt planlos mit dem Schwanz hin und her. Man hat den Eindruck, sie überlegt noch, ob sie eingreifen soll. Je wachsamer sie dem Geschehen folgt, desto weiter und schneller schlägt der Schwanz aus. Das kann ein Zeichen von

Ärger sein. Vielleicht will sie damit auch eine andere Katze zu einem interessanten Spiel bewegen. Heftiges Schwanzschlagen bedeutet große Erregung oder ist das unmittelbare Vorspiel einer Aggression. Als Signal ist es kaum zu übersehen. Anders als Hunde sind Katzen, die mit dem Schwanz wedeln, keineswegs freundlich gesinnt, sondern sie befinden sich in einem emotionalen Konflikt.

Eine Katze, die sich ernsthaft bedroht fühlt und in die Defensive geht, sträubt die Haare auf ihrem Schwanz. Wenn sie ihn hoch hält, wirkt er doppelt so dick wie sonst. Diese Position gehört zur Selbstverteidigung: Die Katze versucht, so groß wie möglich auszusehen. Bei manchen Katzen, die sich in einem Konflikt befinden, nimmt der Schwanz eine ungewöhnliche L-Form an. Sie halten ihn als Verlängerung des Rückens horizontal und knicken das Ende senkrecht nach unten. Dieses L sowie ein umgekehrtes U zeigen auch spielende Kätzchen. Auf ihren Verfolgungsjagden durch die ganze Wohnung, wenn sie über Tische und Bänke springen, halten sie ihren Schwanz in einem bogenförmigen U hoch und die gesträubten Haare sehen aus, als würden sie vom Wind zerzaust.

Körperhaltung

Viele Tiere versuchen beim Angriff oder bei der Verteidigung größer auszusehen, als sie tatsächlich sind. Der Rivale soll abgeschreckt und der Konflikt vermieden werden. Katzen stellen sich auf lang gestreckten Beinen aufrecht hin, um höher zu wirken. Da die Hinterbeine einer Katze länger sind als die Vorderbeine, bildet der Rücken eine abfallende Linie. Die aggressive, zum Angriff bereite Katze sträubt zusätzlich die Haare auf Rücken und Schwanz, um noch beeindruckender auszusehen.

Im Gegensatz dazu richten sich bei einer ängstlichen Katze, die nicht mehr weiterweiß, alle Körperhaare auf. Sie wendet dem Angreifer ihre Seite zu und macht einen Buckel, um ihre Größe zu übertreiben. Dahinter steckt die Hoffnung, den Angreifer noch von seinem Vorhaben abzubringen. Zögert der tatsächlich, bewegt sich das potenzielle Opfer seitlich, im Krabbengang, bis an einen sicheren Ort. Um auf einen plötzlichen Angriff reagieren zu können, lässt sie den Gegner dabei nicht aus den Augen.

Körperhaltung

Bei der Jagd und beim Anschleichen zeigen Katzen ihre Erregung durch leichte Bewegungen der Schwanzspitze an. Beim Angriff und dem Sprung auf das Opfer dient der Schwanz als Balancierhilfe und unterstützt einen präzisen Sprung.

Katzen in der Defensive sträuben die Haare auf Körper und Schwanz und legen den Schwanz im Bogen über ihren Rücken.

Wie weit der Schwanz ausschlägt, ist ein Maß für die Erregung der Katze. Zuckt nur die Spitze hin und her, ist sie mäßig interessiert. Eine erregte Katze, z.B. wenn ein Rivale im Garten auftaucht, lässt ihren Schwanz rasch und weit hin- und herschwingen.

Während eines Konflikts halten angreifende Katzen ihren Schwanz oft in der L-Position. Ihr Rücken ist leicht gebuckelt, die Rücken- und Schwanzhaare sind gesträubt und eine der Vorderpfoten ist angehoben.

Eine defensive Katze stellt sich seitlich zum Angreifer und zeigt ihm einen Buckel. Die Haare auf Rücken und Schwanz sind gesträubt.

Eine ängstliche Katze duckt sich als Zeichen der Unterwerfung so eng wie möglich an den Boden. Sie versucht, völlig harmlos zu erscheinen, um keinen Angriff zu provozieren. Diese Geste zeigen vor allem wenig selbstbewusste Katzen, die in Ruhe gelassen werden wollen. Zusätzlich drehen sie sich manchmal auf den Rücken und schauen den Angreifer beschwichtigend an. Während sich ein Hund in dieser Position völlig unterwirft und sich definitiv nicht mehr wehrt, bleiben einer auf dem Rücken liegenden Katze immer noch Zähne und Krallen zur Verteidigung.

Natürlich drehen sich auch spielende Katzen auf den Rücken, sogar wenn sie uns begrüßen. Einige Katzen haben nichts dagegen, wenn wir sie am Bauch kitzeln, manche genießen es sogar. Ähnlich rollen sich paarungsbereite Katzen vor einem Kater, um ihn zur Paarung zu bewegen. Im Sommer nehmen Katzen gerne Sand- oder Staubbäder oder rollen sich auf einem sonnenwarmen Weg herum. Dabei halten sie aber stets die Augen offen, um rechtzeitig auf eine andere Katze oder einen Hund reagieren zu können.

Gib Laut!

Das »Vokabular« der Katzen ist im Unterschied zur Körpersprache kaum untersucht, und es gibt zudem unterschiedliche Interpretationen, was welche Laute bedeuten. Ich möchte die Lautäußerungen im Zusammenhang mit der Katzen-Mensch-Kommunikation betrachten.

Um die Vielfalt dieser Lautäußerungen zu erfassen, muss man sehr genau zuhören. Menschen reagieren zwar spontan auf eine »sprechende« Katze, versuchen aber dennoch meist, ihre Wünsche aus der Körpersprache zu erraten: Möchte sie gestreichelt werden? Hat sie Hunger? Oder will sie nur wissen, ob ihr Mensch in der Nähe ist? Eine kluge Katze hilft uns, indem sie beispielsweise zum Futternapf oder zur Tür geht oder die Pfote auf die Fensterbank legt, wenn sie in den Garten möchte. Wenn Sie sich wirklich Mühe geben wollen, sollten Sie die Lautäußerungen ihrer Katze aufnehmen und ihre Wünsche aus der Körpersprache erraten. Später hören Sie das Band wieder ab – ohne die Körpersignale zu sehen – und versuchen erneut, die Wünsche zu verstehen.

Jede Katze verfügt über ein eigenes Repertoire von Tönen und Gesten. Sie versteht uns zudem viel besser als wir sie. Katzen passen ihre Äußerungen an unsere Reaktionen an, als wollten sie uns auf ihre Sprache trainieren. Wenn Sie positiv auf ein ungewöhnliches Miauen reagieren, wird die Katze dasselbe Miauen wieder einsetzen und auf denselben Erfolg hoffen. Viele Katzen benutzen ganz bestimmte »Worte« für die verschiedenen Familienmitglieder und würden diese nie für andere Katzen oder Familienmitglieder verwenden.

Zwischen den einzelnen Rassen gibt es zudem deutliche Unterschiede. Siamkatzen und andere orientalische Katzenarten sind für ihre »Schwatzhaftigkeit« bekannt. Hinzu kommen individuelle Unterschiede, die man mit menschlichen Dialekten vergleichen könnte. Und viele Rassen zeichnen sich durch besondere Lautäußerungen wie Zirpen oder Klicken aus. Daher erkennen viele Katzenhalter ihre Katze bereits an der Stimme. Als Bean, eine unserer Siamesischen Katzen, verschwand, suchte ich sie überall und rief sie. Gegen Morgen hörte ich ihre Rufe aus der Scheune eines Nachbarn. Ich konnte sie zweifelsfrei erkennen. Die Stimme kam unter einem alten Tisch hervor und während ich mich näherte, rief ich immer nach ihr. Sie antwortete, als wolle sie mich führen. Zum Glück war Bean eine geschwätzige kleine Katze.

Forscher haben 17 unterschiedliche Laute identifiziert, doch vermutlich gibt es weit mehr. Sie unterscheiden sich nur in Nuancen von anderen Lauten oder liegen im Ultraschallbereich, den wir nicht hören können, Katzen aber sehr wohl.

Ihren neugeborenen Katzenbabys gegenüber benutzt die Katzenmutter nur wenige Laute. Wer der kleinen Familie regelmäßig zuschaut, lernt viel über die gegenseitige Kommunikation, weil der

»Wortschatz« noch sehr eingeschränkt ist. Die Katzenmutter zeigt ihren Unmut, begrüßt die Kleinen oder warnt sie vor Gefahr. Jedes Kätzchen ruft die Mutter mit einem eigenen Ton herbei, wenn es sich fürchtet. Im Alter von zwölf Wochen kennen die Kätzchen alle Lautäußerungen. Im Unterschied zu menschlichen Babys, die Sprache durch Hören erlernen, kennt auch ein taubes Katzenbaby alle notwendigen Laute.

Katzen können gleichzeitig einatmen, ausatmen und dabei rufen. Sie bilden die Töne weniger mit der Zunge als vielmehr weiter hinten im Rachen, wo sie die Atemluft mit unterschiedlich schnell über die Stimmbänder streichen lassen. Zur Modulation benutzen sie die Spannung der Muskeln in Kehle und Maul. Die meisten Katzenlaute dienen der Kommunikation auf kurze Entfernung. Die wichtigste Ausnahme sind die lauten Rufe während der Paarungszeit und die Warnrufe der Kater, die ihr Revier markieren.

Schnurren

Schnurren ist der Inbegriff dessen, was wir mit Katzen verbinden und vielleicht einer der Gründe, weshalb wir unseren Katzenkompagnon so lieben. Wenn eine Katze schnurrt, verrät sie uns, dass sie sich wohlfühlt. Dieses Geräusch erfüllt uns mit einem wohligen Gefühl der Zufriedenheit. Wir fühlen uns geliebt.

Alle Katzen schnurren, unabhängig von Alter, Geschlecht oder Rasse mit derselben Frequenz von 25 Hz. Schon die kleinen Katzenbabys können schnurren. Sogar beim Saugen unterbrechen sie das Schnurren nicht. Es dient der Bindung zwischen Mutter und Kind. Manchmal schnurrt die Mutter, wenn sie sich den Babys nähert. Ihr Schnurren vermittelt Nähe und Sicherheit. Sobald die Kätzchen etwas älter werden, versuchen sie schnurrend ältere Katzen zum Spiel zu verlocken, so als würde ein Kind seinen Vater ansprechen: »Bitte, bitte, spiel doch Fußball mit mir.«

Dominante Kätzchen laden mit ihrem Schnurren ein unterlegenes Geschwister zum Spielen ein. Ihr Schnurren soll beschwichtigen: »Nicht weglaufen, vertrau mir, ich bin wirklich freundlich und werde nicht schlagen ...« Sogar erwachsene Katzen beschwichtigen sich gegenseitig mit Schnurren. Auch wenn sie sich bei Schmerzen oder Angst selbst beruhigen möchten, beginnen sie zu schnurren. Alle Katzen verbinden mit diesem Klang die Erinnerung an die Ruhe und den Frieden der Kinderzeit und können sich damit selbst bestätigen. Nicht ohne Grund beginnen auch viele Menschen zu summen oder zu singen, wenn sie sich selbst Mut machen oder von einer gefährlichen Situation ablenken wollen.

Obwohl es jeder kennt, ist noch nicht endgültig geklärt, *wie* eine Katze schnurrt. Eine Hypothese geht von einem zweiten Satz Stimmbänder aus, der neben den eigentlichen Stimmbändern sitzt. Eine andere Hypothese macht Turbulenzen im Blutkreislauf verantwortlich, die Brustkorb und Luftröhre zum Schwingen bringen, wobei die Nebenhöhlen als Resonanzkörper dienen. Nach einer dritten Hypothese sind es Muskelkontraktionen in Kehlkopf und Zwerchfell.

Mit welchen Mitteln das Schnurren auch immer erzeugt wird, es entspricht in seiner Bedeutung dem freundlichen Schwanzwedeln eines Hundes. Katzen können ihr Schnurren vielfältig modifizieren und stundenlang durchhalten. Die Lautstärke ist ebenso variabel wie der Klang: rau mit deutlich hörbarem Ansatz, dösend oder fast gelangweilt mit Unterbrechungen, die ein baldiges Ende vermuten lassen. Katzen, die auf sich aufmerksam machen wollen oder etwas Spannendes entdeckt haben, schnurren gerne in besonders hoher Stimmlage.

Willkommensgrüsse

Das Begrüßungsritual einer Katze – Schwanz hoch, Vorwärtsgehen mit Blickkontakt, Reiben und Schnurren – wird vom

Willkommensgruß gekrönt. Er besteht aus einem kurzen Miauen oder einer Serie kurzer, zirpender Laute. Damit sagt sie dem Menschen, dass er willkommen ist. Viele Katzen benutzen einen eigenen, ganz besonderen Willkommenslaut, möglicherweise sogar speziell für jedes Familienmitglied. Manche Menschen werden allerdings gar nicht begrüßt. Der erste Kontakt, wenn man nach Hause kommt, eignet sich gut für ein »Zwiegespräch« mit der Katze. Jetzt ist sie freudig erregt und reagiert bereitwillig. Wird die Begeisterung allerdings nicht erwidert, lässt sie mit der Zeit nach. Nutzen Sie diese wunderbare Gelegenheit, wenn sich ein unabhängiges, Sie liebendes Tier freiwillig auf Sie einlässt! Reden Sie mit der Katze und erzählen Sie ihr, was Sie tagsüber erlebt haben.

Katzenmütter rufen ihre Babys mit zirpenden Lauten, die sich wie ein rollendes Miau anhören. Ähnlich äußern sich Katzen, die sich in freundlicher Absicht einem Artgenossen oder Menschen nähern. Meine beiden Siamkatzen laufen meinem Kater Bullet freundlich entgegen, wenn er durch die Katzenklappe ins Haus kommt und begrüßen ihn mit diesem speziellen Ton. Eine andere Lautäußerung erinnert an ein anerkennendes Murmeln: Wenn Katzen schmeicheln und um etwas bitten, ziehen sie die Luft ein und schnurren mit abfallender Tonhöhe.

Professor Paul Leyhausen hat viele Jahre lang intensiv das Verhalten von Katzen erforscht. Ihm fielen die gurgelnden Laute auf, wenn eine Katzenmutter ihren Jungen Beute ins Nest bringt. Obwohl er einen deutlichen Unterschied zwischen »Maus« und »Ratte« (ein eher schreiender Laut) erkannte, glaubte er nicht, dass eine Katze echte Worte benutzt und ihren Jungen »sagt«, welche Beute sie anschleppt. Andererseits wäre diese Information biologisch durchaus sinnvoll: Eine verletzte Maus stellt keine Gefahr dar, während eine verletzte Ratte den Kätzchen ernsthaft schaden könnte. Die Kleinen wären durch den »Ratten-Laut« der Mutter gewarnt. Leyhausen glaubte, dass die genaue Bedeutung von Lautäußerungen noch genauer untersucht werden sollte.

Was meint sie mit »Miau«?

Katzen können in vielen Nuancen miauen. Sie beginnen mit offenem Mund und schließen ihm beim »..au«, sodass wir ein eindeutiges Wort zu hören glauben. Hauskatzen erinnern uns mit dem Miauen daran, dass sie gefüttert, ins Freie gelassen oder mehr beachtet werden wollen. Sie können bitten, fordern oder sich beschweren – mit einem Miau.

Katzen können jeden Vokal des Miau beliebig lange dehnen und den Laut stark modulieren – zu Worten mit unterschiedlichen Bedeutungen. Wenn sie das »a« nicht betonen, klingt das Miau pathetisch oder enttäuscht. Zusammen mit einem längeren »u« hört es sich völlig verzweifelt an. Typischerweise äußern Katzen dieses klagende Miau, wenn sie ausgesperrt werden oder sie keinen Leckerbissen vom Sonntagsbraten bekommen. Wenn sie ihre Chancen steigen sieht, lässt die Katze das Miau etwas fröhlicher klingen und mischt ein gelegentliches Schnurren dazu – die reine und unwiderstehliche Manipulation!

Bettelnde Katzen – Katzen betteln würdig – schließen das Maul langsamer und lassen das »au« mehrmals nachklingen. Bekommen sie ihren Fressnapf nicht rechtzeitig gefüllt, wandeln sie das Betteln mit stärkerer Betonung in eine Forderung um. Verzweifelte Katzen, die unbedingt ihren Willen durchsetzen möchten, setzen das Miau in höherer Tonlage an. Gelegentlich hört es sich so an, als benutzte die Katze nur das mittlere »a«. Meine beiden Siamkatzen setzen diesen Ton ein, wenn sie nach einem Morgenspaziergang durch die Kälte wieder ins warme Zimmer wollen. Früher, als Babys, riefen sie mit sehr hohen Tönen nach ihrer Mutter, heute erregen sie damit unsere Aufmerksamkeit. Vermutlich rufen Kätzchen zum ersten Mal »Miau«, wenn sie das Nest verlassen und um Hilfe rufen.

Manche Katzen bitten mit einem »stummen Miau« und klopfen gleichzeitig mit der Pfote. Diese wirkungsvollste Bitte wenden sie gegenüber dominanten Mitgliedern der Familie an, die gewöhnlich nicht nachgeben, wenn die Katze Aufmerksamkeit oder Futter möchte. Tatsächlich kann fast niemand dem kaum hörbaren Miauen und der tappenden Pfote widerstehen. Das stumme Miau ist aber nur für Menschen, nicht für andere Katzen stumm, denn sie können die hohen Frequenzen hören. Mein Kater Bullet schmeichelt sich damit abends bei mir ein, wenn er ein Nickerchen auf meinem Schoß machen möchte. Vielleicht wenden es Katzen nur bei Menschen an, zu denen sie eine enge Bindung verspüren.

Nimm Dich in Acht!

Katzen fauchen, spucken oder knurren, wenn sie einen Artgenossen warnen oder bedrohen, aber nur selten Menschen gegenüber. Sie öffnen den Mund, ziehen die Oberlippe zurück, bis ihr Gesicht in Falten liegt und blasen die Atemluft kräftig über die gebogene Zunge. Man kann diesen Luftstrom aus der Nähe tatsächlich spüren. Für den Artgenossen direkt gegenüber ist das Fauchen daher sichtbar, hörbar und spürbar – und es ist sehr wirkungsvoll. Vermutlich ertragen es Katzen aus diesem Grund nicht, angeblasen zu werden. Mit einem Fauchen – einem schnellen »sssss« – können wir unserer Katze mitteilen, dass sie sich falsch verhält, wenn sie auf den Schreibtisch oder die Kochplatte springt oder an den Möbeln kratzt. Dieses »Fauchen« ist echte Katzensprache und wird von Katzen unmittelbar verstanden.

Katzen können ihr Gegenüber bewusst anspucken, aber auch intuitiv, wenn sie sich erschrecken. Sie spucken kurz und heftig und schlagen dabei gleichzeitig mit beiden Vorderpfoten auf den Boden, ähnlich wie ein Kaninchen, das mit den Hinterbeinen trommelt. Gewöhnlich erschrickt der Angreifer und die Katze hat genügend Zeit zu fliehen.

Knurren ist ein deutliches Zeichen von Aggression. Es kann in Fauchen mit zurückgezogener Oberlippe übergehen, wenn die Katze zum Angriff bereit ist. Meine Katzen knurren, wenn sie sich ein leckeres Stück Hähnchen ergattert haben und ein anderer sich seinen Teil sichern möchte. Ein tiefes Knurren zeigt den anderen Katzen, dass es ihr freundlicher Kumpel diesmal ernst meint. Wer das Futter erwischt hat, hat zu neun Zehnteln das Recht des Stärkeren – das Knurren ersetzt das noch fehlende Zehntel und überzeugt die anderen.

Rufe und Schreie

Katzen heben sich Laute im Hochfrequenzbereich für ihre Artgenossen auf. Diese Laute überschreiten unser Hörvermögen und dürften Ohren und Gehirn einer Katze in einer Weise beeinflussen, die wir uns nicht vorstellen können. In diese Kategorie gehören auch die Töne, die mit offenem Mund erzeugt werden, wie das Maunzen brünstiger Kater und ihre Rufe, wenn ein Rivale in ihr Revier eindringt.

Die Schmerzensschreie einer Katze klingen sehr dramatisch. Sie hören sich an wie ein lang gezogenes »... au« – wie bei dem Cartoonkater Tom, nachdem er von der Maus Jerry hereingelegt wurde. Ähnlich schreien Katzen unmittelbar nach der Paarung, wenn sie sich vom Kater lösen und sich ihm aggressiv zuwenden. Möglicherweise verursacht der stachelige Penis des Katers einen starken Schmerz. Zumindest klingt der Schrei danach.

Viele Katzen wehren sich mit Händen und Füßen oder schreien herzzerreißend, wenn sie gefangen und in den Transportkäfig gesteckt werden sollen – in den Augen der Katze ein sicheres Zeichen, dass es zum Tierarzt oder in eine Katzenpension geht. Wer diesen verzweifelten Schrei hört, dem bleibt nicht anderes übrig, als die Zähne zusammenzubeißen. Wenn wir beschwörend auf unsere Lieblinge einreden, dient das auch unserer eigenen Beruhigung. Noch schlimmer wird es bei der üblichen Impfung durch den Tierarzt. Katzen kennen nur zwei Strategien: Entweder machen sie sich so klein und unscheinbar wie möglich und jammern leise vor sich hin, oder sie verwandeln sich in Tiger, die jeden angreifen, der sich in ihre Nähe wagt. Ängstliche Katzen beruhigen sich, wenn man sie fest im Arm hält und während der ganzen Zeit leise auf sie einredet. Panische Katzen lassen sich aber gewöhnlich durch nichts beruhigen. Am besten verlässt man sich auf die Tierarzthelferin. Sie weiß, wie man eine Katze sicher festhält und sorgt dafür, dass die Katze die Prozedur rasch hinter sich bringt. Sobald sie wieder sicher im Transportkorb sitzt, sollten Sie mit ihrer Katze reden und sie zu Hause verwöhnen, bis sie sich wieder beruhigt hat.

Flehmen

Das Flehmen ist keine echte Lautäußerung. Möglicherweise drücken Katzen damit ihre Frustration aus. Sie machen dieses Geräusch, wenn sie etwas sehen, an das sie nicht herankommen, beispielsweise eine Fliege an der Wand oder einen Vogel vor dem Fenster. Dabei halten sie den Mund leicht geöffnet, ziehen die Lippen zurück und öffnen und schließen rasch die Kiefer. Das Geräusch entsteht aus der Kombination aus schmatzenden Lippen und dem Klappern der Zähne. Bei Erregung kann das Klappern noch stärker werden. Manche Katzen machen zusätzlich leise meckernde Geräusche.

7
Leben mit Katzen

Bisher habe ich über Körper und Sinne der Katze berichtet und ihr Verhalten im Wechselspiel mit anderen Katzen untersucht. Nun geht es um uns. Tatsächlich ist es bei Hauskatzen praktisch unmöglich, den Faktor Mensch auszublenden: Wir sind die nie versiegende Futterquelle und stehen als Partner ständig zur Verfügung – für eine wilde Katze undenkbar. Ohne diese gegenseitige Beziehung zu berücksichtigen, wäre das Wesen einer Hauskatze unzureichend und vielleicht sogar falsch beschrieben. Zuerst müssen wir wissen, wie sich Katzen gegenüber ihren Artgenossen verhalten. Erst danach können wir angemessen würdigen, wie sie ihr Verhalten an uns Menschen angepasst haben.

Warum sind Katzen etwas Besonderes?

Viele Menschen haben versucht, das Wesen der Katze-Mensch-Beziehung zu ergründen. Eine beliebte Erklärung lautet, eine Katze könnte ein Ersatz für ein Kind sein. Allerdings betrachtet diese Hypothese die Beziehung nur aus der Sicht der Menschen und wird den Katzen nicht gerecht. Vielleicht geht sie auf eine Zeit zurück, als die Menschen ihre Haustiere nicht sehr gefühlvoll behandelten und liefert eine Entschuldigung dafür, warum Frauen – weniger die Männer – so liebevoll mit Katzen umgehen. Noch immer halten viele Menschen Katzen für faule Parasiten, die mit uns leben, alles nehmen, was sie kriegen können – Futter, Wärme, Schutz – und so gut wie nichts dafür leisten.

Vielleicht behandeln manche Menschen ihre Katzen wirklich wie Kinder, und vielleicht geben sie tatsächlich manchen Menschen die Möglichkeit, ihr Bedürfnis, für jemanden zu sorgen, auszuleben. Manche Katzenhalter lieben die Schönheit und natürliche Eleganz ihrer Katzen, wieder andere fühlen sich von ihrer unabhängigen Natur angezogen. Katzen bieten tierliebenden Menschen die Möglichkeit, Seite an Seite mit einem gleichberechtigten tierischen Partner zu leben. Wer die Bedürfnisse einer Katze akzeptiert, muss nicht befürchten, dass sie rücksichtslos wird; und wenn doch, dann auf Samtpfötchen!

Der wichtigste Grund für die Zuneigung ist meiner Meinung nach die Art, wie sich die Katzen uns gegenüber verhalten. Ich möchte daher zunächst betrachten, in welchen Bereichen sich eine Katze uns gegenüber ähnlich verhält wie gegenüber ihren Artgenossen. Danach werde die interessanteren Beziehungen untersuchen: Wie verhalten sich Katzen uns gegenüber?

Katzenverhalten – Menschenverhalten

Katzen, die mit Menschen zusammenleben, haben gewöhnlich keine Scheu. Sie reagieren weder aggressiv, noch ducken sie sich und machen sich aus Angst so klein wie möglich. Sie kommen selbstbewusst auf uns zu und begrüßen uns mit der typischen »Schwanz-hoch«-Geste, die ich vorne beschrieben habe. Genauso gehen Katzenkinder auch auf ihre Mutter zu. Der erhobene Schwanz legt die Analregion frei, damit die Mutter sie säubern kann. Mit dieser Geste beweist uns die Katze, dass sie uns als Teil ihrer Familie akzeptiert. Sie fühlt sich bei uns wohl und willkommen.

Die meisten Katzen reiben zur Begrüßung mit Kopf und Körper über unsere Beine. Diese Begrüßung fällt zwischen Katze und

Mensch deutlich intensiver aus als zwischen Katzen untereinander. Beim Reiben nehmen Katzen unseren Duft in ihren Körpergeruch auf und hinterlassen gleichzeitig ihren eigenen Duft auf uns. Damit entsteht der charakteristische Gruppengeruch, der jede Katzenfamilie zusammenhält. Bei verwilderten Katzen geht dieses Verhalten von den Tieren mit niederem Rang aus: Sie reiben sich an den höherrangigen Mitgliedern der Gruppe. Kätzchen reiben sich an der Mutter und Katzen an Katern. Schätzen sie uns als dominante Mitglieder ihrer sozialen Gruppe ein? Oder haben sie gelernt, damit auf sich aufmerksam zu machen?

Reiben

Katzen reiben sich nicht nur an Menschen und anderen Tieren, sondern auch an Gegenständen in der Wohnung und im Garten. Damit befriedigen sie ihr Bedürfnis nach Berührung und hinterlassen ihre Duftmarke. Die Duftdrüsen sitzen um Kinn und Lippen und an der Schwanzbasis. Die persönliche Duftnote der Katze mischt sich mit den Düften anderer Katzen und Menschen zu einem gruppenspezifischen Duft. Die Duftmarken kennzeichnen das Revier der Katze.

Einige Eigenschaften im Umgang zwischen Katze und Mensch erinnern an die mütterliche Beziehung. Hauskatzen bewahren Eigenschaften, die bei wilden Katzen nur während der Jugend auftreten. Kätzchen beginnen beinahe unmittelbar nach der Geburt zu schnurren. Vielleicht zeigen sie damit beim Milchtrinken ihrer Mutter, dass alles in Ordnung ist. Die Katzenmutter schnurrt, wenn sie das Nest betritt. Sie zeigt ihren Babys, dass sie sicher sind und ermuntert sie mitzuschnurren. Ob das Schnurren Zufriedenheit oder Sicherheit ausdrückt oder ob es zum Kontakt auffordert, ist noch nicht geklärt. Interessanterweise beginnen manche Katzen auch zu schnurren, wenn sie sich krank fühlen oder Schmerzen haben. Möglicherweise machen sie sich damit Mut, vielleicht entspannt es sie oder sie bitten damit um Hilfe. Menschen, die das Schnurren hören, fühlen sich glücklich und nehmen es als Zeichen, dass es der Katze gut geht.

Ein weiteres, typisches Kätzchenverhalten ist das Treteln, das viele Menschen mögen: Wenn die Katze auf unserem Schoß oder einer weichen Wolldecke sitzt, bewegt sie die Vorderbeine rhythmisch tretend auf und ab, als wolle sie einen Teig kneten. Dabei fährt sie abwechselnd die Krallen ein und aus. Mit dieser typischen Bewegung regen die Katzenbabys beim Saugen den Milchfluss bei ihrer Mutter an. Offensichtlich versetzt der warme menschliche Schoß die Katze in die Zeit ihrer Jugend zurück: Es ist warm, angenehm, sie ist satt und fühlt sich sicher und beschützt – also schnurrt und tretelt sie, was nicht selten auch schmerzhaft sein kann. Wir dürfen also stolz sein, wenn sich unsere Katze so verhält. Sie zeigt mit ihrem kindlichen Verhalten (Neotonie), dass sie sich in unserer Gegenwart entspannt und sich seelisch in eine Zeit zurückversetzt fühlt, als sie noch verletzlich und keine erwachsene, selbstbewusste Katze war.

Katzen haben gelernt, unser Streicheln zu dulden. Katzenmütter säubern und massieren ihre Babys, weil diese ihren Darm noch nicht aktiv entleeren können. Besonders gerne lassen sich Katzen im Bereich ihrer Duftdrüsen streicheln – an Kopf, Gesicht und Schwanzwurzel. Empfinden sie es als angenehm, wenn die streichelnde Hand Duftstoffe aufnimmt und auf dem Körper verteilt?

Besonders interessant ist die stimmliche Kommunikation zwischen Katze und Mensch. Unsere Kultur basiert auf der Sprache, während Katzen in der Natur so gut wie nie stimmlich kommunizieren. Manchmal benutzen sie die im letzten Kapitel angesprochenen Laute – sie heulen, rufen, maunzen, spucken oder fauchen – verwenden aber untereinander so gut wie nie das bei Menschen beliebte Miau.

Vielleicht zeigen Katzen gegenüber Menschen ein Verhalten, das sie in der Wildnis nur gegenüber guten Bekannten zeigen: die Kätzchen gegenüber ihrer Mutter, die ihnen Wärme, Schutz und Nahrung garantiert, erwachsene Katzen gegenüber guten Bekannten, bei denen sie sich wohlfühlen und wieder »kindlich« werden.

Tatsächlich ist die stimmliche Kommunikation einer der zentralen Aspekte in unserem Zusammenleben mit einer Katze und genau hier zeigen sich die größten Unterschiede zu wilden Katzen. Warum und wie konnte es dazu kommen? Haben die klugen Katzen einen Zugang in die laute Welt der Menschen gefunden? Miauen sie, um uns um Futter zu bitten? Sobald Katzen auf die Ansprache eines Menschen reagieren, werden sie stärker beachtet. Diese positive Bestärkung schafft und festigt die Bindungen. Wenn die Anatomie ihres Kehlkopfes den Katzen das Sprechen erlaubte, würden sie vermutlich einen Weg finden, sprechen zu lernen.

Unsere eigenen Katzen werden im wahrsten Sinne des Wortes ein Teil unseres Lebens. Sie stecken überall ihre Nase hinein und haben ihre Pfoten tatsächlich überall. Sie tauchen aus dem Nichts auf und sehen uns zu, sie liegen mitten auf der Bügelwäsche oder der Zeitung, die wir lesen wollen, sie verwickeln die Wolle, oder setzen sich auf unseren Schoß, wenn wir versuchen, einen Brief zu schreiben. Im Laufe der Jahre gewöhnen wir uns an die Eigenheiten unserer Katzen. Wir wissen was sie mögen und was nicht, während sie ihrerseits unsere Vorlieben und Gewohnheiten kennenlernen.

Wenn wir verstehen, was sie zu ihren täglichen Gewohnheiten und Geschäften treibt, können wir an ihrem Leben teilhaben. Ein paar Beispiele: Warum ist die Berührung so wichtig für eine Katze? Wie soll man eine Katze begrüßen oder sich einer fremden nähern?

Gibt es den optimalen Standort für das Katzenklo? Wie viel Schlaf braucht eine Katze? Wo soll das Körbchen stehen?

Begegnung, Begrüssung, Unterhaltung

Der Arbeitstag ist geschafft. Sie kommen nach Hause und stecken den Schlüssel ins Schloss. Sofort läuft Ihnen die Katze entgegen, sie miaut und begrüßt Sie mit erhobenem Schwanz. Spätestens wenn sie sich mit den Vorderpfoten an Ihren Schienbeinen aufrichtet, fühlen Sie sich zu Hause und die Spannung des Tages fällt von Ihnen ab. Vermutlich wartet die Katze schon seit geraumer Zeit, denn auf ihre innere Uhr kann sie sich verlassen – und sie kennt ihren Schritt auf der Treppe.

Nun geht die Katze mit zwitschernden Lauten zum nächsten Ritual über. Sie reibt Kopf und Flanke an Ihren Beinen und überträgt den Familienduft auf Sie. Die typische Begrüßung – Schwanz hoch, die Spitze abgeknickt, aufeinander zugehen – ist auch der von Katze zu Katze geschätzte Beginn eines festen Rituals: Augenkontakt, Nasereiben und Schnüffeln, Kopfreiben, Ohrenlecken und die Schwanzwurzel beschnuppern. Einige Katzen senken den Kopf, bevor sie die Köpfe aneinander reiben. Viele begrüßen auch Menschen mit gesenktem Kopf, fügen allerdings »menschentypische« Gesten hinzu und schnurren. Wenn sie sich strecken, bieten sie sich zum Streicheln dar oder sie werfen sich auf den Boden und rollen sich auf den Rücken.

Fast alle Katzenhalter, die von der Arbeit nach Hause kommen, reden mit ihrem Tier wie mit einem Menschen. Dank des kleinen Körpers mit der großen Persönlichkeit ist die Wohnung auf einmal nicht mehr leer. Gewöhnlich ist die Katze hungrig und will ihr Futter. Also flitzt sie zwischen Ihnen und dem Schrank mit dem Futter hin und her, bis Sie schließlich verstehen. Sie kratzt an der Schranktür, um ihrer Forderung mehr Nachdruck zu verleihen. Katzen verstehen zwar kein Wort von dem, was wir ihnen erzählen, aber sie erkennen einzelne Worte, wie »Futter« oder ihren Namen. Auf jeden Fall drängt es sie mehr zum Futternapf als zur gepflegten Konversation.

Immerhin fühlen sich Katzen bei der leisen, ruhigen Stimme eines bekannten Menschen sicher, doch wie können wir auf fremde oder nervöse Katzen zugehen? Da ängstliche Katzen gerne ihre Krallen zur Begrüßung benutzen, hält man seine Hände besser auf Abstand. Freundliche Katzen begrüßen sich Kopf an Kopf, also senkt man seinen Kopf auf ihre Höhe und sieht sie ruhig an. Nicht starren! Ein starrer Blick könnte als Zeichen von Aggression gewertet werden, denn Katzen testen die Stärke ihres Gegners in Blickduellen. Senken Sie die Augenlider und blinzeln sie etwas, um die Katze zu beschwichtigen. Sollten die Ohren der Katze zucken – ein Zeichen von Angst – ziehen Sie sich etwas zurück und lassen Sie sich Zeit. Lassen Sie die Katze kommen. Strecken Sie ihr die Hand etwa auf Schulterhöhe entgegen. Nicht wie ein Blitz von oben! Sobald die Katze Ihre freundlichen Absichten erkennt, wird sie vermutlich ihr Gesicht etwas nach vorn schieben. Reiben Sie ihr vorsichtig über Kopf und Kinn und schnurren Sie ein bisschen, wenn Sie können. Selbstbewusste Katzen, die an den Umgang mit Menschen gewöhnt sind, verlieren schnell ihre Scheu und lassen sich auch mit fremden Menschen ein. Andere Katzen brauchen länger und manche entwickeln zu Fremden niemals dasselbe Zutrauen wie zu ihrem Besitzer.

Ein Geheimnis ist immer noch umstritten: Warum springen Katzen grundsätzlich auf den Schoß des Einzigen in der Gruppe, der keine Katzen mag? Manche Wissenschaftler vermuten, dass sich diese Menschen extrem passiv verhalten, um der Katze nicht aufzufallen. Sie sitzen ruhig, starren nicht und fassen die Katze nicht an. Möglicherweise bewerten Katzen dieses Verhalten als freundlich. Viele Katzenliebhaber gehen dagegen zu schnell voran. Sie rufen, locken, strecken die Hand aus und versuchen, die Katze auf den Schoß zu heben. Es könnte aber durchaus sein, dass ein »Katzenverweigerer«

bestimmte Schwingungen oder Signale aussendet, von denen sich Katzen angezogen fühlen.

Es gibt zweifellos »Katzenmenschen«, von denen sich jede Katze, auch eine sehr scheue, angezogen fühlt. Sie brauchen sich nicht aktiv um die Katzen zu bemühen, nicht einmal selbst eine Katze zu besitzen, sie sitzen einfach da und die Katzen kommen. Katzen erkennen diesen Typ sofort und wenden sich ihm zu, manchmal zur Verblüffung ihrer Besitzer. Ob diese Menschen auch im Umgang mit Menschen tatsächlich so angenehm sind, bleibt abzuwarten. Vielleicht sollten wir ab und zu den Katzen vertrauen und einen Versuch wagen. Ich war jedenfalls stets misstrauisch gegenüber Menschen, die mein Bullmastiff ablehnte – und er ist sehr freundlich. Einem Fremden, den meine Katzen akzeptieren und von dem sie sich bereitwillig streicheln lassen, sehe ich dagegen mit freundlicher Erwartung entgegen. Sind Katzenmenschen also auch Menschenmenschen?

Nickerchen und Tiefschlaf

Katzen schlafen gut doppelt so lange wie die meisten anderen Säugetiere. Sie verschlafen 60 Prozent ihres Lebens und sind damit die besten Schläfer der Welt. An einem typischen Tag schlafen und dösen Katzen 15 Stunden lang, sechs Stunden waschen sie sich und spielen, der Rest des Tages gehört der Jagd, dem Fressen und der Erkundung der Umgebung. Löwen, die sich richtig satt gefressen haben, können mehrere Tage lang ruhen, weil ihre Nahrung viele Nährstoffe und Kalorien (Energie) enthält. Pflanzenfresser müssen dagegen ständig am Grün zupfen und verbrauchen viel Energie bei der Nahrungssuche. Den Rest der Zeit ruhen sie sich aus und verdauen. Eine gut versorgte Hauskatze hat viel freie Zeit, die sie verschlafen kann. Möglicherweise erklären diese langen Ruhepausen ihre Langlebigkeit im Vergleich mit unseren Haushunden. Selbstverständlich sind hungrige, frierende oder paarungsbereite Katzen viel aktiver.

Katzen schlafen gerne, wenn sie sich warm, sicher und satt fühlen – wie Menschen. Neugeborene Katzenbabys verschlafen sogar 90 Prozent ihrer Zeit. Im Alter von vier Wochen entspricht ihr Schlafbedürfnis etwa dem einer erwachsenen Katze. Alte Katzen machen, wie ältere Menschen, gerne ein Nickerchen zwischendurch. Viele Katzen stimmen ihren Tagesablauf auf den ihrer Besitzer ab. Sie schlafen tagsüber, wenn sie allein sind und werden morgens und abends aktiv, wenn die Menschen anwesend sind. Am Wochenende wechseln kurze Nickerchen mit Tiefschlafperioden ab, wenn sie sich in unserer Gegenwart sicher fühlen und jederzeit mit freundlicher Zuwendung rechnen dürfen.

Diese Schlafweltmeister wurden mehrfach im Zusammenhang mit Schlafstudien untersucht. Ihr Gehirn sendet während des Schlafes ähnliche elektrische Signale aus wie das Gehirn eines Menschen. In den ersten 15 bis 20 Minuten bleiben Nacken- und Halsmuskeln relativ gespannt – die Katze wacht sofort auf, wenn sie Klicken, Quieken oder plötzlichen Lärm hört. Dann entspannt sie sich, rollt sich für 6 bis 7 Minuten zusammen und schläft mit zuckenden Schurrhaaren, Schwanz und Pfoten. Möglicherweise träumt sie. Sicher ist, dass Katzen durch eine REM-Phase (*rapid eye movement*) gehen, die auch im menschlichen Schlaf auftritt. Danach folgt wieder eine leichte Schlafphase, in der die Katze »träumt«. Etwa 15 Prozent der Zeit verbringt sie im Tiefschlaf, bis zu 45 Prozent im leichten Schlaf. Katzenbabys haben während der ersten Lebensmonate keinen leichten Schlaf. Der Gehirnabschnitt, der den leichten Schlaf kontrolliert, entwickelt sich erst in der fünften Lebenswoche.

Für ein kurzes Schläfchen ist einer Katze jeder Platz recht. Sie legt sich mit geschlossenen Augen hin, bleibt aber wachsam. Erst wenn sie sich entscheidet, tiefer zu schlafen, sucht sie sich einen sicheren Schlafplatz. Da sie während des Tiefschlafes völlig abschaltet, muss sie sich wirklich sicher fühlen. Wie tief der Schlaf sein kann, beweisen die zahlreichen Katzen, die während eines Schläfchens tief einschliefen und plötzlich vom Sofa fielen. Im Tiefschlaf sinkt die Körpertemperatur ab, daher suchen viele Katzen zum Schlafen einen Platz in der Sonne oder über einem Heizkörper.

Katzen, die nur ein Nickerchen machen, achten noch auf ihre Umgebung. Sie bewegen die Ohrmuscheln und lauschen auf leise Geräusche. Im Unterschied dazu kann sich eine Katze im Tiefschlaf erschrecken, wenn sie plötzlich geweckt wird. Wenn Sie Ihre Katze unbedingt wecken müssen, gehen Sie sanft mit ihr um – so wie Sie selbst gerne geweckt werden würden: leises Flüstern, leichte Berührung und die Versicherung, dass alles in Ordnung ist. Dann können Sie nur hoffen, dass die Katze gut gelaunt aus ihrer Tiefschlafphase aufwacht.

Katzen werden in der Werbung gerne als Symbol für Wärme, Sicherheit und Bequemlichkeit in einer liebenden Familie gezeigt – zusammengerollt vor dem Kamin. Ein Forscher hat über 400 schlafende Katzen untersucht und dabei herausgefunden, dass die Schlafposition einen sicheren Rückschluss auf die Raumtemperatur zulässt. Bei einer Temperatur von unter 13° C rollen sich die Katzen eng zusammen und stecken den Kopf ins Fell. Bei steigenden Temperaturen »entrollen« sich die Katzen. Über 21° C strecken sie die Pfoten nach vorn. In sehr warmen Räumen strecken sie die Pfoten in die Luft, oder sie liegen lang ausgestreckt auf der Seite. Jede Katze hat ihre eigene Methode, sich der Temperatur anzupassen.

Denken Sie bei der Wahl des Standorts für das Körbchen daran, dass sich die Katze darin sicher und warm fühlen muss, sonst wird sie den Platz nicht akzeptieren. Ein erhöhter Platz gibt ihr mehr Sicherheit, vor allem wenn Kinder oder Welpen zur Familie gehören. Katzen klettern gerne auf erhöhte Sitzplätze, betrachten die Welt unter sich und schlagen mit der Pfote zu, wenn eine Gefahr von unten droht. Daher entscheiden sich viele Katzen, in einem Regal oder auf dem Kleiderschrank zu schlafen. Am liebsten suchen sie sich Höhlen oder Schlupflöcher. Auch wenn Sie Ihrer Katze einen noch so bequemen Schlafkorb anbieten, wird sie sich selbst einen Schlafplatz suchen – geben Sie also nicht zu viel Geld für ein Himmelbett aus. Viele Katzen fühlen sich am wohlsten in einem Karton in einer Sofaecke mit einem alten Kissen oder einer Decke drin.

Wenn die Katze aufgewacht ist, streckt sie sich gründlich, um den Blutkreislauf wieder anzuregen. Die Beweglichkeit von Katzen lässt selbst Yoga-Experten erblassen: Sie strecken alle Gelenke und Muskeln von oben bis zum Zeh. Dabei vergraben sie ihre Krallen in der Unterlage, um besseren Halt zu finden. Sie machen einen hohen Buckel und heben das Hinterteil an, um Hinterbeine und Schwanz zu dehnen. Ein paar Mal gähnen, das Gesicht waschen und schon sind sie bereit.

Fühlt sich gut an

Viele Katzen lassen sich gerne berühren. Sie genießen ganz offensichtlich unser Streicheln oder die Fellpflege durch eine andere Katze. Durch enthusiastisches Reiben und rhythmisches Schnurren zeigen sie ihre Begeisterung. Vermutlich wird das Gehirn durch die Berührung angeregt, Endorphine auszuscheiden. Endorphine sind Glückshormone, die eine derart angenehme Stimmung erzeugen, dass sogar Schmerzen nachlassen. Katzen sollen ein sehr wirkungsvolles Endorphinsystem haben. Tierärzte berichten, dass selbst schwer verletzte Katzen keine typischen Anzeichen von Schmerzen zeigten. Vielleicht schleppen sich viele Katzen aus diesem Grund nach schweren Autounfällen in ein Versteck. Die schmerzstillenden Endorphine ermöglichen es ihnen, sich aus der Gefahrenzone in Sicherheit zu begeben. Wenn das Streicheln dieselben Reaktionen im Gehirn auslöst, ist es kein Wunder, dass sie schnurren.

Berührungen sind sehr wirkungsvolle Zeichen für Zuneigung. Menschenkinder, Affenbabys oder Welpen, die ohne körperliche Berührung aufwachsen, entwickeln sich nicht richtig, manche sterben sogar, weil ihnen dann die Bestätigung und Liebe der Eltern fehlt. Dasselbe gilt auch für Katzenbabys. Ein neugeborenes Katzenbaby könnte ohne seine Mutter nicht überleben. Sie regt mit ihrer leckenden Zunge die kleine Blase und den Darm an, damit sie sich entleeren. Katzenmütter lecken ihre Jungen regelmäßig sauber und entfernen die Ausscheidungen, damit das Nest trocken bleibt. Nasse, kalte Kätzchen sind besonders anfällig für Infektionen – die Berührung der Mutter erhöht ihre Überlebenschancen.

Berührungen und Säuberung durch die Mutter sind also für neugeborene Katzen lebensnotwendig: Die Kätzchen werden blind geboren und können noch nicht gut hören. Im Nest sind sie völlig auf Geruchs- und Tastsinn angewiesen. Katzen, die nicht regelmäßig berührt werden, entwickeln sich zu scheuen Wesen, die sich beinahe krankhaft selbst putzen, um den fehlenden Körperkontakt durch andere auszugleichen. Kätzchen zeigen ihre Zufriedenheit durch Schnurren und halten in der Beziehung zu uns bis in ihr erwachsenes Leben daran fest, denn in unseren Wohnungen fühlen sie sich sicher und geborgen, wie früher im Nest.

Ein weiteres kindliches Verhalten, das erwachsene Katzen übernehmen, ist das Treteln (siehe letztes Kapitel). Katzen, die auf dem Schoß sitzen und sich sehr wohlfühlen, begleiten ihr Schnurren durch rhythmische Pfotenbewegungen, wobei sie ihre Krallen ein- und wieder ausfahren. Dieses Verhalten stammt aus der Zeit, als sie noch gesäugt wurden. Mit den Füßen drückten sie auf den Bauch der Mutter, um den Milchfluss anzuregen. Wenn eine Katze noch nach vielen Jahren diese kindliche Zufriedenheit ausdrückt, dürfen wir uns glücklich schätzen. In unserer Nähe fühlt sie sich genauso sicher und zufrieden wie bei ihrer Mutter. Auf unserem Schoß verwandelt sie sich in ein entspanntes, wehrloses Katzenbaby.

Top gepflegt

Im Alter von drei Wochen, noch bevor sie richtig laufen kann, lernt eine junge Katze, ihr Fell zu pflegen. Die Zunge der Katze ist mit feinen Widerhäkchen besetzt und wirkt wie eine Bürste. Durch Übung verbessert sie das zunächst instinktive Verhalten und entwikkelt sich innerhalb von sechs Wochen zur Meisterin der Fellpflege. Katzen entfernen dabei ausgefallene Haare, regen den Haarwuchs an und verhindern, dass das Fell verfilzt. Gleichzeitig verteilen sie Sekrete aus den Hautdrüsen, die ihre Haare wasserdicht machen und die Isolierung ihres Körpers aufrechterhalten. Da der aufgetragene Speichel verdunstet und den Körper abkühlt, lecken sich Katzen bei heißem Wetter oder nach größeren Anstrengungen häufiger das Fell als bei Kälte. Eine Katze verliert durch den Speichel etwa so viel Wasser wie beim Urinieren. Nach einer Hypothese enthält der Speichel einer Katze eine spezielle Reinigungsflüssigkeit, um das Fell zu pflegen. Eine Katze riecht nach der Körperpflege angenehm und verströmt niemals den typisch feucht-nassen Geruch eines Hundes. Einige Katzen verbringen bis zu einem Drittel ihrer wachen Zeit mit Körperpflege und säubern sich vom Kopf bis zu den Pfoten. Andere sind nachlässiger.

Die meisten Katzen gehen nach einem inneren Plan vor. Gewöhnlich reinigen sie sich systematisch und symmetrisch: Sie säubern das Gesicht und den Bereich hinter den Ohren mit den Vorderpfoten. Dazu lecken sie die Pfote feucht und ziehen sie mit kreisförmigen Bewegungen mehrmals von hinten nach vorn über die »schmutzigen« Stellen. Wenn sie ihre geschmeidigen Körper verdrehen, erreichen Katzen fast jeden Körperteil. Unzugänglich sind die Bereiche um die Ohren, der Halsrücken und der Bereich unter dem Kinn – dabei hilft ihnen eine andere Katze. Für Katzen, die in einer Gruppe zusammenleben, ist die gegenseitige Fellpflege ein festes, soziales Ritual. Sie reinigen regelmäßig die unzugänglichen Stellen eines anderen Gruppenmitglieds und anschließend kommen sie selbst an die Reihe. Als Nebeneffekt trägt auf diese Weise jede Katze den gemeinsamen Gruppenduft, den sie durch Reiben auch auf die Hunde und Menschen überträgt, die mit den Katzen zusammenleben. Wenn wir unsere Katzen streicheln und tätscheln, nehmen sie unseren persönlichen Duft auf und mischen ihn mit dem Gruppenduft ein (siehe oben).

Top gepflegt

Eine Katze verbringt ein Drittel ihrer wachen Zeit mit Putzen. Parasiten hinter den Ohren und unter dem Kinn, die sie nicht mit ihrer Zunge erreicht, kratzt sie mit der Pfote ab.

Die meisten Katzen putzen sich sehr gründlich. Sie verdrehen ihren Körper und erreichen fast jede Stelle mit der Zunge. Hinter den Ohren und am Kopf benutzen sie die Pfoten.

Sie belecken die Vorderpfoten und ziehen sie mit kreisenden Bewegungen von hinten nach vorn über das Gesicht und das Fell hinter den Ohren. Damit fahren sie so lange fort, bis sie mit dem Ergebnis zufrieden sind.

Viele Kurzhaarkatzen sind Experten in der Fellpflege. Sie brauchen unsere Hilfe nicht, um ihr Fell in einem Topzustand zu erhalten. Dennoch wissen sie es zu schätzen, wenn wir ihr Fell pflegen, denn sie empfinden diese Geste auch als Bestandteil der sozialen Bindung. Man sollte eine junge Katze so früh wie möglich an die Fellpflege mit Handschuh oder Bürste gewöhnen, am besten unmittelbar nachdem sie entwöhnt ist oder wenn sie zu einer neuen Familie kommt. Damit schlüpft der Mensch in die Rolle der Katzenmutter.

Bei einigen Langhaarrassen ist es sogar unbedingt erforderlich, dass die Katze die Fellpflege durch den Menschen akzeptiert und genießt. Eine Perserkatze könnte in der Wildnis nicht mehr überleben, weil sie ihr Fell nicht mehr selbst entwirren kann. Es würde verfilzen, wäre rasch durchnässt und böte keinen Schutz mehr gegen Regen und Kälte. Zudem haben viele Langhaarrassen flache Schnauzen (beispielsweise die Kurznasen-Perser) und können nicht mehr gleichzeitig atmen und sich putzen. Allerdings sind gerade diese Rassen sehr ruhig und ertragen das Bürsten gern. Je früher man mit der Fellpflege anfängt, desto eher sind sie bereit, die Rolle des Menschen zu akzeptieren. Das heißt allerdings nicht, dass sie das regelmäßige Bürsten mit Genuss über sich ergehen lassen. Besonders schlimm wird es, wenn die Haare verfilzen, denn das Lösen der Knoten kann in einen Kampf ausarten: Dann muss die Katze mit festem Griff gehalten werden, wenn Bürste, Kamm und Schere zum Einsatz kommen. Noch schwieriger wird es, wenn die Verfilzungen tiefer gehen und die Katze zum Tierarzt muss. Er betäubt sie und rasiert die Haare bis zur Haut ab – das kann geschehen, wenn Langhaarkatzen nicht früh genug an Kamm und Bürste gewöhnt werden. Die Regel ist einfach: Beginnen Sie damit schon bei der jungen Katze und sie wird das Kämmen mögen. Kämmen Sie jeden Tag, auch wenn das Fell noch gut aussieht.

Selbstverständlich gibt es individuelle Unterschiede bei den Vorlieben und Abneigungen und nicht wenige Katzen genießen das Bürsten richtig. Die meisten Katzen lassen sich gerne im Kopfbereich streicheln und kitzeln, einige fühlen sich dabei sogar sichtlich wohl. Allerdings hassen es alle Katzen, wenn das Fell gegen den Strich gebürstet wird, weil ihre Haare in einem bestimmten Winkel aus den Haarwurzeln herauswachsen, damit sie dicht am Körper liegen und ihn gegen Regen und Kälte schützen. Da Nervenzellen in der Haut der Katze anzeigen, wenn die Haare »falsch« liegen, sträubt sie sich, sobald die natürliche Wuchsrichtung der Haare verändert wird. Einige Katzen lassen sich bereitwillig am ganzen Körper streicheln und kitzeln. Sie rollen sich sogar auf den Rücken und präsentieren ihre schutzlose Bauchseite, die sie sonst stets verstecken und fast alle lassen sich eine kurze Zeit kitzeln, ehe sie sich mit Zähnen und Krallen wehren. Eine Minute lang scheinen sie völlig zufrieden und entspannt, dann erwachen sie wie aus Trance und greifen die Hand an. In Amerika wird dieses Verhalten Streicheln-und-Beißen-Syndrom genannt. Tatsächlich handelt es sich um einen Verteidigungsreflex: Die Katze entspannt sich tatsächlich, fühlt sich aber deswegen plötzlich wehrlos und schaltet instinktiv auf defensive Aggression um – manchmal zu ihrer eigenen Überraschung.

Fellpflege ist mehr als Sauberkeit und soziale Bindung, sie kann auch Spannungen abbauen. Vielleicht haben Sie es schon selbst beobachtet: Nach Kampf oder Aufregung beginnt sich eine Katze zu putzen. Auch wenn sie vor einem Problem steht – sie möchte ins Freie, kann aber die Katzenklappe nicht öffnen – putzt sich die Katze plötzlich. Der unlösbare Konflikt bewirkt eine sogenannte »Übersprungshandlung«, ähnlich wie bei Menschen, die sich in Konfliktsituationen am Kopf kratzen oder die Haare um den Finger drehen. Katzen, die sich ständig und lange putzen, stehen gewöhnlich unter Dauerstress. Vielleicht vertragen sie sich nicht mit der zweiten Katze in der Familie, sind frustriert oder langweilen sich. Das anfänglich nur der Entspannung dienende Putzen kann krankhaft werden, bis hin zu völlig kahlen Stellen im Fell.

Was gibt's zu Fressen?

Eine Katze, die sich selbst überlassen wird, hat drei mögliche Strategien, sich durchzuschlagen: Sie jagt, sucht nach toten Tieren oder lässt sich von katzenfreundlichen Menschen durchfüttern. Je nachdem, wie eng eine verwilderte Katze vorher mit Menschen zusammengelebt hat, hält sie Abstand und nimmt, was sie kriegen kann oder erobert sich langsam einen Platz in einer neuen Familie.

Regelmäßiges Füttern knüpft ein enges Band zwischen uns und unseren Katzen. Wir schlüpfen in die Rolle der sorgenden Katzenmutter. Die meisten Hauskatzen brauchen keine Pfote zu krümmen, um satt zu werden. Nur wenn der Mensch nicht bereitwillig den Napf füllt, müssen sie ein wenig betteln. Warum gehen Katzen dennoch auf die Jagd, obwohl sie zu Hause genügend Futter bekommen?

Hungergefühl und Jagdinstinkt werden von zwei unterschiedlichen Bereichen im Gehirn gesteuert. Ein gut gefüllter Magen befreit die Katze zwar von der Notwendigkeit, selbst Futter zu erjagen, stillt aber nicht ihre Jagdlust. Tatsächlich trägt diese Trennung der Instinkte im Zentralnervensystem dazu bei, dass unsere Katzen so gerne spielen. Dass sie einen Pingpongball durch die Wohnung jagen oder herabhängende Spielzeuge angreifen, beruht auf ihrem Jagdinstinkt. Also profitieren auch wir, wenn es uns einen Heidenspaß macht, mit unserer Katzen zu spielen, von ihrem Instinkt, am liebsten auf Mäusejagd zu gehen. Dennoch sähen es die Halter von sehr erfolgreich jagenden Katzen lieber, wenn nicht jeden Morgen tote Mäuse, Wühlmäuse, Frösche oder Vögel vor der Haustür liegen würden.

Selbst alte Katzen werden wieder jung, wenn sie ein Wollknäuel sehen. Die Spiellaune, die wir an jungen Katzen so sehr lieben, ist im Kern ein Training für die erfolgreiche Jagd. Sie lernen anschleichen, springen und balancieren, sie werden schneller und beweglicher, selbst wenn sie nie in ihrem Leben eine Maus sehen werden.

Viele Katzen fressen ihre Beute ohnehin nicht auf. Was uns wie Verschwendung erscheint, ist für Raubtiere durchaus üblich. Spitz- und Wühlmäuse schmecken Katzen offenbar nicht. Sie werden grundsätzlich verschmäht. Manche Katzen lassen die Gallenblase, andere den Dünndarm liegen, wieder andere verspeisen ihre Opfer mit Haut und Haaren. Warum Katzen ihre Opfer so gerne in die Wohnung schleppen, ist noch ungeklärt. Möglicherweise wollen sie ihre Beute in der Ruhe und Sicherheit ihrer »Höhle« verzehren, ohne von Rivalen bedroht zu werden. Nach einer anderen Hypothese übernehmen sie die Aufgabe einer Katzenmutter und versorgen uns mit Futter. Diese »Geschenke« sind vor allem dann unerfreulich, wenn die Mäuse noch leben und sich wohnlich bei uns einrichten. Die 70 Katzen, die in einer Feldstudie im Dorf Felmersham untersucht wurden, brachten im Laufe eines Jahres über 1000 kleine Opfer in die Häuser ihrer Besitzer. Während einige Katzen sehr erfolgreich waren, konnten andere nur selten Jagderfolge vorweisen.

Was mögen unsere Katzen gern, wie häufig wollen sie es fressen und wie können wir die gegenseitige Bindung über das Füttern verstärken? Bei der Auswahl des besten Futters lassen wir uns meist von persönlichen, d.h. menschlichen, Vorlieben leiten – daran ist die Werbung nicht ganz unbeteiligt. Ein Anbieter, der mit Mäusen, Spatzen oder Ratten als Fleisch werben würde, ginge vermutlich pleite, obwohl er die perfekte Nahrung für unsere Katzen anbietet.

Können Katzen die verschiedenen Geschmacksnuancen überhaupt unterscheiden? Katzen haben einen guten Geschmacks- und Geruchssinn. Sie erkennen die Zusammensetzung von Proteinen und können Fett »riechen«. Sie schmecken Wasser, aber keinen Zucker. Vermutlich wählen sie vorrangig nach dem Geruch. Sie müssen nicht erst kosten und schmecken und danach entscheiden, ob sich das Futter gut anfühlt, duftet und schmeckt. Viele Katzen schätzen das Aroma wilder Tiere, vor allem von Kaninchen und Fasanen.

Lässt man Katzen die Wahl, entscheiden sie sich fast immer für einen »neuen« Duft. Offenbar mögen sie abwechslungsreiche, vielfältige Nahrung. Eine gestresste Katze wird dagegen vorrangig das fressen, was sie kennt. Bekanntes Futter gibt ihr Sicherheit und sie weiß, wie viel sie davon braucht. Jede Katze hat besondere Vorlieben. Manche mögen lieber Trockenfutter, andere frisches Fleisch oder Nassfutter aus der Dose. Am besten füttern Sie ihre Katze von klein auf mit einer abwechslungsreichen, ausgewogenen Diät. Damit verhindern sie auch, dass sie von einem bestimmten Produkt abhängig wird. Die Vollnahrung mit einem ausgewogenen Verhältnis von

Proteinen, Fetten, Mineralstoffen und Vitaminen wurde in den USA entwickelt und ist inzwischen überall üblich. Sie bietet der Katze die Abwechslung, die sie braucht.

Ihr Appetit richtet sich auch danach, wie das Futter zubereitet wurde und wie sie sich fühlt. Schon der Wechsel des Futternapfes, ungewohnte Geräusche oder fremde Menschen können ihr den Appetit verderben. Mit ihrem feinen Geruchs- und Geschmackssinn merkt sie es auch sofort, wenn ein Futter das Verfallsdatum überschritten hat und schlecht ist. Katzen mögen ihr Essen am liebsten in der Körpertemperatur ihrer natürlichen Beute – bei 35° C. Futter direkt aus dem Kühlschrank ist weniger gut geeignet. Es duftet und schmeckt nicht so gut wie körperwarmes Futter. Auch wenn der Futternapf zu nah am Katzenklo steht, vergeht entweder den meisten Katzen der Appetit, oder sie weigern sich, ihr Katzenklo zu benutzen. Vermutlich würde auch uns ein Dinner auf der Toilette nicht besonders munden. Der beste Futterplatz liegt etwas abseits, sodass sich die Katze sicher vor neugierigen Kindern oder Hunden fühlen darf.

Da unsere Hauskatzen nachweislich aus der Wüste stammen und ihre wilden Vorfahren nie Zugang zu Fischen hatten (nur die Fischkatze in Indien lebt fast ausschließlich von Fisch), lernten sie erst durch die Menschen Fisch als Nahrung kennen. Die enge Verbindung zwischen Katzen und Fisch geht auf die Zeit nach dem 2. Weltkrieg zurück, als die Hersteller von Tiernahrung Fische als preiswerte und allgemein verfügbare Proteinlieferanten entdeckten und Katzenfutter aus Fischfleisch anboten. Die Kampagne war so erfolgreich, dass wir unsere Katzen noch heute mit Fisch füttern. Tatsächlich mögen die meisten gerne Fisch.

Jede Katze hat ihre ganz speziellen Vorlieben und Abneigungen. Eines aber haben alle Katzen gemeinsam: Sie sind in erster Linie Fleischfresser, die durch vegetarische Kost nur unzureichend ernährt werden. Menschen und bis zu einem gewissen Maß auch Hunde sind Allesfresser, die sich entscheiden können, auf Fleisch zu verzichten. Eine Katze ist auf bestimmte Inhaltsstoffe im Fleisch, z.B. Taurin, angewiesen. Rein vegetarische Ernährung schadet ihr. Inzwischen gibt es allerdings vegetarisches Futter, dem Taurin und andere Nährstoffe beigemischt sind. Wenn Katzen Gras und Pflanzen fressen, dann nicht als Futter, sondern um ihre Verdauung zu regulieren. Gras wirkt als Brechmittel, sodass sich Katzen kurz darauf übergeben. Manche Katzen mögen tatsächlich ab und zu Gemüse, aber nicht als einzige Nährstoffquelle.

Brauchen Katzen einmal täglich eine größere Mahlzeit, mehrere kleine oder sollten sie sich den ganzen Tag über nach Bedarf bedienen dürfen? Die meisten Hunde schlingen ihr Futter in einem Satz hinunter, ein Erbe ihrer Vergangenheit als Rudelmitglieder. In einem Wolfsrudel gibt es viele hungrige Mäuler und nur die Rangordnung sorgt für eine gewisse Ordnung im Wettbewerb um das verfügbare Futter. Wilde Katzen sind Einzeljäger, sie brauchen nicht zu teilen. Wenn sie einen Futtervorrat haben, fressen sie nur nach Bedarf. Das gilt auch für Hauskatzen. In Untersuchungen hat sich gezeigt, dass sie sich innerhalb eines Tages bis zu 20mal am Futternapf bedienen. Diese Menge entspricht recht genau den Verhältnissen in der Natur: Eine Maus liefert etwa 30 kcal. Da eine aktive Katze von etwa 3,5 kg pro Tag etwa 300 kcal braucht, muss sie zehn Mäuse fangen. Unsere Katzen brauchen keine Mäuse zu fangen. Sie kommen mit einer größeren Mahlzeit pro Tag aus, sofern das Futter ausgewogen und die Katze nicht trächtig ist oder ihre Junge säugt.

Die Fütterung ist aber weit mehr als eine Nahrungsübergabe, sondern sie stärkt auch das Band zwischen Katze und Mensch. Nutzen Sie die Mahlzeiten, um sich mit Ihrer Katze zu beschäftigen und zu unterhalten. Wenn Katzen um Futter bitten und wir darauf reagieren, bedanken sie sich mit freundlicher Zuwendung.

Wenn wir unsere Katze zum Futternapf rufen, wird sie kommen. Viele stellen sich sogar vorher ein, weil sie gelernt haben, auf bestimmte Signale zu achten: Die Suche nach dem Büchsenöffner, das Spülen des Futternapfes oder das Geräusch einer Schranktür und die

Katze taucht scheinbar aus dem Nichts auf. Während Sie den Napf füllen, kommt es zur Unterhaltung mit vielen Miaus und Reiben am Bein. Die Katze markiert Sie und ermutigt Sie gleichzeitig, sich zu beeilen. Dann schnuppert sie kurz am Futter und vertieft sich in ihr Fressen – von nun an sind Sie nicht mehr gefragt!

Obwohl eine Katze mit einer oder zwei Mahlzeiten oder einem Napf mit Trockenfutter bestens zurechtkommt, empfehlen viele Experten, sie insbesondere im ersten Jahr häufiger mit kleinen Portionen zu füttern. Das Band, das sich durch das Füttern festigt, ersetzt den Kontakt zur Katzenmutter und bleibt und auch später erhalten. Gerade während der Fütterung ist eine gute, wechselseitige Kommunikation möglich. Die freundschaftliche Beziehung zwischen Mensch und Katze macht es Ihrem Haustier später möglich, in Ihrer Gegenwart völlig zu entspannen. Ist diese enge Bindung erst einmal etabliert, können Sie zu weniger und größeren Portionen übergehen.

Da es zwischen Rassen und Individuen beträchtliche Unterschiede gibt, ist es schwierig, ein Idealgewicht anzugeben. Ein sicheres Kennzeichen, dass eine Katze zu dick wird, ist die »Schürze« aus Fell und Fett auf der Bauchseite – sie schwingt beim Gehen hin und her! Einige Katzen, insbesondere die orientalischen Rassen, lagern das Fett nicht gleichmäßig am ganzen Körper, sondern ausschließlich in solchen Bauchfalten ab. Tierärzte wissen sehr genau, wann eine Diät notwendig wird und geben Tipps, wie die Katze schonend und sicher abnimmt. Tatsächlich ist Fettleibigkeit bei Katzen ein ebenso ernstes Problem wie bei Menschen, möglicherweise, weil beide zu wenig Bewegung haben.

Saubere Arbeit!

Alle Katzen sind sauber. Sie verbringen nicht nur ein Drittel ihrer Zeit mit der Fellpflege, sondern achten auch bei ihren

Toilettengewohnheiten auf peinliche Sauberkeit – einer der Gründe für die Erfolgsgeschichte der Katzen. Eine Katze, die ihr Geschäft erledigen möchte, sucht sich dafür einen möglichst nach allen Seiten geschützten Ort, z.B. einen Winkel oder eine Hecke im Garten – einen sicheren Ort also –, denn sie ist dabei völlig schutzlos. Sie wählt ein Stück Erde (beliebt sind frisch bepflanzte Beete), das sie leicht aufscharren kann, erleichtert sich in das Loch, schnuppert und scharrt wieder Erde darüber. Zum Glück für uns erledigen Katzen ihr Geschäft selbstständig, allein und sauber. Wir brauchen uns nicht darum zu kümmern. Dass eine Industrie mit Katzenklos und Katzenstreu jährlich Millionenumsätze erzielt, beweist andererseits, dass sich die Menschen viele Gedanken darüber machen, was mit den Ausscheidungen der Katze passiert.

Manche Katzen benutzen ihr Katzenklo nur für kurze Zeit, z.B. sehr junge oder noch nicht geimpfte Katzen. Sie könnten sich draußen mit Krankheiten anstecken. Auch kranke oder alte Katzen, die sich im Freien nicht mehr gut zurechtfinden, sollten ausschließlich das Katzenklo in der Wohnung benutzen. Katzen in der Stadt gehen ohnehin selten nach draußen, weil der Straßenverkehr viel zu gefährlich wäre. Außerdem gibt es Katzen, wie Siamkatzen und andere Rassen mit kurzem Fell, die bei kaltem Wetter gar nicht daran denken, ins Freie zu gehen oder gar in den gefrorenen Boden eine Grube zu scharren. Sie halten sich lieber an ihr Katzenklo. Im Unterschied dazu lässt sich manche Straßenkatze weder von Donner und Blitz noch von sintflutartigem Regen davon abhalten, nach draußen zu gehen – Katzenklos sind für sie kein Thema.

Kätzchen, die im Alter zwischen sechs und zwölf Wochen in eine neue Familie kommen (reinrassige Kätzchen nach der 12. Woche), sind bereits an das Katzenklo gewöhnt und akzeptieren bereitwillig die Streu, die wir vorbereitet haben. Das liegt daran, dass uns die Katzenmutter die wichtigste Arbeit bereits abgenommen hat: Sie hat ihren Kätzchen gezeigt, was ein Katzenklo ist und wie sie es benutzen müssen. Kleine Kätzchen lernen bereits als Babys, niemals ihren Schlafplatz zu beschmutzen. Unmittelbar nach der Geburt bis zum Alter von drei bis fünf Wochen werden sie von Mutters rauer Zunge am Bauch geleckt. Das hilft ihnen bei ihren Ausscheidungen. Selbst wenn die Kätzchen das Nest bereits verlassen und ihre ersten Ausflüge machen dürfen, achtet die Mutter auf Sauberkeit. Sie trägt sie vom Nest weg, um ihnen zu zeigen, dass der Schlafplatz stets sauber bleiben muss. Gute Mütter erziehen gute Katzen und das Wissen wird von einer auf die nächste Generation weitergereicht. Spielerisch kratzen die Kätzchen auf dem Boden und erkunden die Schale mit der Katzenstreu. Sie scharren instinktiv im lockeren Material und lernen, indem sie das Verhalten ihrer Mutter beobachten und nachahmen. Bald assoziieren sie den Geruch der Katzenstreu mit Toilette. Wenn sie mit etwa sechs Wochen entwöhnt werden, benutzen sie wie selbstverständlich das Katzenklo. Wenn sie nach den notwendigen Impfungen ins Freie dürfen, setzen sie das Gelernte im Garten um.

Nüchtern betrachtet ist unser Anteil an der Erziehung eher gering: Nach dem Aufwachen oder dem Essen setzen wir die Kätzchen in die Streu – dann ist ihre Bereitschaft, sich zu erleichtern, besonders hoch – und hoffen, sie werden den Zusammenhang begreifen. Da die meisten Katzen nach einem geschützten Platz suchen, an dem sie sich erleichtern können, sind Durchgänge, Flure oder ein Platz neben dem Hund völlig ungeeignet für das Katzenklo. Ideal ist eine ruhige Ecke und ein Katzenklo mit Deckel – ein kommerzielles oder selbst gebautes Modell (natürlich mit Eingang). Der Deckel hat noch einen angenehmen Nebeneffekt: Manche Katzen scharren energisch in der Streu und verteilen sie überall.

Katzen müssen scharren. Es wäre keine gute Idee, die Schale mit Zeitungspapier auszulegen wie bei Hunden, die stubenrein werden sollen. Während manche Katzen sehr viel Wert auf eine bestimmte Streu legen, akzeptieren andere jedes Produkt. Als ehemalige Steppen- und Wüstentiere fühlen sich die meisten Katzen in sandiger Streu besonders wohl. Bauherren, die regelmäßig die

Hinterlassenschaften von Katzen aus ihren Sandhaufen entfernen müssen, können ein Lied davon singen. Das Gleiche gilt für die Sandkästen der Kinder. Immerhin kann man diese Vorliebe auch nutzen: Bieten Sie den Katzen der Nachbarschaft einen Haufen Sand in der Gartenecke an und sie lassen die frisch umgegrabenen Beete in Ruhe. Allerdings gilt das nicht für alle Katzen. In seinem Buch *Travels with Tchaikovsky, a Tale of a Cat* erzählt Ray Hudson von den Weltreisen, die er mit seiner Katze unternahm. So musste er einmal mitten in der Wüste ein Katzenklo aufstellen, weil sich die Katze Tchaikovsky weigerte, sich im Wüstensand zu erleichtern – so viel zu den ägyptischen Vorfahren!

Da die Streu keimfrei sein sollte, reicht einfacher Sand nicht aus. Sterilen Sand bieten beispielsweise Geschäfte für Aquarienbedarf an. In vielen kommerziellen Produkten ist tonhaltige Bleicherde enthalten, die bei Feuchtigkeit verklumpt. Andere Produkte bestehen aus leichteren, gepressten Holzpellets, denen feine Tonpartikel beigemischt werden. Katzen, die ständig in der Wohnung leben, haben deutlich weichere Pfoten als frei laufende Katzen, die sich an Beton und Platten gewöhnen mussten. Daher kommen viele Zimmerkatzen besser mit feineren Korngrößen zurecht.

Für welches Produkt Sie sich entscheiden, richtet sich auch danach, wie häufig Ihre Katze die Streu benutzt. Einige Produkte müssen regelmäßig ausgetauscht werden, andere bilden Klumpen, die sich mit einer Schaufel entfernen lassen. In jedem Fall muss das Katzenklo regelmäßig gesäubert werden, bevor die Katze die Klumpen selbst aus der Schale scharrt. In den meisten Fällen reicht die tägliche Kontrolle aus, damit sich kein Schmutz ansammelt, denn dann weigert sich die Katze, die Toilette zu benutzen. Andererseits sollte die Streu nicht komplett ausgetauscht werden, sonst verfliegt der Eigengeruch der Katze, der sie zum Katzenklo zieht. Dieser individuelle Duft ist besonders wichtig, um junge Katzen an die Toilette zu gewöhnen. Katzen sind sehr reinlich. Missgeschicke kommen so gut wie nie vor. Sollte es dennoch geschehen, versuchen Sie wie eine

Katze zu denken, damit sie sich entspannt und sicher fühlt. In der Regel weisen solche Unfälle darauf hin, dass die Katze krank oder in irgendeiner Form gestresst ist (in Kapitel 12 werde ich ausführlicher darauf eingehen).

In diesem Kapitel ging es um das Verhältnis zwischen Katzen und ihren menschlichen Besitzern, doch in der Realität geht es gar nicht um *eine* Katze und *einen* Menschen. Die Statistik sagt, dass in den Katzenhaushalten der Städte und Stadtrandgebiete durchschnittlich 1,5 Katzen leben. Eine Katze hat also nicht nur mit Menschen, sondern auch mit anderen Katzen zu tun. Wie wir später noch sehen werden, kann das ein Zusammenleben erschweren.

8
Intelligenz und Erziehung

Sind Katzen intelligent? Sind sie intelligenter als Hunde, weil sie ohne Hilfe der Menschen überleben? Oder sind sie weniger intelligent, weil sie nicht reagieren, wenn wir etwas von ihnen verlangen? Fragen dieser Art lassen sich nur beantworten, wenn geklärt ist, was Intelligenz eigentlich ist. Ist es die Summe allen Könnens und Wissens, die Fähigkeit, Neues zu lernen, Ideen zu verknüpfen oder Dinge voneinander zu unterscheiden? Im Grunde ist Intelligenz die Fähigkeit, sich an die wechselnden Bedingungen anzupassen und das Beste daraus zu machen. Intelligenz ist bereits beim Menschen schwer zu definieren, doch wie sieht es mit der Intelligenz der Tiere aus?

Hunde gelten häufig als klug, weil sie sich trainieren lassen. Hunde, die bereitwillig antrainierte Aufgaben erledigen oder zu bestimmten Diensten abgerichtet werden, wie Blinden- oder Drogenhunde, gelten als intelligent. Vielleicht sind aber »träge« Hunde gar keine langsamen Lerner, sondern einfach nicht motiviert. Spürhunde wie Beagles oder Bassetts sind perfekt darin, die Spur eines Fuchses aufzunehmen und zu verfolgen, lernen aber einfach nicht, auf Zuruf zurückzukommen – das können selbst die »dümmsten« Hunde.

Und was ist mit den Katzen? Seitdem sie mit uns zusammenleben, wurden sie nie wie Hunde auf eine bestimmte Aufgabe hin gezüchtet. Obwohl Katzen bestens geeignet sind, Schädlinge zu fangen, gibt es keine »Jagdkatzen«. Wir ließen sie in unsere Häuser und dort machten sie das Gleiche wie in der Wildnis auch. Daher ist es schwierig, die Intelligenz einer Katze mit demselben Maß zu messen, wie die eines Hundes. Man hört zwar immer wieder Berichte von Superkatzen, die Türen öffnen, Hausschuhe bringen und auf Zurufe reagieren – die also zu ihrem Besitzer eine Art direkte Kommunikation aufbauen. Möglicherweise ließe sich Intelligenz als Fähigkeit zur Kommunikation definieren, nicht nur von Artgenossen untereinander, sondern auch von Art zu Art – dazu sind Katzen fähig. Sollte allerdings die Hirngröße auf die Intelligenz zurückschließen lassen, stehen die Katzen auf derselben Stufe wie Primaten und Delfine, denn im Verhältnis zur Körpergröße haben sie nach diesen beiden das größte Gehirn im Tierreich.

Wie intelligent ist meine Katze?

Wie sollen wir die Intelligenz einer Katze messen, ohne dabei einzelne Berichte über besonders kluge Katzen zu berücksichtigen? Wir müssten Tests ausarbeiten, die eine objektive Bewertung der intellektuellen Fähigkeiten von Katzen erlauben. Mithilfe solcher Tests könnte man Tiere zwar vergleichen, doch auch dies würde der Realität nicht gerecht werden, sondern nur neue Probleme verursachen. Ein Test, der die Fingerfertigkeit prüft, wäre für Primaten sicher bestens geeignet – ihr Gehirn ist darauf abgestimmt –, doch Katzen und Hunde hat die Evolution dafür nicht ausgestattet. Sie würden in solchen Tests also schlechter abschneiden. Würden sie sich sehr viel intensiver und länger bemühen und ein positives Testergebnis erreichen, hätte ihr Gehirn mehr geleistet als das eines Primaten. Jeder Test kann unter Umständen genau das Gegenteil von dem aussagen, was er untersuchen möchte. Es gibt einfach zu viele »wenn« und »aber«. Das Ganze erinnert mich an den Versuch, ein Computerprogramm mit den handwerklichen Fähigkeiten eines Zimmermanns zu vergleichen – sinnlos und nicht messbar, weil es kein »besser« oder »schlechter« geben kann!

Katzen können lernen, sich durch eine Abfolge von Handlungen aus einem Käfig zu befreien. In der Folge können sie dieses Wissen nutzen, um in ähnlichen Situationen den gleichen Erfolg zu erzielen. Das ist tatsächlich ein Zeichen von Intelligenz.

In einem Experiment sollten sich Hunde oder Katzen an einen beleuchteten Kasten erinnern, um eine Belohnung zu bekommen. Hunde konnten sich fünf Minuten lang erinnern, welcher Kasten geleuchtet hatte, Katzen erinnerten sich noch nach 17 Stunden an den richtigen Kasten – damit ist ihr Erinnerungsvermögen besser als das von Orang-Utans und anderen Affen. Wenn Katzen ein Konzept verstehen (Kasten, leuchtende Lampe), dann verfügen sie über ein Wesensmerkmal echter Intelligenz. Ihre Fähigkeit, das Licht mit einer Belohnung zu verknüpfen, oder sich aus einem Labyrinth zu befreien, nennen Wissenschaftler Lernen nach Versuch und Irrtum. Die Katze lernt, wie sie ein bestimmtes Problem lösen kann – z.B. dass sie eingeschlossen ist – oder wie sie die Belohnung für die richtige Wahl ergattert. Wird das erfolgreiche Handeln unmittelbar belohnt, verknüpft die Katze zwei Ereignisse zu einer Kette und kann beim nächsten Mal korrekt reagieren.

Pawlows Speichel absondernder Hund ist das bekannteste Beispiel einer klassischen Konditionierung. Der russische Forscher verknüpfte ein künstliches Signal mit einem natürlichen Vorgang: Ein Hund reagiert mit Speichelfluss, wenn er Futter bekommt. Pawlow ließ jedes Mal, bevor ein Hund Futter bekam, eine Glocke läuten. Nach einigen Versuchen floss der Speichel in Erwartung von Futter bereits, wenn nur die Glocke läutete. Das Gleiche machen unsere Katzen, wenn sie aus dem Nichts auftauchen, sobald sie den Fressnapf auf dem Boden oder die Schranktür zum Futtervorrat hören. Auch Menschen verknüpfen Geräusche, Stimmen oder Musik mit Erinnerungen aus der Vergangenheit – selbst wenn das Ereignis 20 oder 30 Jahre zurückliegt. Interessanterweise versetzen uns vor allem Düfte in vergangene Zeiten oder an bestimmte Orte. Zweifellos können auch Katzen mit ihrem deutlich besseren Geruchssinn und dem guten Gedächtnis einen Duft mit einem erfreulichen oder unerfreulichen Ereignis aus der Vergangenheit verknüpfen.

Ohne die Konditionierung hätten viele Tiere kaum eine Überlebenschance. Sie müssen sich daran erinnern, was gefährlich sein könnte oder was ihnen angenehm war. Sobald sie jedoch ein Ereignis mit einem spezifischen Aussehen, Duft oder Geräusch verknüpft haben, bleibt diese Verbindung erhalten, es sei denn, sie machen eine neue Erfahrung. Wenn wir beispielsweise den Küchenschrank umräumen und das Katzenfutter in ein anderes Fach stellen, taucht die Katze bald nicht mehr bei dem »alten« Geräusch– jetzt holen wir die Kaffeedose aus dem Schrank – auf, sondern wird auf das neue Geräusch – wir holen die Dose aus dem Katzenfach – konditioniert.

Haustiere gewöhnen sich im Laufe der Zeit an ihre Umwelt. Sie wissen, was gefährlich sein könnte und was nicht und reagieren nicht mehr so stark wie früher, als sie noch nicht wussten, was ihnen schaden könnte. Mit zunehmendem Alter und Wissen nimmt die Heftigkeit der Reaktionen einer Katze ab. Beim Gang in den Garten taucht sie nicht mehr jedes Mal in die neue aufregende Welt ein, die sie als kleines Kätzchen erlebt hatte.

Wenn sich Intelligenz als Anpassungsfähigkeit definieren lässt, dann rücken Katzen an die Spitze der Rangordnung. Mitglieder der Spezies Katze können in nahezu jeder Umgebung mit oder ohne menschliche Hilfe überleben – in der Wüste, im Urwald, in der Arktis. Katzen lernen aus Erfahrung. Sie passen sich, freiwillig oder um zu überleben, rasch und bestens an ihre jeweilige Umgebung an. Kätzchen lernen durch Nachahmung. Tatsächlich übernehmen sie sogar die Verhaltensweisen der Mütter: Im Experiment drückte eine Katzenmutter die Taste eines Futterautomaten und die Kätzchen machten es ihr nach. Katzen lernen durch Assoziation. Der Transportkäfig erinnert viele an eine unangenehme Erfahrung. Wenn der Käfig beim jährlichen Impftermin für den Tierarzt auftaucht, verschwinden viele Katzen auf Nimmerwiedersehen. Manche Katzen hassen den Geruch des Flohsprays und verdrücken sich, wenn sie die Spraydose sehen. Meine eigene Katze sieht es mir an, wenn ich anders als sonst üblich nach ihr suche, beispielsweise um sie vor dem Schlafengehen in die Küche zu sperren. Sie scheint einen sechsten Sinn zu besitzen, wenn ich ihr die Tablette für die Wurmkur geben möchte – ich begreife zwar nicht, warum sie es bemerkt, aber sie verschwindet.

Viel Anregung – kluge Kätzchen

Zwei bis sieben Wochen alte Kätzchen orientieren sich besonders stark an Menschen. Bietet man ihnen in dieser Phase genügend Anregungen, entwickeln sie sich zu kontaktfreudigen, neugierigen und aufgeschlossenen Katzen. Wie kleine Kinder saugen sie alles Neue in sich auf und sind völlig furchtlos in grenzenlosem Vertrauen auf ihre eigenen Fähigkeiten. Sobald ein Kätzchen entwöhnt wird, sei es auch noch so früh, entwickelt es Überlebensstrategien – auch für die Jagd. Ein Kätzchen, das in dieser sensiblen Phase ohne Anregungen aufwächst, ist später weder neugierig, noch kann es Probleme lösen. Es meidet alles, was es nicht kennt. Verschenken Sie dieses Potenzial nicht, sondern wenden Sie sich Ihrem jungen Kätzchen zu! Das Gleiche gilt auch für Welpen, die später als Blindenhunde arbeiten sollen.

Sie werden von erfahrenen Trainern angeleitet, die sie mit allen möglichen Situationen bekannt machen. Sie sollen fremde Menschen und Tiere sehen und hören und lernen, mit ihnen umzugehen. Sie leben ab der sechsten Lebenswoche, also unmittelbar nach der Entwöhnung, in einer engen, familienähnlichen Beziehung mit ihrem Trainer. Die Welpen lernen schnell und meistern später hervorragend die Probleme, die sich aus ihrer vielschichtigen Arbeit als Blindenhunde ergeben. Sie können sich auf schwierige Aufgaben konzentrieren, ohne sich zu fürchten oder wegzulaufen und damit den Blinden zu gefährden, den sie führen.

Training ist alles

Ein Training formt das Verhalten eines Tieres nach den Wünschen des Trainers. Es gibt verschiedene Möglichkeiten, ein Tier auszubilden und unterschiedliche Trainingsziele. Manche Menschen bringen ihren Tieren »Tricks« bei, beispielsweise auf die Kommandos »Sitz«, »Bleib« oder »Sag Bitte!« bestimmte Körperhaltungen einzunehmen. Ein Tier, das im Zirkus auftritt, lernt sehr komplexe Bewegungsabläufe, während das Sauberkeitstraining eine natürliche Körperfunktion des Tieres mit einem Ort oder einer Zeit verknüpft.

Ein Beispiel für Training ist es, einer Katze das Gehen an einer Leine beizubringen. Menschen, die in der Stadt wohnen, können Spaziergänge mit ihrer Katze unternehmen, ohne sie durch den Verkehr oder andere Tiere einer möglichen Gefahr auszusetzen. Das Leinentraining ist mehr als nur eine körperliche Übung. Die Katze muss Katzengeschirr und Leine dulden. Junge Kätzchen lernen das viel leichter und gewöhnen sich an die Leine. Später werden sie es als normal empfinden, mit ihrem Besitzer spazieren zu gehen.

Natürlich gibt es scheue Katzen, die niemals den Druck eines Katzengeschirrs oder den Zug der Leine ertragen lernen, doch eine selbstbewusste Katze gerät nur selten in Panik oder bringt sich in Situationen, die ihre Furcht vor der Leine noch verstärken würden. Gehen Sie sanft mit der Katze um und machen sie aus dem Training eine angenehme Erfahrung. Im ersten Schritt wird die Katze an das Katzengeschirr gewöhnt. Weiche, in der Größe verstellbare Katzengeschirre sind sicherer als ein Halsband. Brechen sie sofort ab, wenn sich die Katze sichtlich unwohl fühlt und nehmen sie ihr das Geschirr wieder ab. Versuchen Sie es später wieder, jeweils für kurze Zeit. Wenn Sie ihr das Geschirr bei der Fütterung anlegen, assoziiert dies die Katze mit einer angenehmen Erfahrung. Lassen Sie die Katze damit im Haus herumlaufen. Die Leine wird erst eingeklickt, wenn sie sich sicher fühlt. Arbeiten Sie mit einer maximal 2 m langen Leine, eine längere lässt sich nicht mehr gut kontrollieren. Belohnen Sie die Katze, wenn sie ein paar Schritte neben Ihnen geht – setzen Sie Leckerbissen als »Bestechung« ein. Sobald sich die Katze an Spaziergänge im Haus gewöhnt hat, erweitern Sie den Radius auf den Garten.

Selbst Katzen, die innerhalb der ruhigen Wohnung keine Probleme mit dem Geschirr haben, können in Panik geraten, wenn sie zum ersten Mal ins Freie gehen und sich mit Autos, Kindern, Fahrrädern oder Skateboards, überraschend auftauchenden Hunden und undefinierbarem Lärm konfrontiert sehen. Zum Training gehört auch, sie langsam und vorsichtig an die vielen neuen Eindrücke zu gewöhnen, die ihr bei einem Spaziergang begegnen. Der natürliche Instinkt einer Katze sagt ihr bei Gefahr: Flucht! Vermitteln Sie Ihrer Katze Sicherheit, wenn sie lieber fliehen möchte.

Fast jedem Hundehalter gelingt es, seinem Hund Kommandos wie »Sitz« oder »Platz« beizubringen. Funktioniert das auch bei Katzen? Gehorchen Katzen, wenn man etwas von ihnen verlangt? Katzen sind nicht gerade für unterwürfigen Gehorsam bekannt, sicher einer der Gründe, warum sie landläufig als dumm, ignorant oder gerissen gelten. Tatsächlich lernen gerade Katzen sehr schnell, solange man sich ihre natürlichen Fähigkeiten zunutze macht. Selbst ein wirklich schlechter Trainer, der alle Regeln einer guten Ausbildung bricht, wird seinen Hund nicht aus der Familie treiben. Eine Katze würde derartige Fehler niemals verzeihen.

Die erste Grundregel eines erfolgreichen Trainings gilt für alle Tiere, vom Tiger bis zum Elefanten, vom Delfin bis zum Pferd: Der Trainer muss das natürliche Verhalten seines Schützlings genau kennen. Nur so kann er einschätzen, unter welchen Bedingungen das jeweilige Tier Angst bekommt, sich zur Flucht wendet oder wie er es dazu motiviert, bestimmte Dinge zu tun oder zu unterlassen.

Die zweite Grundregel betrifft Belohnungen und Freundlichkeit. Bestrafung und Angst verlangsamen den Lernprozess. Jeder Mensch weiß aus eigener Erfahrung, wie schwer es ist, sich zu konzentrieren oder gar Neues zu lernen, wenn man nervös ist. Delfintrainer müssen ihre Tiere ständig ermuntern und sicherstellen, dass sie Spaß am Training haben. Wenn sie vorhaben, die Delfine über ein Seil springen zu lassen, ist es nicht damit getan, ein 3 m hohes Seil zu spannen und zu erwarten, dass die Delfine wissen, was sie tun sollen. Das Training beginnt damit, dass sie das Seil aufs Wasser legen und die Delfine bereits dafür belohnen, wenn sie über das Seil schwimmen. Dann wird das Seil ein Stückchen angehoben. Das ist der kritische Punkt des Trainings. Die Delfine müssen verstehen, dass sie nicht *unter* dem Seil durchschwimmen sollen. Tun sie es dennoch, beginnt das Training wieder am Anfang. Sie werden niemals bestraft, sie haben nicht einmal das Gefühl, etwas falsch gemacht zu haben. Gelingt ihnen diese Aufgabe nicht, haben die Trainer zu viel verlangt. Der Delfin erfährt nur positive Bestärkungen durch die Belohnungen – das ganze Training ist eine positive Erfahrung.

Mit der gleichen Methode kann eine Katze lernen, die Katzenklappe zu benutzen. Zunächst bleibt die Klappe weit geöffnet. Mit Belohnungen und Lockrufen gewöhnt man die Katze daran, wie selbstverständlich durch die offene Klappe zu gehen. In einem nächsten Schritt wird die Klappe ein Stück weit geschlossen. Die Katze kann sie immer noch benutzen, muss die Klappe aber ein Stück zur Seite schieben, um durch die Öffnung zu gelangen. Dann wird sie noch weiter geschlossen, bis die Katze gelernt hat, die Klappe mit dem Kopf aufzudrücken. Manche sehr dicht schließenden Katzenklappen öffnen sich nur bei stärkerem Druck, doch mit Geduld und Bestärkung bewältigt eine Katze auch dieses Problem.

Katzen lernen deutlich schneller, wenn sie die erwünschte Bewegung einer anderen Katze abschauen können. Ich möchte aber nochmals daran erinnern, dass Katzen assoziativ lernen: Sie verknüpfen das Ergebnis mit ihrem Verhalten. Eine Katze, die sich weigert, durch die Klappe zu gehen, lernt nicht unbedingt langsam. Es könnte durchaus sein, dass sie ursprünglich sehr wohl begriffen hat, wie die Klappe funktioniert. Sie ging ins Freie und wurde sofort von einer rivalisierenden Katze oder einem Hund angegriffen. Für die Katze besteht ein Zusammenhang zwischen dem Schritt durch die Katzenklappe und der unangenehmen Situation: Hinter der Klappe lauert Gefahr! Also wartet sie lieber ab, bis Sie die Tür öffnen. Sie könnten drohende Angreifer, die vielleicht im Garten lauern, verscheuchen. Die Katze ist nicht dumm, sondern hat Nutzen und Gefahren abgewogen und sich entschieden. Nehmen Sie diese Entscheidung als Kompliment. Ihre Katze akzeptiert Sie als Beschützer.

Das Klickertraining, das sich in der Hundeausbildung durchgesetzt hat, funktioniert auch bei Katzen. Der Klicker ist ein kleines Plastikkästchen mit einem Metallstreifen, der auf Druck ein Klicken erzeugt. Der Ton ist sehr markant und lässt sich rasch und präzise erzeugen. Er ist immer gleich und wirkt daher besser als eine modulationsfähige Stimme. Die Tiere lernen sehr schnell, das Klicken als Bestärkung zu akzeptieren. Es markiert präzise den Teil der Bewegung, den Hund oder Katze richtig gemacht haben. Die Tiere wissen, dass auf das Klicken bald eine Belohnung folgen wird. Als Belohnung eignet sich jeder Leckerbissen, den Katzen schätzen – von Hühnchenfleisch bis zu Krabben.

Mit dem Klicker (Marker-Signal) und der nachfolgenden Belohnung kann das Training beginnen. Legen Sie zunächst genau fest, was Sie erreichen möchten und zerlegen Sie den gesamten Bewegungsablauf in kleinere Schritte. Zerkleinern Sie die Futterbelohnungen in kleine Stückchen, sonst wird das Tier zu schnell satt. Setzen Sie die Belohnung immer dann ein, wenn die Katze sich »richtig« verhält. Verzichten Sie grundsätzlich auf Strafen. Schon ein kleiner Tadel kann Sie zurückwerfen. Belohnen Sie jeden guten Ansatz und ignorieren Sie alles andere.

Belohnung bestärkt!

Der erfolgreiche Lernprozess steht und fällt mit dem Zeitpunkt, an dem Sie die Belohnungen verteilen. Das Klicken muss in unmittelbarem zeitlichen Zusammenhang mit einem erfolgreichen Versuch stehen. Wenn Sie nur Sekunden warten, verbindet das Tier die Belohnung möglicherweise mit einer anderen Bewegung. Wenn Sie jedoch immer präzise nach der gewünschten Reaktion klicken, lernt das Tier sehr schnell, was Sie von ihm erwarten.

Natürlich wirkt ein Leckerbissen nur dann als echte Belohnung, wenn das Tier ihn auch als Belohnung empfindet – Fische für Delfine, Fleischstückchen für Hunde. Während manche Hunde sich zwar auch über Lob und Streicheleinheiten freuen, kann ein Delfin damit gar nichts anfangen. Und was mögen Katzen gerne? Hungrige Katzen freuen sich über Futterbelohnungen, sind aber generell weniger empfänglich für Leckerbissen als Hunde. Wer eine Katze belohnen möchte, braucht mehr Fantasie als ein Hundehalter.

Wenn Sie Ihre Katze gut kennen, wissen Sie sicher, was sie wirklich gerne mag. Was könnte sie motivieren? Auch Katzen, die Streicheln und andere Zuwendungen genießen, sind nicht immer dazu aufgelegt. Es ist wirklich schwierig, eine Katze zu »bestechen«! Üben Sie nur dann mit Ihrer Katze, wenn sie sichtlich Lust hat. Dann setzen Sie alles als Belohnung ein, was Ihre Katze gerne mag – vom besonderen Leckerbissen über Streicheln bis zur Erlaubnis, einen ansonsten verbotenen Lieblingsplatz aufzusuchen. Katzen können zwar einige Tricks lernen, die auch Hunde beherrschen, aber das Training braucht Zeit und Geduld – beides fehlt vielen Menschen! Junge Katzen lassen sich leichter ausbilden, weil sie neugierig sind und sich leichter beeinflussen lassen. Während ältere Hunde noch lernfähig sind – sie brauchen nur etwas länger – sind ältere Katzen weniger empfänglich für Belohnungen. Sie sitzen lieber an einem warmen Plätzchen, machen ein Nickerchen oder stromern im Garten herum. Ihnen ist ihre persönliche Entscheidungsfreiheit häufig lieber als eine Belohnung. Es gibt Naturtalente, die gerne lernen, andere Katzen sind zu faul oder abweisend für ein erfolgreiches Training.

Ann Head hat ihre weiße Katze Arthur darauf abgerichtet, sich ihr Futter mit der Pfote aus einer Kattomeat-Büchse zu holen. Sie hatte sich für diese Katze entschieden, weil sie ein liebenswertes Temperament hatte und gern mit ihr spielte. Beim Training versuchte sie, alles aus der Sicht der Katze zu sehen. »Ohne Geduld geht gar nichts und ich war immer freundlich«, erklärte sie und fügte hinzu: »Man kann eine Katze zu nichts zwingen!« Es kommt auf eine gute Beziehung und auf den Spaß beim Training an.

Strafe schadet nur

Hunde lassen sich leicht trainieren. Sie bleiben ihren Besitzern sogar dann gewogen, wenn sie mit Drohungen und Strafen traktiert werden. Hunde lernen trotz falscher Techniken, selbst wenn kein System hinter der Ausbildung steckt. Die zahlreichen Teilnehmer einer Hundeklasse sind schon Ablenkung genug. Dann kommt noch ein fremder Mensch dazu, der mitten im Kreis steht und Anweisungen gibt. Auch wenn ein Hund unter diesen Bedingungen seine Kommandos lernt, unterscheidet sich die Lernsituation völlig von seinem normalen Tagesablauf. Zu Hause verhält er sich häufig weiterhin wie zuvor. Wir sind an derartige Trainingssituationen durch Hunde gewöhnt, es wäre aber fatal, sie einfach unverändert auf Katzen anzuwenden. Eine Katze würde einfach aufstehen und sich weigern mitzumachen.

Strafen sind nicht einfach das Gegenteil von Belohnung. Während eine Belohnung zur rechten Zeit das Tier in seinem Verhalten bestärkt, führen Strafen insbesondere bei Katzen zu unkontrollierbaren Ergebnissen. Vielfach kann die Katze die Strafe nicht einmal einem bestimmten Fehlverhalten zuordnen – sie wurde geschüttelt, weil sie eine Maus in die Wohnung geschleppt oder ein Stück Huhn vom Tisch stibitzt hatte –, sondern empfindet die Bestrafung als eine Aktion aus heiterem Himmel. Je mehr Sie die Katze bestrafen, desto mehr wird sie versuchen, Ihre Gegenwart zu meiden, um künftigen Bestrafungen aus dem Weg zu gehen.

Wer nicht hören will ...

Es kommt immer wieder vor, dass wir unsere Katze von bestimmten Handlungen abhalten wollen. Sie soll nicht auf ein Bord mit Geschirr springen oder – wie meine Katze – ein frisch gestrichenes Fenster öffnen. Wenn es nur um eine einmalige Aktion wie das gestrichene Fenster geht, reicht meist ein scharfes Zischen, um die Katze zu stoppen. Während sie noch zögert, können Sie die Katze packen oder zurückhalten. Der »ssss«-Laut wirkt sehr effektiv, weil er dem Fauchen einer Katze gleicht, die damit einen Rivalen abschrecken möchte. Katzen lernen sehr schnell, dass Sie damit ein Verbot aussprechen, sofern Sie das Zischen gezielt und nicht zu oft einsetzen. Körperliche Strafen oder Schimpfen würde die Katze nur erschrecken und ihr Verhältnis zu Ihnen trüben.

Bei Verboten, die längerfristig wirken sollen, wie z.B. Springen auf eine heiße Kochplatte, können Sie das Prinzip »höhere Gewalt« walten lassen. Die Katze muss lernen, dass ihr ein Sprung auf die Platte schaden kann. Allerdings darf sie nicht bemerken, dass Sie eingreifen, sondern muss glauben, dass ein Ereignis wie aus dem Nichts kommt. Wenn sie jedes Mal, wenn sie auf das Kochfeld springt, nass gespritzt wird oder einen scharfen Ton hört, verknüpft sie den Sprung mit einer unangenehmen Erfahrung und lässt davon ab. Auch ein lockerer Stapel leerer Dosen, der bei dem Sprung umfällt, funktioniert gut. Mit etwas Glück springt die Katze nie wieder auf die gefährliche Stelle. Da sie diese Form der »Strafe« nicht mit Ihnen in Verbindung bringt, bleibt die gute Beziehung erhalten. Sie dürfen Ihre Katze nach dem schrecklichen Schock sogar als liebender Partner wieder beruhigen.

Ähnliche Lernprozesse müssen die Katzen auch in der Wildnis hinter sich bringen. Sie müssen lernen, von wo und von wem ihnen Gefahr droht, um zu überleben. Eine Katze, die hinter einer bestimmten Tür vom Hund des Nachbarn angefallen wurde, wird diese Tür in Zukunft meiden. Bei sehr gefährlichen Situationen reicht in der

Regel ein einziger Schock aus: Die Katze vergisst nie mehr, wo der kleine Hund mit den großen Zähnen lauert, wählt einen anderen Weg oder sichert sich sehr sorgfältig ab. Kätzchen begegnen täglich neuen Situationen und müssen lernen, sich mit den drohenden Gefahren zu arrangieren.

Trainiert sie mich oder ich sie?

Die wenigsten Menschen sind sich bewusst, dass sie selbst von ihren Katzen trainiert werden. Sie denken nicht in Kategorien wie Dominanz oder Bestärkung, sondern erreichen ihre Ziele mit Geduld. Eine Katze, die ihren Besitzer regelmäßig um 6 Uhr morgens mit Kratzen an der Schlafzimmertür aufweckt, möchte umsorgt werden. Auch wenn man noch so sehr flucht und schimpft, irgendwann steht man auf und lässt die Katze ins Zimmer. Zur »Belohnung« bekommt die Katze ein warmes Bett und die erwünschte Aufmerksamkeit. Die Katze hat ihren Besitzer erfolgreich »trainiert« und belohnt ihn ihrerseits mit freundlichem Schnurren und Miauen. Katzen bringen ihre Besitzer dazu, sie zu füttern, das Fenster oder die Tür zu öffnen, damit sie ins Freie kommen – Katzen trainieren uns!

Obwohl Katzen ihre Bedürfnisse und Stimmungen über die Körpersprache ausdrücken, versuchen wir Menschen den Kontakt über die Sprache herzustellen. Wir verstehen häufig nicht einmal die Körpersprache unserer eigenen Art. Die meisten Menschen versuchen wie Dr. Doolittle, direkt mit ihren Tieren zu reden. Fast jeder Katzenhalter spricht mit seiner Katze in einer höheren Frequenz als mit seinen Mitmenschen. Daran erkennt die Katze, dass sie gemeint ist. Bereiten Sie der Katze ihr Futter zu, reden Sie freundlich mit ihr, aber geben Sie ihr das Futter erst dann, wenn sie mit Ihnen »geredet« hat – beispielsweise ein freundliches »Miau«. Halten Sie den Futternapf bereit und stellen ihn sofort hin, wenn die Katze geantwortet hat. So lernt die Katze den Zusammenhang »reden, dann bekomme ich Futter«. Das Gleiche können Sie auch mit Streicheln versuchen. Sie bekommt ihre Streicheleinheiten erst dann, wenn sie geredet hat. So findet eine gegenseitige Kommunikation statt. Hat eine Katze erst einmal verstanden, dass sie mit Reden etwas bei Ihnen erreicht, wird sie das Mittel immer wieder einsetzen, um Sie um etwas zu bitten. Katzen sind nicht dumm!

Hundespiele – Katzenspiele: Apportieren

Ein Artikel in der Zeitschrift *Cat World* berichtet von Katzen, die Gegenstände apportieren und dieses Spiel sogar zu genießen schienen. Wir bilden Jagdhunde und andere Rassen mit entsprechender natürlicher Neigung dazu aus, uns Gegenstände zurückzubringen. Da Katzen Beute nach Hause schleppen, ist Apportieren in der Tat ein Teil ihres natürlichen Verhaltens. Andererseits haben nur sehr wenige Katzen Lust auf ein Apportierspiel. Der Artikel führt aus, dass die Initiative zu diesem Spiel von Katzen selbst ausging. Sie ermunterten ihre Besitzer regelrecht, Gegenstände zu werfen. Eine Katzenhalterin schrieb: »Mein Kater wollte bereits als sehr junges Tier Gegenstände apportieren. Er brachte mir ein Stück zusammengefaltetes Papier und da mir seine Begeisterung auffiel, warf ich es weg. Er rannte hin und holte es zurück – der Beginn eines wunderbaren Spiels. Heute liegt das Papier stets griffbereit und wenn er Lust hat zu spielen, kommt er damit zu mir. Das Papier ist sein Lieblingsspielzeug. Er bringt es zurück, wer immer es auch wirft.«

Die Katzen, von denen die Studie berichtet, waren offenbar verrückt nach diesem Spiel. Sie konnten es stundenlang spielen. Es blieb allerdings die Frage offen, warum sie apportierten und wie sie es gelernt hatten. Die Berichte der Teilnehmer lassen erahnen, dass sich einige Katzen das Spiel als Kätzchen von einer älteren Katze abschauten. Andere nahmen das Spiel zwar wahr, machten aber keinerlei Anstalten, ebenfalls zu apportieren. Die Besitzer der Katzen hatten viel Spaß an dem Spiel, es zog sich ihrer Meinung nach aber zu lange hin. Einer der Katzenhalter schrieb: »Sobald ich nach Hause komme und mich ruhig hinsetze, wirft mein Kater mir allerlei Spielzeuge in den Schoß und sieht mich erwartungsvoll an. Wenn ich sie werfe, bringt er sie mit einer bemerkenswerten Begeisterung zurück – als hinge sein Leben davon ab. Allerdings wird das Spielchen nach einer Stunde ziemlich ermüdend. Es fällt mir aber schwer, damit aufzuhören; er mag es doch so gerne.«

Andere Katzenhalter hatten ihre Katzen wie Hunde zum Apportieren abgerichtet (in einem Fall handelte es sich um eine Hundehalterin, die ihre Katze wie einen Hund behandelte), in anderen war die Katze zusammen mit kleinen Hunden aufgewachsen. Eine Katze war von einem Collie aufgezogen worden. Er hatte der Katze sogar das Knurren beigebracht!

Die Katzen apportierten Bälle, zerknülltes Papier, Spielzeuge, Gürtel, Kordeln und Schnürsenkel. Eine Katze mit Namen Bono wurde schier verrückt, wenn die Besitzerin über einen Lockenwickler aus Plastik kratzte. Das Ehepaar setzte sich gegenüber, die Katze in die Mitte. Dann warfen sie sich den Lockenwickler zu und die Katze versuchte, ihn aus der Luft zu fangen. Bonos Begeisterung für Lockenwickler endete, als er Blindschleichen entdeckte und sie regelmäßig durch die Wohnung schleppte. Eine andere Katze fing mit zerknülltem Papier an und wandte sich dann den Figuren von Brettspielen zu, die sie während des Spiels stibitzte. Mit dieser Strategie machte sie äußerst wirkungsvoll auf sich aufmerksam – vielleicht ist das einer der Gründe, warum sich Katzen diesem Spiel hingeben und es genießen. Wenn es ihnen gelingt, die Aufmerksamkeit ihrer Besitzer auf sich zu ziehen, können Katzen in der Sicherheit einer Wohnung ihr gesamtes Jagdrepertoire durchspielen. Mit dem Apportierspiel hat eine Katze ihren Besitzer völlig unter Kontrolle. Wer wagt jetzt noch zu behaupten, Katzen seien nicht intelligent, zu reserviert oder machten nie, was man ihnen sagt? In diesen Fällen spricht die Katze.

9 Die Grundbedürfnisse einer Katze

Wir haben das natürliche Verhalten der Katzen und ihre Beziehung zu uns betrachtet, aber wissen wir damit schon, was eine Katze will? Auf diese einfache Frage gibt es keine sichere Antwort, denn Katzen reden nicht mit uns. Wir können nur Rückschlüsse aus ihrem Verhalten ziehen, sowohl aus dem Verhalten der Katze als biologische Art als auch dem des Individuums Katze in unserer Wohnung. Wie wir gesehen haben, sind Katzen sehr eigenständige Persönlichkeiten. Ihr Temperament hängt vom Erbgut, der Erfahrung und der Umwelt ab. Es kann von ruhig bis nervös und mutig bis fordernd reichen.

Was also »wollen« Katzen? Zunächst könnten es elementare Bedürfnisse des täglichen Lebens sein, wie Futter und Schlaf. Die Frage kann auch anders gemeint sein. Wenn wir unsere Kinder fragen, was sie gerne essen, werden sie sicher nicht antworten: »Einen Teller Brokkoli«, sondern höchstwahrscheinlich: »Schokolade«. Ihr Wunsch betrifft keine notwendigen Bedürfnisse, sondern die Lust auf Süßes. Auch Katzen brauchen ihre Grundnahrungsmittel, aber wenn sie frei entscheiden könnten, würden sie vermutlich Räucherlachs wählen, und nicht das Körbchen, sondern den bequemsten Sessel der Wohnung. Wir können uns zwar umfassend informieren, was eine Katze zum Leben braucht, haben aber kaum Möglichkeiten zu erfahren, worauf sie gerade Lust hat. Immerhin gibt es einige gesicherte Grundbedürfnisse, die für eine Katze zu ihrem Wohlbefinden unverzichtbar sind.

Tierschützer haben eine Liste von fünf grundlegenden Bedürfnissen eines Tieres – die »fünf Freiheiten« – aufgestellt (Five Freedoms des britischen Farm Animal Welfare Councils, 1979). Sie bezogen sich ursprünglich auf die Tierhaltung auf Bauernhöfen, also auf Tiere, die vollständig von den Menschen abhängig sind. Sie können aber auch für Haustiere gelten:

1 Kein Hunger und kein Durst: Damit sie gesund bleiben, muss den Tieren jederzeit frisches Wasser und Futter zur Verfügung stehen.
2 Adäquate Ställe und Ruhezonen: Die Tiere müssen sich wohlfühlen können.
3 Kein Schmerz, keine Verletzungen und Krankheiten: Tiere müssen fürsorglich behandelt werden. Im Krankheitsfall wird für die Diagnose und die Behandlung ein Tierarzt zurate gezogen.
4 Kein Schmerz, keine Verletzungen und Krankheiten: Tiere brauchen genügend Lebensraum und eine geeignete Umgebung.
5 Keine Furcht und keine Qualen: Tiere brauchen Zuwendung und Lebensumstände, die keine physischen und psychischen Schäden verursachen.

Diese »fünf Freiheiten« definieren die »Grundbedürfnisse« eines Tieres. Wenn sie gegeben sind, können wir uns Gedanken über die eher lustbetonten Wünsche einer Katze machen.

Essen und Trinken

Natürlich brauchen unsere Katzen weder Hunger noch Durst zu leiden, aber einige sind in Bezug auf ihr Futter ziemlich eigen!

Katzen brauchen eine spezielle Fleischnahrung, um gesund zu leben. Hunde fressen alles und können bestimmte Nährstoffe auch aus pflanzlicher Kost gewinnen. Katzen sind dagegen ausnahmslos auf eine proteinreiche Kost angewiesen. So benötigen Kätzchen Futter mit einem Proteinanteil von etwa 18 Prozent, erwachsene Katzen von etwa 12 Prozent. Erwachsene Hunde kommen mit rund 4 Prozent Proteinen im Futter aus. Eine Katze benötigt große Mengen schwefelhaltiger Aminosäuren, vor allem Taurin, Arachidonsäure (eine Vorstufe der Prostaglandine) und Vitamin A. Dieses Vitamin können Katzen nicht aus pflanzlichen Karotinvorstufen lösen); auch ihr Bedarf an Thiamin und Niacin ist recht hoch. Katzen können diese chemischen Verbindungen nur aus Fleisch gewinnen. Möglicherweise haben sie bei der Evolution zum perfekten Fleischfresser die Fähigkeit verloren, diese Stoffe aus pflanzlicher Kost selbst herzustellen – das Fleisch lieferte ihnen die Bestandteile bereits in fertiger Form. Der Darm der Katzen ist ebenfalls an die leicht verdauliche Fleischnahrung angepasst. Er ist zu kurz, um Pflanzen zu verdauen. Einige Spezialisten vermuten, dass Katzen ihren Jagdinstinkt eben deshalb nicht verloren haben, weil sie die fehlenden Nährstoffe ihrer heimischen Kost durch Wildtiere ergänzen müssen.

Als sie sich als Mäusejäger bei den Menschen einrichteten, fiel sicher hier und da ein Brocken für sie ab, aber an eine ausgewogene Fütterung war nicht zu denken. Also behielten sie ihre Fertigkeiten und holten sich das, was die Futternäpfe nicht hergaben, über die Jagd. Eine Katze, die ausschließlich in der Wohnung lebt, ist durch das hochwertige moderne Katzenfutter mit allen erforderlichen Nährstoffen gut versorgt. Aber auch eine bestens ernährte Katze geht, wenn sie ins Freie darf, auf die Jagd. Sollte sie tatsächlich einmal auf sich selbst gestellt sein, kann sie immer noch für sich selbst sorgen.

Da eine Katze Fleisch braucht, sind alle ihre Sinne auf Fleisch abgestimmt: Sie riecht und schmeckt vor allem die Inhaltsstoffe in Fleisch. Haben Katzen die Fähigkeit verloren, andere Inhaltsstoffe zu schmecken oder zu riechen, weil sie nicht mehr darauf angewiesen sind? Erkennt eine Katze den Unterschied zwischen Maus und Wühlmaus, Taube und Spatz? Wie jedes andere Säugetier schmecken Katzen mit Geschmacksknospen auf der Zunge. Jeder dieser Sensoren reagiert spezifisch auf chemische Substanzen und das Gehirn setzt daraus einen Gesamtgeschmack zusammen. Vermutlich nehmen Katzen die Grundnoten sauer, bitter und salzig wahr. Süß erkennen sie nicht. Manche Katzenhalter erzählen zwar, dass ihre Katzen Süßes (beispielsweise Speiseeis) gerne mögen, doch die Katze reagiert vermutlich auf den Fettgehalt oder die Konsistenz, nicht auf die Süße. Während Menschen beim Geschmack von Schokolade ins Schwärmen kommen, läuft Katzen vermutlich bei der Kombination von Aminosäuren im Fleisch das Wasser im Munde zusammen.

Lässt man einer Katze die Wahl, entscheidet sie sich für Futter mit hohem Fleisch- und Fettanteil, starkem Duft, weicher Konsistenz mit Biss mit einer Temperatur von etwa 35° C. Katzen lieben die Abwechslung. Sie entscheiden sich eher für eine neue Geschmacksrichtung als für die, die sie schon lange kennen.

Eine Katze bewertet die Nahrung aber nicht nur nach dem Geschmack, sondern auch nach der Konsistenz und der Temperatur – beides verändert auch den Duft. Katzen können viel besser riechen als Menschen. Der Duft einer Speise animiert sie zum Fressen. Duft und Geschmack sind ausschlaggebend dafür, ob eine Katze ein bestimmtes Futter mag, und seine Konsistenz dafür, wie viel sie davon frisst. Katzen können ihr Essen nicht mahlend zerkauen wie wir, sondern reißen es mit den vorderen Zähnen in mundgerechte Stücke. In der Regel fressen Katzen ein Dosenfutter oder anderes weiches Futter schneller als Trockenfutter. Sie bevorzugen kleine Mahlzeiten, die sie über einen längeren Zeitraum verteilen. Vielleicht entspricht dies ihrem früheren Fressverhalten, als die gefangenen Mäuse, jeweils über den Tag verteilt, einzelnen Portionen entsprachen. Wenn das Futter nicht verdirbt, bedienen sich Katzen 7 bis 20mal während eines Tages. Am liebsten mögen sie Futter mit der Temperatur eines frisch getöteten Tieres. Zu hohe Temperaturen schrecken sie ebenso ab wie Kühlschranktemperaturen. Möglicherweise entwickelt kaltes Futter nicht genug Duftstoffe. Soviel zu den einfachen, aber wichtigen Grundlagen der Katzenfütterung. Obwohl viele Katzen nicht besonders wählerisch sind, sollte man diese Vorlieben kennen. Sollte

Ihre Katze ihr übliches Futter ablehnen, könnte sie krank oder verletzt sein, und Sie sollten dieses Signal ernst nehmen.

In einem Haushalt mit zwei oder drei Katzen kann jede ganz spezielle Vorlieben haben – von der Art des Futters bis zur Form der Fütterung. Während manche Katzen sehr genau wissen was sie mögen und was nicht, verhalten sich andere völlig gleichgültig und machen sich über jedes Futter her. Ganz offenbar entwickeln sich die Vorlieben und Abneigungen durch die Erfahrungen, die sie im Laufe ihres Lebens machen. Es kann sogar vorkommen, dass sie bestimmtes thiamin- oder vitaminreiches Futter ablehnen, weil ihnen früher davon schlecht wurde.

Im Einzelfall kann sich die Grundversorgung mit lebenswichtigen Nährstoffen zu einem Problem entwickeln. Manchmal ist das Lieblingsfutter einer Katze nicht unbedingt die beste Wahl für ihre Gesundheit – ähnlich wie wenn ein Kind sein Essen selbst auswählt. Einige Katzen sind auf ein bestimmtes Produkt fixiert und lehnen alles andere ab – entweder nur Fisch, nur ein bestimmtes Trockenfutter oder nur ein spezielles Dosenfutter. Solange das Futter alle lebensnotwendigen Nährstoffe enthält, ist dagegen nichts einzuwenden, aber eine Katze, die ausschließlich Fischleber frisst, wird krank. Das wichtige Vitamin A in der Leber führt im Übermaß zu einer Hypervitaminose A. Die Katze bekommt steife Glieder, wird antriebsschwach und ihre Knochen leiden. Eine ausreichende Tagesdosis Vitamin A ist bereits in 5 g Leber enthalten! Katzen, die sich völlig einseitig ernähren, fressen lieber gar nichts, bevor sie etwas anderes zu sich nehmen. Mischen Sie in diesem Fall dem Lieblingsfutter Ihrer Katze nach und nach ein anderes Futter bei – in sehr kleinen Portionen und stets appetitlich frisch serviert.

Auch die Persönlichkeit einer Katze kann sich in der Futterwahl niederschlagen. Nervöse Katzen vertragen einen Futterwechsel schlechter als robuste Tiere, die gerne etwas Neues ausprobieren. Auch beim Trinken gibt es individuelle Unterschiede. Einige Katzen trinken tropfenweise direkt aus dem Wasserhahn, andere lassen das

Wasser erst eine Zeitlang im Napf stehen, wieder andere schlecken aus Vasen oder Pfützen im Freien. Tatsächlich trinken die wenigsten Katzen aus ihrem Wassernapf. Von ihren Wüstenvorfahren haben Katzen die Fähigkeit geerbt, ihren Urin sehr stark zu konzentrieren. Fleisch enthält relativ viel Wasser. Katzen, die frisches oder Dosenfleisch fressen, brauchen entsprechend weniger zu trinken. Nur Katzen, die mit Trockenfutter ernährt werden, trinken deutlich mehr.

Viele Katzen vertragen keine Milch, obwohl sie gerne Milch trinken. Milch enthält reichlich Proteine, Fett und Kohlenhydrate, doch der Laktosegehalt der Milch ist problematisch.

Fast alle gesunden Katzen halten problemlos ihr Körpergewicht. Ein fetter Jäger ist erfolglos und wird auf natürliche Weise rasch dünner und geschickter. Erst in jüngerer Zeit nimmt die Zahl der Katzen, die zu dick sind zu, ein Problem, das Katzenhalter sehr ernst nehmen sollten.

Wohlbehagen und Ruheplätze

Jede Katze braucht einen sicheren Schlafplatz. Welche Bedeutung diese Rückzugsmöglichkeit im Revier einer Katze hat, habe ich oben bereits betont.

Die Redensart »Mein Haus ist meine Burg« könnte den Wunsch einer Katze nicht besser ausdrücken. Tatsächlich ist die räumliche Bindung so stark, dass eine Katze eher ihre Besitzer als ihr Revier aufgibt. Katzenbabys haben eine sehr enge Bindung an ihre Mutter, doch ab einem bestimmten Alter kappt die Mutter diese Bande und die Kleinen müssen sich selbst durchschlagen. Vielleicht gibt das eigene Revier einer Katze die Sicherheit, die sie bei der Mutter verspürte. Viele Katzenhalter wissen ein Lied davon zu singen, wenn sie ein paar Häuser weiter oder gar in eine andere Stadt umziehen mussten. Auch wenn sich die Besitzer noch so sehr bemühen, kehren manche Katzen immer wieder in ihr altes Revier zurück. Sie bleiben dort, selbst wenn die neuen Bewohner des Hauses sie nicht füttern oder sogar zu verjagen versuchen.

Woher kommt diese enge Bindung an das Revier? Was ist daran so wichtig für eine Katze? Jede wilde Katze ohne Bindung an die Menschen verteidigt das Revier, in dem sie lebt. Fremde Katzen werden nur geduldet, wenn das Nahrungsangebot für mehrere Katzen ausreicht oder Katzenmütter einen sicheren Platz haben, wo sie ihre Jungen aufziehen können. Katzen brauchen die Sicherheit eines bekannten Ortes und die Gewissheit, dass ihr Revier sie und die Jungen ernähren kann. In Revieren mit ausreichendem Nahrungsangebot bedeuten andere Katzen keine Gefahr. Dort verteidigen Katzen nur den sicheren Platz für ihre Jungen.

Markieren und Kratzen

Beim Markieren mit Urin nehmen Katzen eine typische Haltung ein. Sie heben den Schwanz, zittern und bewegen die Hinterbeine tretend auf und ab. Dabei spritzen sie eine kleine Menge Urin auf eine vertikale Fläche.

Mit dem Kratzen schärfen sie ihre Krallen. Über die Duftdrüsen in den Pfoten hinterlassen sie dabei auch ihre Duftmarken.

In einigen Teilen ihres Reviers duldet eine Katze andere Katzen. Andere Bereiche bleiben ihr allein vorbehalten. Das Revier ist der Raum, in dem sie sich normalerweise aufhält. Sie jagt, ruht sich aus und manchmal kommuniziert sie sogar mit anderen Katzen: Sie hinterlässt in den für andere Katzen zugänglichen Bereichen Urinmarkierungen oder Kratzer, um sie auf Abstand zu halten.

Auch eine Wohnungskatze hat diese Instinkte nicht verloren. Sie sucht sich immer noch einen Rückzugsort und betrachtet die Wohnung als Revier mit bestem Nahrungsangebot. Der Garten ist ihr »öffentlicher Ort«. Hier hinterlässt sie ihre Markierungen für die Katzen der Nachbarschaft, um sie zu bestimmten Tageszeiten fernzuhalten. Selbst eine kastrierte Katze sucht instinktiv nach einem sicheren Platz, an dem sie ihre Jungen aufziehen könnte.

Tatsächlich scheinen weibliche Katzen ihre Reviere in unseren Wohnungen intensiver zu verteidigen als Kater. Es ist schwierig, eine Katze an eine Wohnung zu gewöhnen, in der bereits eine andere Katze lebt. Kastrierte Kater akzeptieren einen Neuankömmling wesentlich bereitwilliger. Vielleicht geht ihnen der Drang ab, ein sicheres Nest verteidigen zu müssen. Für Menschen ist schwer vorstellbar, eine Wohnung als überdimensionales Nest für Katzenbabys zu verstehen, aber der Gedanke hilft uns dabei, die Aufregung einer Katze zu verstehen, der man plötzlich einen Mitbewohner in ihr Reich setzt.

Viele Katzenhalter kennen das Problem: Plötzlich beginnt ihre Katze, Urinmarkierungen in der Wohnung anzubringen. Häufig ist eine Nachbarskatze der Grund, die tagsüber, wenn alle Menschen aus dem Haus sind, durch die Katzenklappe eindringt und sich am Futternapf bedient. Vielleicht geht sie sogar durch die Wohnung und faucht die Revierbesitzerin an. Für die Katze gleicht das einer Katastrophe: Ihr sicheres Revier ist bedroht! Ein Eindringling hat die Burg erobert, streift durch die Gänge, faucht oder hinterlässt seine Duftspuren. Die heimische Katze fühlt sich nicht mehr sicher, an Entspannung ist nicht zu denken. Zum Glück können wir in solchen Fällen etwas unternehmen: Die Katzenklappe wird verschlossen oder unsere Katze bekommt einen Sender, der die Klappe öffnet. Nun darf sich die Katze wieder sicher fühlen und wird sich entspannen. Auch Menschen haben ein Sicherheitsbedürfnis. Stellen Sie sich vor, dass

Fremde in Ihre Wohnung eindringen, sich am Kühlschrank bedienen oder im Sessel lümmeln – an Entspannung wäre wohl kaum mehr zu denken. Selbst wenn sie die Wohnung wieder verließen, würden wir uns ständig versichern, dass sie nicht mehr kommen können. Meist ist die dauernde Angst schlimmer als das tatsächliche Ereignis. Selbst wenn wir keinen psychischen Schaden davontragen, das Gefühl von Sicherheit ist dahin.

Wenn wir den starken Wunsch unserer Katzen nach Sicherheit akzeptieren, können wir unsere Wohnungen katzengerechter gestalten. Sie möchten gerne eine zweite Katze halten? Dann befolgen Sie die Katzenregeln. Die alte Bewohnerin regt sich nicht nur über den Anblick des Rivalen auf, sie wird auch ständig mit seinen, für uns nicht wahrnehmbaren, Duftmarkierungen konfrontiert. Der Duft einer fremden Katze mitten im eigenen Revier stellt eine ultimative Drohung dar, ähnlich wie wenn wir plötzlich einen Drohbrief in der Wohnung finden würden.

Katzen kennen alle Gerüche innerhalb ihres Reviers. Sie orientieren sich am Geruch und »sehen« die Wohnung mit ihrer Nase ebenso gut wie wir mit den Augen. Uns würde es sofort auffallen, wenn jemand die Möbel umgestellt hätte. Für uns verändert ein neuer Teppich oder ein Sessel das Aussehen der Wohnung. Für die Katze mischt sich unter die vertrauten, Sicherheit gewährenden Düfte plötzlich ein neuer, unbekannter Duft.

Natürlich können wir unsere Wohnungen neu einrichten, doch wir sollten berücksichtigen, wie eine Katze diese Änderung wahrnimmt. Die meisten selbstbewussten Katzen gewöhnen sich rasch an den neuen Geruch. Sensible Katzen brauchen länger oder bleiben gar traumatisiert. Für Katzen, die nicht ins Freie dürfen, kann der Schock noch schlimmer sein. Sie sind nicht an Veränderungen gewöhnt, kennen weder den Duft anderer Katzen noch das Leben im Garten. Sie sind niemals Gefahren ausgesetzt und können sich nicht gut anpassen. Eine kleine Veränderung in der Wohnungseinrichtung kann ihr ganzes Katzenweltbild durcheinanderbringen.

Nicht nur neue Möbel oder eine zweite Katze bringen Veränderungen. Auch ein neues Familienmitglied, insbesondere ein sehr kleines, das schreit und nach Milch duftet, bedroht die Sicherheit der Katze. Auch in diesem Fall passt sich eine selbstbewusste Katze an: Der neue Freund der Tochter und das Baby werden rasch akzeptiert. Es dauert nicht lange, dann nimmt das Baby den Duft der Wohnung an und sein eigener Duft wird Teil des Wohnungsduftes. Der Gruppenduft verändert sich, bleibt aber ein vertrauter Gruppenduft. Neue Familienmitglieder bedeuten neue Tagesabläufe. Für viele Katzen verbessert sich die Situation sogar, denn nun können sich mehr Menschen mit ihr beschäftigen.

Kleine Kinder, Hunde oder andere Katzen stellen grundsätzlich eine Störung dar. Natürlich würde eine Hauskatze nicht so weit gehen wie ein Leopard, der seine Beute zum Schutz vor Löwen und Hyänen auf einen Baum schleppt. Es ist nicht immer leicht, einen wirklich sicheren Platz zu finden, und so suchen alle Katzen zunächst nach einem erhöhten Ruheplatz. Je sensibler die Katze ist, desto größer ist der Wunsch nach Höhe. Besonders beliebt sind Schränke. Die Vorliebe für derartig luftige Plätzchen ist entscheidend für den Unterschied zwischen einer ruhigen und einer ständig aufmerksamen Katze, einer Katze, die mit Urin markiert, und einer, die aus sicherer Höhe das aufregende Leben unter sich betrachtet. Wir wünschen uns nicht nur ein sicheres Revier für unsere Katzen, sondern dass sie selbstbewusst genug sind, jegliches Abwehrverhalten einzustellen, dass sie sich gern von uns berühren lassen und dass sie in unserer Gegenwart so entspannt wie ein Katzenbaby sein können.

Eine Katze, die sich bedroht fühlt, verhält sich völlig anders: In unserer Wohnung stellt sich beispielsweise regelmäßig eine fremde Katze ein, die sich an den Futternäpfen bedient. Unsere Katzen mögen sie nicht und jagen sie weg. Allerdings ist diese Katze ziemlich stur und setzt sich gegen die Angriffe unserer Katzen zur Wehr. Wenn wir ihr draußen begegnen, benimmt sie sich sehr freundlich. Sie lässt sich streicheln und dreht sich sogar auf den Rücken, damit wir sie am Bauch kraulen können. Versuchen wir aber dasselbe in unserer Wohnung, reagiert sie aggressiv und faucht jeden an, der ihr nahekommt. Es wäre gefährlich, sie zu berühren. In unserer Wohnung ist die »Aggressionsdistanz« dieser Katze relativ groß, draußen, wenn sie völlig entspannt ist geht sie gegen null. Wir dürfen sie sogar berühren und streicheln. Katzen unter Stress erweitern ihre Aggressionsdistanz. Wenn sich die fremde Katze ins Zentrum eines fremden Reviers traut – in unsere Wohnung – steigt ihr Sicherheitsabstand auf bis zu 2 m. Jeder, der diese Distanz unterschreitet, hat mit einem Angriff zu rechnen. Da diese Distanz je nach Situation unterschiedlich ist, gehen scheinbar friedliche Katzen für uns überraschend plötzlich zum Angriff über.

In diesem Kapitel geht es darum, was Katzen brauchen und was sie sich wünschen. Ganz oben auf der »Wunschliste« steht das Wohlbehagen. Katzen sind Meister darin, die wärmste Stelle auf einem Sessel zu finden. Die Vorfahren unserer Hauskatze stammen aus der Wüste und waren an heißes Klima gewöhnt. Möglicherweise äußert sich hier eine genetische Erinnerung an die Hitze Nordafrikas. Noch immer können Katzen Hitze viel besser ertragen als Menschen. Menschen bekommen bei Temperaturen über 44 °C Schwierigkeiten, für Katzen ist eine Hauttemperatur von 52 °C durchaus erträglich. Es gibt Katzen, die sich so nah an ein Feuer setzen, dass ihre Haare versengen. Sie laufen über eine noch heiße Herdplatte, ohne vor der Hitze zurückzuschrecken. Andererseits reagieren Nase und Oberlippe einer Katze sehr empfindlich auf Temperatur und Berührung. Neugeborene Katzenbabys benutzen ihre Nase als Wärmedetektor, um ihre Mutter und die Wärme in ihrem Fell zu finden – außerdem gibt es hier etwas zu trinken.

Tatsächlich sind Wärme und Wohlbehagen ein gutes Mittel, um eine sensible Katze an uns zu gewöhnen. Selbst die scheueste Katze wird ein warmes Zimmer der Kälte eines Wintertages im Freien vorziehen. Sobald sie begreift, dass ein menschlicher Schoß viel Wärme ausstrahlt, wird sie sich trauen, auch dort zu schlafen.

Schmerz und Verletzungen vermeiden

Jede Katze wird tunlichst das Risiko vermeiden, sich zu verletzen oder Schmerzen zu empfinden. Obwohl das Repertoire ihrer Körpersprache nicht so groß ist wie bei den gemeinsam jagenden Hundeartigen, vermeiden auch Katzen körperliche Auseinandersetzungen mithilfe ihrer Körpersprache. Damit schützen sie sich vor eventuellen Verletzungen. Katzen wollen ein friedliches Leben führen; sie sind nicht daran interessiert, Konflikte durch Kämpfe zu lösen – nur in bestimmten Situationen greifen sie an. Katzenhalter sind nicht erfreut, wenn ihr Haustier verwundet nach Hause kommt. Manchmal sind es jedoch gerade die Menschen, die an den unvermeidlichen körperlichen Aggressionen schuld sind. Sie halten Tiere, die nicht zusammenpassen oder lassen nicht kastrierte Kater in Regionen mit hoher Katzendichte ins Freie, wo sie beinahe zwangläufig in Kämpfe verwickelt werden. Obwohl keine Katze freiwillig zum Tierarzt geht, ist sie froh, wenn die Schmerzen einer Krankheit oder Verletzung erträglicher werden.

Freiraum und Anregungen

Die meisten Katzen dürfen kommen und gehen, wie sie wollen. Wenn sie Wohnung, Garten und Umgebung durchstreifen, haben sie ausreichend Freiraum. Das sieht bei reinen Wohnungskatzen anders aus. Sie brauchen genügend Platz, um sich auszutoben und müssen sich bei Bedarf vor den Menschen und anderen Haustieren zurückziehen können. Andererseits brauchen gerade sie viel Anregung. Das Nervensystem und die Sinne einer Katze sind hoch kompliziert und bestens für die Jagd auf kleine Tiere geschaffen. Eine Katze, die gezwungen ist, alle Sinne »auszuschalten«, führt ein ziemlich frustrierendes Leben. Da hilft auch die lahme, menschliche Begründung »Sie vermisst nichts, weil sie das Leben draußen nicht kennt« wenig. Es ist tatsächlich komplizierter. Menschen, die nie Schokolade gegessen haben, kennen in der Tat nicht das Geschmackserlebnis einer köstlichen Nussschokolade mit Früchten. Katzen dagegen sind

Raubtiere, die von ihren Instinkten getrieben werden. In einem Zimmer schlafen sie nicht einfach ein. Eine Katze, die ausschließlich in der Wohnung lebt, vermisst die Jagd. Ihr Besitzer sollte ihr dieses Vergnügen nicht vorenthalten. Vielleicht lässt sich ein Bereich des Gartens einzäunen, in dem die Katze in völliger Sicherheit den Duft, die Geräusche und den Anblick von Freiheit genießen darf.

Ihren Fluchtreflex leben Wohnungskatzen gewöhnlich durch Rückzug auf höher gelegene Plätze aus. Leben mehrere Katzen in der Wohnung, sucht sich jede einen eigenen, sicheren Rückzugsort, vor allem wenn sie nicht gut miteinander auskommen. Stellen Sie jeder Katze einen sicheren Sitzplatz in der Höhe bereit, um Probleme wie Markierungen durch Urin in der Wohnung zu vermeiden.

Ausleben natürlicher Bedürfnisse

Die letzte der fünf »Freiheiten« bedeutet, der Katze eine Umgebung zu schaffen, in der sie sich wohlfühlt und ihre natürlichen Bedürfnisse angemessen ausleben kann. Welches sind die »natürlichen Bedürfnisse« einer Katze? Ganz sicher gehören dazu: das Fell pflegen, ein geeigneter Platz für die Ausscheidungen, Krallen schärfen, jagen, schlafen und die Möglichkeit, soziale Kontakte zu knüpfen.

1) Fellpflege: Auf vielen wunderschönen Fotos sind Katzen bei der systematischen Fellpflege zu sehen. Sie verbringen bis zu einem Drittel ihrer wachen Zeit mit dieser wichtigen Beschäftigung. Eine Katze und die Pflege ihres Fells gehören untrennbar zusammen. Katzen vertragen kein verschmutztes Fell und machen sich sofort an die Reinigung. Nicht umsonst gelten sie als außergewöhnlich reinliche Tiere. Dennoch ist gerade das Putzen des Fells nicht ganz ungefährlich, denn dabei können sie Substanzen schlucken, die sie sonst niemals anrühren würden. Katzen achten sorgfältig darauf, was sie essen und halten sich von allem fern, was ihnen verdächtig vorkommt. Andererseits kann sich eine Katze vergiften, wenn sie ihr Fell putzt, mit dem sie einen frisch gestrichenen Zaun gestreift hat, oder wenn sie sich Teer und andere Chemikalien von ihren Pfoten leckt.

Das Fell einer Katze ist deutlich empfindlicher als das eines Hundes. Vielleicht reinigt sie es deshalb häufiger und gründlicher. Schnurrhaare und Sinneshaare im Fell reagieren auf Bewegung und Berührung. Damit kann sich eine Katze auch im Unterholz oder in der Dunkelheit orientieren. Wenn die Haare verkleben und beim Gehen keine oder falsche Sinneseindrücke liefern, fühlt sich eine Katze unsicher. Außerdem entfernt sie beim Putzen Körperdüfte, sodass sie beim Anschleichen nicht sofort auffällt. Ein sauber gepflegtes Fell ist trocken, wasserdicht und ermöglicht der Katze uneingeschränkte Bewegungsfreiheit.

Katzen, die sich nicht selbst putzen können, sind unglückliche Katzen und fühlen sich sehr unwohl. Dieses Problem setzt sie unter enormen Stress. Eine alte oder kranke Katze, die es nicht mehr schafft, bis zum Katzenklo zu gehen, muss in ihrem Urin oder Kot liegen. Wenn sich keine Besserung abzeichnet, sollte jeder Katzenhalter darüber nachdenken, ob die Katze noch die Lebensqualität genießt, die sie braucht.

Die Fellpflege erfüllt aber noch eine zweite Aufgabe: Sie beruhigt die Katze. Katzen, die sich erschrocken oder aufgeregt haben, beginnen häufig sofort, sich zu putzen. Vor allem sehr nervöse Katzen reagieren manchmal völlig unvermittelt: Wenn sie gestreichelt werden, beißen oder kratzen sie, springen auf den Boden und putzen sich intensiv. Diese vertraute Handlung beruhigt sie, baut die Spannung ab und erlaubt es ihnen, sich wieder zu sammeln. Es gibt aber auch Katzen, die ihre Fellpflege krankhaft übertreiben. Sie brechen Haare ab und lecken die Haut so intensiv, bis sie wund wird. Gewöhnlich kompensieren Katzen damit eine Situation in ihrer Umgebung, mit der sie nicht fertigwerden oder der sie nicht entfliehen können. Sie wollen sich besser fühlen und versuchen, diesen Zustand über die Fellpflege zu erreichen. Wenn die »Störung« sich nicht verändert, kann die Fellpflege krankhaft werden und der Katze schließlich sogar körperlich schaden. Wenn sie keinen anderen Ausweg sehen, flüchten sich solche Katzen regelrecht in die Fellpflege.

2) Normales Verhalten bei Ausscheidungen: Ihre Toilettenbesuche nehmen Katzen ähnlich ernst wie die Körperpflege. Eine Katzenmutter leckt die Analregion ihrer Babys ab, damit sich Blase und Darm entleeren. Die Mutter frisst die Ausscheidungen auf und hält das Nest peinlich sauber. Damit reduziert sie die Gefahr von Infektionen. Sobald die Kätzchen das Nest verlassen können, kopieren sie das Verhalten der Mutter und entleeren sich außerhalb des Nestes. Der Grund liegt auf der Hand: Halte deinen Schlafplatz sauber! Kätzchen lernen, ein Loch zu graben, Urin oder Kot abzusetzen und das Loch wieder zuzuscharren. In der Wildnis verbergen sie damit ihren Eigengeruch vor Raubtieren und tarnen sich vor Artgenossen, die sich im gleichen Revier aufhalten. In der Wohnung übertragen Katzen dieses Verhalten auf ihr Katzenklo. Dazu ist es erforderlich, dass die Katzenstreu stets sauber ist. Manche Katzen benutzen die Streu grundsätzlich nur ein einziges Mal, andere suchen sich erst dann einen neuen Platz, wenn die Streu stark verunreinigt ist. Deodorants oder künstliche Duftnoten statt neuer Streu vergrößern nur die Abneigung gegen das Katzenklo.

3) Krallen schärfen: Das Schärfen der Krallen erfüllt zwei Aufgaben: Die alten Hornschichten werden entfernt und die Krallen sind wieder eine wirkungsvolle Waffe für die Jagd, und beim Krallenschärfen hinterlassen Katzen zudem eine Duftmarke. Es ist noch unbekannt, ob eine Katze bewusst diese beiden Aufgaben unterscheidet oder sich beide stets überschneiden. Auf jeden Fall müssen Katzen diesen Aspekt ihres Verhaltens regelmäßig ausleben dürfen. Ob sie einen Kratzbaum akzeptieren, richtet sich nach Material und Standort. Das beste Material ist Holz. Daran können sie ihre Krallen in der richtigen Tiefe abwärts bewegen. Doch viele Katzen mögen sehr gerne Teppiche! Wenn eine Katze vor einem Artgenossen zu kratzen beginnt, will sie damit ihre Position bekräftigen und wählt zum Krallenschärfen gerne Orte in strategisch günstiger Lage. Das gilt nicht nur für draußen, sondern auch für die Wohnung. Besonders beliebt sind die Armlehnen von Sesseln, Holztreppen und Teppiche. Offenbar fühlen sich Katzen nach dem Krallenschärfen ausnehmend gut. Natürlich benutzen sie auch die Kratzbäume, die wir ihnen in die Wohnung stellen, doch manchmal brauchen sie dafür eine kleine Ermunterung. Am besten eignen sich ihre eigenen Duftstoffe, denn die verflüchtigen sich und müssen von der Katze erneuert werden. Ziehen Sie ihre Pfote vorsichtig von oben nach unten über den Kratzbaum und wiederholen Sie die Prozedur einige Tage lang. Die meisten Katzen begreifen rasch, was Sie damit bezwecken. Ob mit oder ohne Katzenbaum werden sie aber stets auch andere Flächen im Haus benutzen. Obwohl dieses Verhalten sehr lästig sein kann, sollten wir es als Teil des natürlichen Verhaltens akzeptieren und nur zu steuern versuchen.

4) Jagen: Katzen sind wie geschaffen für die Jagd (siehe Kapitel 5). Eine Katzenmutter bringt ihren Jungen so früh wie möglich die Grundbegriffe der Jagd bei. Sie schleppt den Kleinen ab der vierten Woche verletzte Beutetiere ins Nest, an denen sie ihre Fähigkeiten schulen können. Gute Jäger hatten meist erfolgreiche Jägerinnen zur Mutter. Da im Gehirn jeweils andere Bereiche für Hungergefühl und Jagd zuständig sind, ziehen auch satte Katzen los, wenn die Gelegenheit günstig ist. Der Jagdinstinkt ist nicht davon abhängig, ob eine Katze ins Freie darf oder nicht, es gibt aber individuelle Unterschiede. Ein verantwortungsvoller Katzenhalter wird den Jagdinstinkt seiner Katze befriedigen. Wenn sie nicht ins Freie darf, muss er sie mit Jagdspielen beschäftigen. Selbst ein guter Jäger ist nur in etwa 10 Prozent aller Fälle erfolgreich. Um die notwendige Menge von zehn Mäusen pro Tag zu erjagen, sind also sehr viele Versuche erforderlich. Katzen, die nicht aus der Wohnung dürfen, brauchen körperliche und mentale Anregungen anderer Art. Dafür muss der Katzenhalter sorgen.

5) Schlafen: Katzen schlafen gern und viel. Die Hälfte des Tages verbringen sie im Tiefschlaf oder in leichten Nickerchen. Eines können alle Katzen: Sie finden in jeder Umgebung den wärmsten Fleck. Manchmal kann es schwierig werden, sie von einem solchen Platz fernzuhalten. Sie kuscheln unter der Bettdecke, liegen auf dem Wäschekorb, vor der Heizung oder folgen einem Sonnenfleck durch die ganze Wohnung.

Wir Menschen haben uns an einen 24-Stunden-Rhythmus mit regelmäßigen Schlaf- und Wachzeiten gewöhnt. Das Schlafmuster einer Katze ist viel komplizierter. Statt eines langen Schlafes und wacher Zeit für den Rest des Tages, wechseln sie während Tag und Nacht ständig zwischen Wachen, leichtem Schlaf und Tiefschlaf. Wann sie wach sind, richtet sich nach unterschiedlichen Parametern, wie Jagdgelegenheiten, Wachzeiten ihres Menschen oder anderen Ereignissen. Eine selbstbewusste Katze macht sich selten Gedanken darüber, wo sie schläft – am liebsten sind ihr Plätze in der Sonne oder neben einer Wärmequelle. Sensible Katzen sind wählerischer. Sie wechseln nur an sicheren Plätzen vom Nickerchen zum Tiefschlaf. Neugeborene Katzenbabys verschlafen sogar 60–70 Prozent ihrer Zeit. Im Alter von etwa drei Wochen sinkt der Schlafanteil wie bei den erwachsenen Katzen auf 40–50 Prozent. Eine völlig frei lebende Katze in der Wildnis verbringt mehr Zeit damit, für ihr Überleben auf die Jagd zu gehen und ältere Katzen verschlafen 50–75 Prozent ihrer Zeit. Sie brauchen, wie ältere Menschen, mehr Schlaf.

6) Soziale Kontakte: Es ist sehr schwierig, sich beim Schreiben über Katzen von den individuellen Charakteren zu lösen – es gibt nun einmal keine Durchschnittskatze! Das gilt insbesondere für die Bereitschaft einer Katze, soziale Bindungen einzugehen. Ein Katzenhalter, der mehrere Katzen hatte oder hat, weiß, wovon ich rede. Manche Katzen fühlen sich nur in Gesellschaft wohl, andere bleiben am liebsten allein. Es kommt darauf an, sich auf die Wünsche seiner Katze einzustellen. Problematisch ist nur, dass sich die Bereitschaft,

Freundschaften zu schließen – oder eben nicht –, erst zeigt, wenn eine zweite Katze ins Haus kommt.

Zuwendung und freundschaftlicher Umgang

Unsere Katzen mögen Zuwendung. Ihre Bereitschaft, mit uns zu interagieren, hängt aber stark von der Persönlichkeit und vielen anderen Parametern ab – von den Erbanlagen bis zu den frühen Erfahrungen. Die meisten Katzen sind sehr anpassungsfähig, leben ruhig und zufrieden neben uns her oder gehen eine engere Bindung ein, wenn beide Seiten dazu bereit sind. Katzen sind sehr wohl in der Lage, unsere Zuwendung einzufordern. Sie reiben sich an uns, miauen, umschmeicheln uns mit erhobenem Schwanz oder springen auf unseren Schoß, rollen sich zusammen und schnurren laut! Was sich aus diesem »Angebot« entwickelt, hängt von beiden Seiten ab: Wie wir auf die Aufforderung reagieren und ob sich die Katze dadurch bestätigt fühlt. Einige Katzen haben ein starkes Bedürfnis nach Zuwendung und Interaktion. Sie sind auf ihre Besitzer fixiert – typische Beispiele sind Burma- und Siamkatzen. Andere sind mit gelegentlicher Zuwendung zufrieden und fordern sie bei Bedarf ein.

Katzen haben einen sehr flexiblen Tag-Nacht-Rhythmus. Viele sind tagsüber wach, andere fühlen sich eher nachts wohl. Katzen sind Jäger des Dämmerlichts. Besonders jüngere Katzen sind im Frühling und Sommer häufig frühmorgens auf den Beinen. Sie verabschieden sich durch die Katzenklappe nach draußen, wenn wir noch schlafen. Mit ihren scharfen Sinnen spüren sie die Kleintiere auf, die zu dieser Tageszeit aktiv sind. Vielleicht folgen sie in ihrem Tagesablauf nicht nur der Aktivität ihrer Beute, sondern »erinnern« sich an die Zeit ihrer Vorfahren, an die kühle Morgen- und Abenddämmerung in der heißen Wüste. Wohnungskatzen oder Katzen, die uns brauchen, um ins Freie kommen, wenden sich beim ersten Tageslicht ihren Menschen zu und versuchen sie aufzuwecken.

… UND WAS BRAUCHT SIE SONST NOCH?

Bisher habe ich viel darüber geschrieben, was Katzen »wollen«, angefangen von ihren Grundbedürfnissen, wie Fressen und Krallenschärfen. Viele wollen aber mehr, sie brauchen »Sahnehäubchen«, um ihr Leben zu genießen. Genau wie Kinder, die lieber Schokolade als Brokkoli mögen, geben sich manche Katzen – ohne Rücksicht darauf, dass es ihnen schaden könnte – nicht damit zufrieden, dass ihre Grundbedürfnisse befriedigt werden. Eine normale Katze kann recht gut einschätzen, was zu einer gesunden, ausreichenden Mahlzeit gehört, obwohl die Katzen in den letzten zehn Jahren immer dicker geworden sind. Da wir diese Extras verteilen, liegt es in unserer Macht, den Wünschen einer Katze nachzugeben oder sie zu verweigern. Gibt es Gründe dafür, nicht nachzugeben?

Hunde und Katzen – unsere beliebtesten und ältesten Haustiere – werden oft miteinander verglichen. Beide leben nicht länger auf sich selbst gestellt oder draußen in Gehegen, Scheunen und Ställen, sondern mit uns zusammen in der Wohnung. Sie haben sich an unser Leben angepasst und wir uns an das ihre. Hunde brauchen ihren täglichen Spaziergang und Zuwendung, da sie auf soziale Kontakte angewiesen sind. Das Zusammenleben mit Katzen ist einfacher. Sie haben kaum Eigenschaften, die uns Schwierigkeiten bereiten könnten.

Aus der Erfahrung mit Hunden wissen wir, dass wir ihrem Willen nicht nachgeben dürfen, weil sie sich sonst überlegen fühlen. Manche Hunde spielen sich dann als Oberhaupt des Rudels auf. Wenn wir versuchen, unsere Stellung zurückzuerobern, reagieren sie mit Aggression. Hunde sind Rudeltiere, die sich in die Rangordnung einer Gruppe einfügen. Ohne die soziale Rangordnung wäre weder die Zusammenarbeit bei der Jagd noch eine sichere Aufzucht der Jungen möglich. Das Verhalten eines Hundes richtet sich streng nach seiner Position innerhalb dieser sozialen Hierarchie. Ohne Rangordnung käme es ständig zu Machtkämpfen unter den Mitgliedern des Rudels.

Um ihre soziale Stellung zu verbessern, würden sich die Hunde im wahrsten Sinne des Wortes ständig an die Gurgel gehen. Da Hunde die menschliche Familie als ihr Rudel akzeptieren, ordnen sie sich in die soziale »Rangordnung« der Familie ein. Wenn ein Hundehalter seinen Hund von gleich zu gleich behandelt und ihm alles durchgehen lässt, riskiert er, dass der Hund seine Position infrage stellt und in der Rangordnung aufsteigen möchte. Spätestens jetzt muss er zurückgewiesen werden, sonst nimmt er den Aufstieg als gegeben hin und behandelt die Menschen entsprechend als »hierarchisch unter ihm stehend«. Wenn nun jemand etwas von ihm verlangt oder ihm Widerstand leistet, wenn er sich unerwünschte Freiheiten erlaubt, sieht er seine Stellung in der Rangordnung gefährdet: »Geh vom Sofa runter« oder »Du liegst mir im Weg« reicht oft schon aus. Der Hund reagiert mit Aggression, weil er es nicht akzeptiert, als untergeordnetes Mitglied des Rudels angesprochen zu werden.

Viele Probleme zwischen Menschen und aggressiven Hunden basieren auf dieser Fehlentwicklung. Was Hunde wollen, ist also oft nicht gut für das Zusammenleben zwischen Hund und Mensch.

Bei den Katzen stellen sich Probleme dieser Art gar nicht. Katzen sind keine sozialen Tiere, obwohl sie sich unter geeigneten Bedingungen durchaus sozial verhalten können. Ob sie einen Menschen in ihr soziales Netzwerk einbinden möchten oder nicht, ist ebenfalls eine Entscheidung, die Katzen von Fall zu Fall treffen – es gibt keine Regeln. Probleme zwischen Katzen und Menschen basieren meist auf anderen Faktoren als dem sozialen Zusammenleben und der Rangordnung. Grundsätzlich spricht in der Regel nichts dagegen, den Wünschen einer Katze nachzugeben. Katzen werden kaum beschließen, die Herrschaft in der Familie zu übernehmen! Ein Katzenhalter kann seine Katze nach Herzenslust verwöhnen, ohne Probleme befürchten zu müssen. Selbstverständlich wäre es unverantwortlich, seine Katze zu überfüttern oder ihr bei der Ernährung jeden Wunsch (und jede Abneigung) zu erfüllen. Ein wenig Führung ist notwendig.

Allerdings sind Katzen sehr klug und verstehen es, eine Situation für sich auszunutzen. Ein typisches Beispiel dafür ist das Wecken zu »unmöglichen« Zeiten. Eine Katze, die um 5 Uhr früh die Vögel singen hört, sich topfit fühlt und ins Freie will, versucht ihren Besitzer zu wecken. Der findet das sanfte Stupsen der Katzenpfote im Gesicht und das Schnurren vielleicht noch angenehm und steht auf, um sie zu füttern. Er lässt sie hinaus, vergisst den Vorgang und schläft wieder ein. Damit hat die Katze ihren Besitzer sehr erfolgreich trainiert: Aufmerksamkeit, Futter, ein früher Spaziergang in der Morgensonne – guter Mensch! Natürlich versucht die Katze am nächsten Tag ihr Glück erneut. Vielleicht reagiert der Mensch schon etwas genervter, aber er gibt nach. So geht es weiter. Katzen können sehr überzeugend sein, wenn sie versuchen, einen Menschen zu wecken. Was für die Katze eine angenehme Erfahrung ist, hat für den Menschen nicht wirklich unangenehme Konsequenzen – mal abgesehen von der Müdigkeit. Vermutlich fühlt er sich sogar gut, weil er seiner Katze einen Gefallen getan hat und sie es ihm mit freundlichem Schnurren dankt. Menschen sind wunderbare Haustiere!

Es gibt eine interessante Parallele zwischen Katzen und Kindern. Kinder, denen jeder Wunsch erfüllt wird und denen nie Grenzen gesetzt wurden, entwickeln sich selten zu angenehmen Zeitgenossen. Kinder müssen lernen, mit anderen Menschen umzugehen und sich den Regeln unserer Gesellschaft unterzuordnen. Die menschliche Kindheit dauert sehr lange und Kinder brauchen Jahre, bis sie alles gelernt haben.

Auch eine gute Katzenmutter erzieht ihre Kätzchen. Sie müssen sich nicht in eine soziale Hierarchie einfügen, sondern in erster Linie lernen, wie man erfolgreich jagt. Wie eine Katze später mit Artgenossen, anderen Tieren oder Menschen umgeht, entscheidet sich innerhalb der ersten acht Lebenswochen. In dieser Phase knüpft eine junge Katze neue Bindungen. Zunächst lernt sie nur, was die Katzenmutter ihr vorgibt, danach muss sie sich innerlich von der Mutter trennen.

In einigen Fällen übernehmen Menschen bei verwaisten Kätzchen die Rolle der Mutter. Bis sie entwöhnt sind, müssen die Kätzchen täglich mehrere Stunden mit der Flasche gefüttert werden. Man sollte erwarten, dass sich diese Katzen später eng an Menschen anschließen, doch genau das Gegenteil ist der Fall. Sie reagieren aggressiv, wenn die »Mutter« ihnen etwas verbietet – wie ein trotziges, verwöhntes Kind. Vermutlich liegt das daran, dass die Jungkatzen von Menschen zwar ausreichend ernährt werden, sie aber die Grundregeln des richtigen Verhaltens nicht lernen. Menschen füttern ihre Flaschenkätzchen, wenn sie danach verlangen und erfreuen sich an dem niedlichen Fellbündel. Dabei vergessen sie, dass eine Katzenmutter ihre Jungen durchaus in ihre Schranken weist. Kätzchen und Menschenkinder müssen, wenn sie nicht bekommen, was sie wollen, Frustrationen ertragen lernen – dafür sind die Eltern verantwortlich. Zum Glück werden die meisten Kätzchen von ihren richtigen Müttern aufgezogen und haben ihre Lektion gelernt, bevor sie zu uns kommen.

10 Katze und Mensch – eine besondere Beziehung

Viele Tierhalter wünschen sich eine möglichst enge Beziehung zu ihrem Haustier. Vielleicht leben sie allein und die Katze ist ihr einziger Gefährte. Vielleicht ist ihr Leben aber auch derart komplex, dass sie alles unter Kontrolle behalten möchten.

Warum gewinnt sie unser Herz?

Diese Frage ist nicht einfach zu beantworten, denn eine Mensch-Katze-Beziehung ist äußerst facettenreich. Wie eng der Mensch die Beziehung zu seiner Katze gestalten möchte, hängt von seinen eigenen Fähigkeiten ab, ihre Bedürfnisse zu erfüllen, und dies wiederum wird vor allem von der Bereitschaft der Katze bestimmt. Da mich diese Beziehung in ihrer ganzen Vielfalt interessiert, möchte ich sie zunächst aus der Sicht der Katze betrachten: Wie eine Katze auf Menschen reagiert, wird durch ihre Erbanlagen, den ersten Kontakt und ihre Erfahrungen mit Menschen geprägt. Erst danach kommt der Umgang mit dem aktuellen Katzenhalter zum Tragen.

Viele Menschen neigen dazu, zwischen reinrassigen Katzen und Mischlingskatzen zu unterscheiden. Reinrassige Katzen sind Nachkommen einer definierten Verwandtschaft. Ihre Erbanlagen erhielten sie von Eltern, denen sie in körperlichen Merkmalen gleichen: Form und Größe des Körpers, Farbe und Länge des Fells, Form der

Veranlagung und eigene Erfahrungen
Wie eine Katze auf ihre Umgebung reagiert, wird – wie beim Menschen – maßgeblich von der Kombination aus Erbanlagen und eigenen Erfahrungen bestimmt. Manche Katzen werden als mutige, selbstbewusste Persönlichkeiten geboren, andere bleiben ihr ganzes Leben lang sensibel und ängstlich. Wissenschaftler, die sich mit der Persönlichkeit von Katzen auseinandergesetzt haben, teilen sie in mehrere Kategorien ein: Freundliche Katzen, die mit den Menschen interagieren, freundliche Katzen, die reserviert bleiben und Katzen, die jeglichen Kontakt vermeiden. Diese Katzen nenne ich im Folgenden »unfreundliche« Katzen. Eine Studie hat gezeigt, dass freundliche Väter freundliche Katzenbabys zeugen. Nach einer ähnlichen Untersuchung sind die Nachkommen freundlicher Väter neugierig und durchweg selbstbewusster und mutiger. Ihre Bereitschaft zu interagieren, macht auf die Menschen einen »freundlichen« Eindruck. Psychologische Untersuchungen bei Menschen haben gezeigt, dass sich der Charakter von Babys – mutig oder nicht – bereits im Alter von neun Monaten zeigt. Ein neun Monate altes Baby entspricht in seinem Entwicklungsstand etwa dem einer 3 bis 4 Wochen alten Katze. In diesem Alter beginnt sie, feste Nahrung zu fressen und erkundet die Umgebung des Nestes, wie ein Baby mit neun Monaten.

Ohren und Farbe der Augen. Für die weitere Zucht werden nur jene Exemplare ausgewählt, die möglichst genau den äußerlichen Merkmalen der jeweiligen Rasse entsprechen. Geht mit der Auswahl von Katzen nach dem Äußeren auch eine Auswahl bestimmter Charaktereigenschaften einher? Haben Rassekatzen einen typischen Charakter? Zumindest für einige Rassen scheint das in gewisser Weise zu stimmen. Siamkatzen beispielsweise sind fast immer lebhafte Katzen, die von ihren Haltern viel Aufmerksamkeit einfordern und mit Lautäußerungen antworten. Perserkatzen sind merklich weniger aktiv und fast still. Betrachtet man die Katzen insgesamt – von der Straßenkatze bis zur Katze mit Stammbaum – zeigen sich aber enorme individuelle Unterschiede. Obwohl unbestreitbar rassespezifische Eigenschaften existieren, gibt es immer wieder Katzen, deren

Persönlichkeit von der Norm abweicht. Die Bandbreite reicht von der sehr ruhigen Siam- bis zur höchst aktiven Perserkatze. So lässt die Rasse zwar auf einen bestimmten Trend schließen, der Charakter der einzelnen Katze hängt aber auch von anderen Kriterien ab.

Gibt es einen Zusammenhang zwischen Fellfarbe und Verhalten? Neben mehreren Studien, die dieser Frage nachgegangen sind, belegen auch einzelne Berichte, dass beispielsweise Schildpatt- oder Tabbykatzen spezielle Eigenschaften besitzen. Manche Untersuchungen legen den Schluss nahe, dass schwarze Katzen sich besser in eine große Katzengruppe einfügen als Katzen mit dem Aguti-Gen, deren kaninchenartiges Fell dem Wildtyp ähnelt. Andere behaupten, dass Katzen mit dem roten oder Schildpatt-Gen schneller reagieren, wenn sie sich unwohl fühlen. Häufig wird auch berichtet, dass sich weibliche Katzen mit dem Schildpatt-Gen (die meisten Schildpattkatzen sind weiblich) erbittert dagegen wehren, wenn sie jemand gegen ihren Willen anfasst und heftig auf fremde Katzen reagieren, die in die Familie eingeführt werden sollen. Allerdings konnte keine Studie einen gesicherten Zusammenhang zwischen den Genen für die Fellfarbe und dem Verhalten herstellen. Nach einer Hypothese stehen die Gene für die Fellfarbe in engem Kontakt zu Genen für das Verhalten oder die Sinnesorgane. Sollte das stimmen, wären die Wahrnehmung von Außenreizen und die Verhaltensmuster an eine bestimmte Fellfarbe gekoppelt. Vielleicht spielen auch die chemischen Bausteine für die Pigmentierung des Fells eine Rolle bei der Funktion des Gehirns oder beides bedingt sich wechselseitig. Schließlich könnten die Farbpigmente die Sinne beeinflussen. Taubheit kommt bei weißen Katzen häufiger vor, da die für das Hören zuständigen Gene an die Erbanlagen für weißes Fell gekoppelt sind. Wir kennen ähnliche Spekulationen auch beim Menschen – was unterscheidet Rothaarige von Blonden? Die Argumente für Zustimmung oder Ablehnung der eingangs gestellten Frage sind so vielfältig wie die Teilnehmer an solchen Diskussionen. Da uns die Wissenschaft keine Antworten gibt, eröffnet sich hier ein faszinierendes Feld für Spekulationen und Überzeugungsarbeit – je nach den persönlichen Erfahrungen!

Der erste Kontakt mit Menschen

Im Leben jeder jungen Katze gibt es einen Abschnitt, in dem sie sehr aufgeschlossen gegenüber neuen Kontakten ist. Diese »Prägungsphase« erstreckt sich über den Zeitraum zwischen drei und acht Wochen. Während der Prägungsphase schließen Kätzchen leicht und schnell neue Freundschaften. Kommen sie in dieser Zeit in Kontakt mit freundlichen Menschen, sind sie auch später bereit, engere Bindungen zu Menschen einzugehen. Andernfalls bleiben sie Menschen gegenüber oft misstrauisch und scheu. Aus diesem Grund lassen sich viele Streuner nicht zu sanften Hauskatzen umerziehen. Viele halten lebenslang eine gewisse Distanz. Die Bindung an Menschen ist zwar immer noch möglich, der Gewöhnungsprozess dauert aber viel länger und gelingt nicht immer. Die frühen Erfahrungen einer Katze sind also ebenso wichtig wie ihre Erbanlagen. Wahrscheinlich bilden sich während der Prägungsphase dauerhafte Verbindungen der Nerven im Gehirn, die das Sozialverhalten und Bindungsvermögen steuern. In dieser Phase werden Menschen als Sozialpartner »programmiert«. Katzen, die in den ersten 45 Lebenstagen regelmäßig von Menschen angefasst wurden – bis zu etwa einer Stunde erwies sich als optimal –, gingen freundlich mit Menschen um. Außerdem waren sie selbstbewusster und neugieriger gegenüber Fremden und unbekannten Situationen als Kätzchen ohne diese Kontakte.

Der Einfluss der Katzenmutter

Wie oben erwähnt, liefert der Katzenvater die Gene für das Selbstbewusstsein, das eine freundliche Katze braucht. Zwar trägt jede Katze auch die Erbanlagen ihrer Mutter in sich, doch die Mütter prägen ihren Nachwuchs vor allem dadurch, wie sie selbst mit Menschen umgehen. Die Katzenväter kümmern sich nicht um die Jungen, sie üben keinerlei Einfluss aus. Kätzchen lernen, indem sie das Verhalten der Mutter nachahmen und übernehmen dadurch auch deren Verhältnis zu den Menschen. Eine Katzenmutter, die freundlich mit Menschen umgeht und ihren Jungen bereitwillig erlaubt, von Menschen berührt zu werden, erzieht Kätzchen, die menschliche Kontakte als normal empfinden. Entsprechend zieht eine nervöse, ängstliche Mutter Kätzchen auf, die nur sehr vorsichtig mit Menschen interagieren.

Erfahrungen mit Menschen

Nach der Prägungsphase wird eine Katze entscheidend durch ihre Erfahrungen mit Menschen beeinflusst. Katzen lernen schnell. Wenn sie erschreckt oder gar verletzt wurden, werden sie in Zukunft in ähnlichen Situationen sehr vorsichtig sein und sich beim ersten Anzeichen von Gefahr zurückziehen. Auslöser können der Anblick, das Alter oder Geschlecht eines Menschen sein. Viele Katzen fürchten sich vor Männern, weil sie lauter reden und sich heftiger bewegen als Frauen. Aus der Sicht einer Katze sind Männer unberechenbarer als Frauen und damit auch bedrohlicher.

Das erste Date – ein Erfolg?

Seit jeher kümmern sich eher Frauen als Männer um die Hauskatzen. Eine sehr interessante Studie hat den Umgang von Menschen mit Katzen, die einander fremd waren, untersucht. An der Studie waren Männer, Frauen, Jungen und Mädchen beteiligt. Wenn sich die Katzen zwischen sich passiv verhaltenden Menschen frei entscheiden durften, fielen die Kontakte zufällig aus: Geschlecht und Alter spielten keine Rolle. Das änderte sich jedoch, wenn die Menschen aktiv Kontakt herstellen durften. Die Männer blieben auf den Stühlen sitzen, Frauen, Mädchen und Jungen setzten sich auf den Boden. Die Kinder gingen aktiv auf die Katzen zu, die Erwachsenen verhielten sich mehr abwartend. Die Jungen suchten häufiger Kontakt und folgten sogar einer fliehenden Katze (was den Katzen nicht gefiel). Frauen hielten sich etwas entfernt und sprachen Katzen freundlich an und streichelten sie häufiger, wenn sie nahe genug an die Katzen herankamen. Die Katzen reagierten sehr freundlich auf die Annäherung und erwiderten die Kontakte.

Eine andere Studie fand heraus, dass die freundlichen Kontakte wechselseitig erfolgen: War die Katze bereit zur Interaktion, beantwortete sie jeden Kontakt eines Menschen ihrerseits mit freundlicher Zuwendung. Je mehr Mühe sich der Katzenhalter gab, desto intensiver reagierte die Katze – eine Zuneigung auf Gegenseitigkeit. Im täglichen Umgang sollte man also der Katze den ersten Schritt überlassen, dann ist ein freundlicher Umgang gesichert.

Ist sie bestechlich?

Wir haben viele Möglichkeiten, das Verhältnis zu einer Katze zu beeinflussen. Futter und Aufmerksamkeit können eine Katze motivieren, sich mit Menschen zu beschäftigen. Ein warmes Zimmer mit einem kuscheligen Liegeplatz wird eine scheue Katze dazu bewegen, sich dort aufzuhalten, sich den Menschen zu nähern und vielleicht sogar auf ihren Schoß zu springen. Wie eine optimale »Bestechung« aussehen sollte, ist von Katze zu Katze verschieden. Während manche Katzen Krabben unwiderstehlich finden, lassen sich andere durch keinen Leckerbissen verleiten. In der Tat machen es diese Unterschiede so schwer, eine Katze zu trainieren: Was ist die perfekte Belohnung dafür, ein erwünschtes Verhalten zu bestärken?

Enge Freunde, nützliche Gefährten, unzähmbare Streuner

In diesem Kapitel möchte ich darüber sprechen, was Menschen sich von ihren Katzen wünschen. Wenn eine Katze mit einem Menschen zusammenlebt, bestehen gute Voraussetzungen, dass die beiden – guter Willen von beiden Seiten vorausgesetzt – früher oder später eine Beziehung eingehen. Wissenschaftler fanden heraus, dass eine Katze ihre Aufmerksamkeiten umso gleichmäßiger verteilt, je kleiner die Familie ist. Einzelkatzen verbringen längere Zeit mit ihrem Halter als Katzen in Haushalten mit mehreren Tieren. Weiterhin zeigte sich, dass die Halter einer einzelnen Katze gelassener mit der Neugier oder den schlechten Eigenschaften ihres Lieblings umgingen als die Halter mehrerer Katzen. Das Ergebnis ist nicht überraschend, denn auch Eltern von Einzelkindern tendieren dazu, nachsichtiger zu sein. Mit steigender Zahl der Kinder (und entsprechend mehr »Verstößen«) nimmt auch die Gelassenheit ab. In Haushalten mit mehreren Katzen hat nicht nur der Katzenhalter mehr Kontakte zu Katzen, die Katzen interagieren auch untereinander. Um Reviere und Rang kann besonders heftiger Streit ausbrechen. Irgendwann wird der Besitzer eingreifen müssen – oft mit dem Gefühl, ungerecht zu sein und nicht jeder Katze die Zuneigung zu geben, die sie verdient. Dies sind nur einige Faktoren, die das Zusammenleben von Menschen und Katze bestimmen.

Es gibt viele Formen des Zusammenlebens von Menschen und Katzen – von der wilden Katze, die auf einem Bauernhof gefüttert wird bis zur verwöhnten Einzelkatze, die ausschließlich in der Wohnung lebt. Wir bestimmen die Intensität und Nähe der Beziehung zuerst durch die Wahl der Katze und dann durch die Art unseres Umgangs mit ihr.

Vielen Menschen gefällt es, sich um eine verwilderte Katze zu kümmern. In der Regel wird auch eine wilde Katzen kastriert: Sie muss eingefangen und vom Tierarzt sehr vorsichtig behandelt werden. Danach darf sie wieder frei laufen. Der Betreuer füttert sie und beurteilt ihren Zustand aus der Ferne – ein zweites Mal lässt sie sich nicht wieder einfangen! Bis auf regelmäßiges Futter muss sie selbst sehen, wie sie zurechtkommt. Manche wilden Katzen werden zutraulich. Sie sitzen und warten, bis sie gefüttert werden. Einige lassen sogar ein paar Streicheleinheiten zu, doch viele halten grundsätzlich eine bestimmte Fluchtdistanz ein und verschwinden, sobald sie Gefahr wittern. Obwohl eine solche Beziehung nie besonders eng wird, kann sie für beide Seiten durchaus befriedigend sein.

Am anderen Ende des Spektrums steht die »Wohnungskatze«, deren gesamtes Leben auf den Tagesablauf eines Menschen abgestimmt ist. Häufig sind es Rassekatzen, wie Burma- oder Siamkatzen, die auf eine engere Bindung an Menschen hin gezüchtet wurden. Sie gehen von sich aus auf den Menschen zu und entwickeln schon fast eine ähnliche Zuneigung wie ein Hund. Außerdem sind sie kluge Katzen, die Anregungen brauchen, damit sie sich nicht langweilen. Alles, was sie interessiert und jede Aktivität ist auf ihren Besitzer konzentriert. Diese Beziehung kann sehr eng werden. Die Menschen, die sich eine solche Beziehung wünschen, übernehmen andererseits eine große Verantwortung, denn sie müssen die Katze ständig beschäftigen und Frustrationen vorbeugen, wenn sie zur Arbeit gehen. Manche Katzen können krankhaft abhängig werden oder sich extrem langweilen – was zu entsprechenden Verhaltensänderungen führen kann.

Natürlich ordnen sich die meisten Katzenhalter irgendwo in der Mitte zwischen diesen Extremen ein: sie haben eine oder zwei Katzen, die regelmäßig ins Freie dürfen und ihre Katzen fügen sich zwanglos in das Familienleben ein – zum beiderseitigen Vorteil. Wenn wir uns fragen, was wir uns von einer Katze wünschen, sollten wir aber auch die extreme Ausprägung einer Mensch-Katze-Beziehung in Betracht ziehen, damit wir unserer Katze in jedem Fall gerecht werden.

Wie selbständig darf unsere Katze sein?

Im Unterschied zum Hundehalter erspart sich ein Katzenhalter die lästige Pflicht, für das Verhalten seines Tieres im Freien verantwortlich zu sein. Nicht zuletzt aus diesem Grund sind Katzen sehr beliebte Haustiere. Sie leben gerne mit Menschen zusammen, haben sich aber ein hohes Maß an Eigenständigkeit bewahrt.

Die meisten Katzen, die regelmäßig ins Freie dürfen, führen ein Leben wie Dr. Jekyll-Mr. Hyde: In der Wohnung verwandeln sie sich in liebe Kätzchen. Sie lassen sich füttern und streicheln, entspannen sich in unserer Nähe oder machen ein Nickerchen auf unserem

Schoß. Draußen verwandeln sie sich in Tiger, streifen durch ihr Revier, gehen auf die Jagd, wenn ihnen danach ist, oder kabbeln sich mit der Nachbarskatze. Wenn sie am Tag ihren Adrenalinspiegel wieder in Schwung gebracht haben, kehren sie abends zurück und verwandeln sich wieder in liebenswerte Schmusekätzchen. Die meisten Katzenhalter wünschen sich genau das und lassen ihre Katze kommen und gehen, wie sie mag. Andere schließen die Katzenklappe nachts, damit ihre Katze die kleinen Tiere in Ruhe lässt und sie selbst vor Autos und streunenden Tieren geschützt wird. Tagsüber darf sie dann wieder ein- und ausgehen, wie es ihr gefällt. Im Unterschied dazu erlauben andere Menschen ihren Katzen dieses unabhängige Leben nicht. Natürlich haben die Soziologen auch diese Unterschiede untersucht. Sie fanden heraus, dass Menschen mit einem offenen, lockeren Lebensstil auch ihrer Katze ein hohes Maß an Freiheit zugestehen. Zurückhaltende Menschen, die nur selten ausgehen, hielten ihre Katzen eher in der Wohnung und erwarteten eine große Nähe von ihnen. Vermutlich würde ein Mensch, dem Unabhängigkeit über alles geht, lieber auf eine Katze verzichten, als sie einzusperren.

Sauber!

Ein anderer Grund für den enormen Siegeszug der Katzen ist ganz sicher ihre Reinlichkeit. Katzen, die regelmäßig ins Freie dürfen, erledigen ihre »Toilette« selbstständig draußen (vielleicht zum Ärger des Nachbarn im frisch gesäten Gemüsebeet). Als Alternative steht die Katzentoilette in der Wohnung zur Verfügung. Im Unterschied zu Hunden, deren Hinterlassenschaft auf Gehwegen zu Problemen führen kann, sind Katzen sehr diskret und geben nur selten Anlass zu größeren Protesten.

Katzen halten ihren Körper peinlich sauber. Eine kurzhaarige Katze schleppt so gut wie nie Schmutz in die Wohnung, während sich bei langhaarigen Katzen Blätter und Zweige (gelegentlich sogar eine

Schnecke) in den Haaren verfangen können. Unsere Katze Smokie hatte halblange Haare und brachte allerlei von draußen herein. Nach dem Dreck, den wir nach jeder Fellpflege in ihrem Körbchen oder auf unserem Bett fanden, tauften wir sie in »Schmutz« um. Während der verkrustete Lehm bei Kurzhaarkatzen abzufallen schien, verteilte Schmutz den Lehm erst im ganzen Haus, bevor sie sich dazu entschloss, ihr Fell zu säubern. Natürlich suchte sie sich dazu die schönsten Plätze aus, eine neue Daunendecke oder die saubere Bügelwäsche. Dennoch sind Katzen in aller Regel sauber und hinterlassen keine Schmutzspuren in der Wohnung wie Hunde. Sie riechen nicht (zumindest nicht für menschliche Nasen) und sabbern nicht. Den typischen Geruch nach feuchtem, schmutzigem Fell, der viele Hundehaushalte durchzieht, wird ein Katzenhalter nie riechen. Daher halten Menschen, die viel Wert auf eine ordentliche, gepflegte Wohnung legen, viel lieber eine Katze und bieten ihr ein stets mit sauberer Streu gefülltes Katzenklo.

So bleibt die Wohnung heil

Im Zusammenhang von Haustieren und Zerstörungswut denken viele Menschen automatisch an neurotische Hunde, die alles annagen, wenn sie allein gelassen werden. Jeder weiß, dass Hunde unter Trennungsängsten leiden. Sie brauchen ihr Rudel und fühlen sich unwohl, wenn sie von den anderen getrennt werden. Haushunde müssen lernen, allein zu bleiben. Das geht nur, wenn ihre Halter ihnen bei dieser Aufgabe helfen, sonst erziehen sie Hunde, die, wenn sie allein gelassen werden, aus Angst an Möbeln und Teppichen kauen. Katzen gelten nicht als zerstörerisch, obwohl auch sie Kratzspuren an Möbeln, Teppichen oder Wänden hinterlassen können. Oder sie haben einen Lieblingssessel oder eine Treppenstufe, an der sie einfach nicht vorbeigehen können, ohne ihre Krallen zu erproben! Obwohl auch Katzen Schäden verursachen, scheinen Katzenhalter die Zerstörungswut ihrer Lieblinge nach anderen Maßstäben zu bewerten als Hundehalter.

Wenn Hasso den neuen Sessel zerlegt, wird seine Handlung als Zerstörungswut interpretiert, auch wenn emotionale Probleme dahinter stecken. Macht sich dagegen eine Katze am Sessel zu schaffen, denken die meisten Menschen nicht an pure Zerstörungswut, sondern an fehlgeleitetes Krallenschärfen – die Katze hat sich nur am falschen Objekt versucht. Spätestens dann stellen sie der Katze einen Kratzbaum zur Verfügung und versuchen, sie darauf umzupolen. Katzenhalter interpretieren die »Zerstörung« offenbar als ein natürliches Verhalten. In den USA lassen allerdings viele Menschen ihren Katzen die Krallen der Vorderpfoten entfernen, um die Möbel zu schützen. Vielleicht äußert sich darin ein unterschiedliches Verständnis für die Bedürfnisse einer Katze beiderseits des Atlantiks. In Großbritannien ist das Entfernen von Krallen verpönt. Das *Royal College of Veterinary Surgeons* hält diese Operation sogar für eine unnötige Verstümmelung und beklagt, dass Katzen lange brauchen, um sich davon zu erholen. Wir lassen unsere Katzen möglichst nach draußen. Eine Katze ohne Krallen kann weder klettern noch sich gegen eine aggressive Nachbarskatze verteidigen. Katzen kratzen aus unterschiedlichen Gründen. Das Schärfen ihrer Krallen ist nur einer davon. Fast ebenso wichtig ist die Markierung des Reviers einerseits als sichtbares Zeichen und zusätzlich über die Duftdrüsen zwischen den Krallen. Während ein ängstlicher Hund die Möbel annagt, wird eine ängstliche Katze häufiger markieren: Vielleicht fühlt sie sich unsicher, bedroht durch andere Katzen oder reagiert auf eine Veränderung ihrer Umgebung.

In Bezug auf Haltung und Lebensstil gibt es deutliche Unterschiede in der Einrichtung der Wohnungen. Britische Trendscouts sehen Hinweise darauf, dass Tapeten wieder in Mode kommen. Im Norden hat sich der Trend bereits stärker durchgesetzt als im Süden. Mich erinnert diese Beobachtung an meine Ratgebersendungen, in denen ich Fragen von Haustierhaltern beantwortete. Viele davon bezogen sich auf das Verhalten und Verhaltensprobleme. Im Norden ging es überproportional häufig darum, dass die Katzen die Tapete von den Wänden kratzten. Die Menschen schienen nicht damit zu rechnen, dass eine Katze ihre Wohnung beschädigt. Sendeten wir aus anderen Teilen des Landes, spielten die »Tapetenprobleme« keine Rolle. Auf Nachfrage erfuhren wir nicht nur, dass die Haushalte im Norden des Landes ihre Wohnungen häufiger tapezierten, sondern auch, dass sie teurere Tapeten mit Oberflächenstruktur in Stoffoptik verwendeten. Gerade diese neuen und teuren Tapeten waren das Lieblingsziel der Katzen!

Auf genaueres Nachfragen stellte sich heraus, dass die Katzen vorwiegend Tapeten in der Nähe der Haus- und Zimmertüren zerkratzten. Ganz offensichtlich wollten sie ihr Revier markieren. Außerdem spielten sie regelmäßig mit den abgerissenen Tapetenfetzen. Genießen Katzen das Gefühl, die Krallen durch Teppiche oder Holz zu ziehen? Geht das Schärfen der Krallen mit einem Gefühl von Genuss einher? Und schließlich, machte ihnen das Kratzen an Strukturtapeten besonders viel Spaß? Ich glaube, dass es einer Katze gefällt, ihre Krallen an der tapezierten Wand zu schärfen. Sie empfindet nicht nur die Befriedigung, ihr Revier zu markieren, sondern diese Handlung liefert ihr außerdem noch Spielzeug – den abgerissenen Tapetenfetzen. Mein Ratschlag, die Tapeten durch Farbe zu ersetzen, fand bei Katzenhaltern wenig Gegenliebe. Sie blieben bei ihren Tapeten und knirschten mit den Zähnen über die Zerstörungswut ihrer Katzen.

Gute Gefährten

Katzen sind wunderbare Partner, die sehr sensibel auf unsere Stimmungen und Wünsche reagieren. Sie können zu sehr vertrauten Gefährten werden. Hundehalter treffen bei ihren Spaziergängen mit dem Hund häufig auf andere Menschen, die den Hund vorschieben, um ein Gespräch anzuknüpfen. Dagegen ist es für Fremde kaum möglich, eine Katze einem bestimmten Menschen zuzuordnen. Man sieht einem Menschen nicht unbedingt an, ob er eine Katze hält oder nicht. Die Beziehung zwischen einem Mensch und seiner Katze ist sehr persönlich. Die Möglichkeit, sich darüber mit anderen Menschen auszutauschen, dürfte also keine Motivation liefern, sich eine Katze zuzulegen.

Untersuchungen zeigen, dass Menschen nicht erwarten, den sozialen Kontakt zu anderen Menschen durch die Zuwendungen ihrer Katze zu ersetzen. Vielmehr bieten Katzen einen zusätzlichen Rückhalt, der umso stärker wird, je enger die Beziehung ist. Katzen sind da, wenn wir sie brauchen und sie sind uns wichtig. In der Tat hellen Katzen sogar die Stimmung depressiver Patienten auf.

Eine Liebesbeziehung

Wir möchten von unseren Katzen geliebt werden. Wir erwarten nicht, dass sie wie die Hunde bei Fuß gehen und gehorchen. Wir erwarten nicht, dass sie uns aus einem Feuer retten oder einen Einbrecher angreifen. Tatsächlich spielen die Eigenschaften eines Hundes, auch seine Aufgabe als Beschützer, bei der Entscheidung für eine Katze keine Rolle. Katzen verleihen kein Gefühl von Sicherheit. Aber Katzen erkennen uns, begrüßen uns und gehen anders mit uns um als ein Unbekannter. Katzen erfüllen diese Wünsche sogar dann, wenn sie sich nicht besonders eng an einen Menschen anschließen. Viele Menschen fühlen sich glücklich, wenn eine streunende Katze ihre Futtergaben annimmt und vielleicht sogar näherkommt und sich streicheln lässt. Dieses Gefühl stellt sich auch ein, wenn wir wilde Tiere beobachten oder sie sogar füttern – Vögel im Garten beispielsweise.

Viele Menschen wünschen sich eine engere Beziehung zu ihrem Tier. Sie lieben ihre Katze und hoffen auf etwas Gegenliebe. Wir dürfen aber nie vergessen, dass Katzen nicht in Rudeln leben. Der Hund ist grundsätzlich ein Rudeltier. Alles, was er braucht und sich wünscht, findet er in seiner Gruppe. Er ist darauf eingestellt, für den Zusammenhalt der Gruppe zu kämpfen, wenn sich innere oder äußere Bedrohungen auftun. Entsprechend würde ein Hund die Familie, in der er lebt – sein Rudel – auch gegen Angriffe verteidigen. Diese Verteidigung fällt bei dafür gezüchteten Hunden, wie einem Dobermann oder Rottweiler, besonders heftig aus.

Menschen bewerten das Verhalten ihrer Katzen sehr unterschiedlich: Wohnungskatzen gelten als aktiver und sollen sich mehr mit ihren Haltern beschäftigen. Vielfach geht die Interaktion sogar von den Katzen aus. Katzen, die regelmäßig nach draußen dürfen, gelten bei ihren Haltern dagegen als nicht so neugierig. Könnte das daran liegen, dass sie nicht regelmäßig zu Hause sind, einen großen Teil ihrer Neugier und Energie draußen ausleben und in der Wohnung lieber schlafen? Eine Wohnungskatze hat kein Ventil, um ihre körperliche und mentale Energie loszuwerden – sie wendet sich an einen Menschen, wenn sie Anregungen braucht. Eine Katze, die auf ihrem Spaziergang andere Katzen getroffen hat, die eine Maus gejagt und sie gefangen hat oder auf einen Baum geklettert ist, wird den Inhalt einer Handtasche nicht besonders spannend finden. Für eine Wohnungskatze kann der Inhalt dieser Tasche dagegen zu einer abenteuerlichen Erfahrung werden.

Wohnungskatzen reiben sich häufiger an den Menschen, insbesondere dann, wenn sie von draußen kommen. Ist dieses Reiben Teil des Begrüßungsrituals? Prüfen sie die Düfte, die der Mensch von draußen mitbringt oder stellen sie sicher, dass alle Mitbewohner denselben »Nestduft« verströmen, in dem sie sich sicher fühlt?

Forscher, die sich mit der Bindung zwischen Katzen und Menschen befassen, fanden heraus, dass Menschen sich stärker zu ihren Katzen hingezogen fühlten, wenn sie das Gefühl hatten, geliebt zu werden. Das Ausmaß der Zuneigung hing auch von der Sauberkeit der Katze, ihrer Neugier, Verspieltheit und Verlässlichkeit ab – eigentlich ein verständliches Ergebnis, denn eine Katze, die das Haus verschmutzt, sorgt für Stress. Obwohl der Halter seine Katze sicherlich liebt, wird es ihm schwerfallen, dies in einem Augenblick des Ärgers auch zuzugeben. Eine verspielte und neugierige Katze, die sich mit einem Menschen austauscht, steigert dagegen das Wohlbefinden ihres Halters und seine Zuneigung. Für die Katze könnte die Verlässlichkeit ein Maß dafür sein, wie gut ein Mensch versteht, was sie von ihm wünscht – vom Futter bis zur Streicheleinheit. Reagiert der Mensch auf die Katze, reagiert sie auf ihn. So entsteht ein »Regelkreis der Belohnungen«, in dem sich Katze und Mensch gegenseitig bestärken. Aus der Liebe des Menschen zu seiner Katze entwickelt sich eine Liebe der Katze zu ihrem Menschen.

Let's play together

Katzen gelten als verspielt. Wenn ein neues Kätzchen in die Wohnung kommt, geben wir ihm einen Wollfaden, einen Pingpongball oder ein Katzenspielzeug. Es macht Spaß, einer Katze beim Spielen zuzusehen. Ihre eleganten Bewegungen, ihre Kraft und die fast verrückte Begeisterung, wenn sie sich in einem aufgeregten Spiel verliert, sind immer wieder faszinierend und amüsant. Die meisten Katzenhalter machen sich Sorgen, wenn ihre Katze nicht mehr spielt.

Junge Katzen spielen, weil sie für die Jagd trainieren: Im Spiel kräftigen sie ihre Muskeln, schärfen die Sinne und loten aus, wozu sie fähig sind. Im Spiel mit ihren Geschwistern lernen sie auch, wie weit sie gehen dürfen.

Manche Katzen spielen intensiver als andere. Sie übernehmen sogar Eigenschaften von Hunden. Sie holen ein geworfenes Objekt, legen es ihrem Halter vor die Füße und warten auf den nächsten Wurf. Wie dieses Verhalten entstehen konnte, ist noch nicht geklärt. Vielleicht drückt sich darin die natürliche Bereitschaft aus, Beute in die Sicherheit des Nestes zu schleppen. Geht der Mensch auf dieses

Spiel ein, kann sich das Werfen und Apportieren sehr lange hinziehen. Da sowohl die Katze als auch der Mensch das Spiel genießen, bestärken sie sich gegenseitig. Siam- und Burmakatzen sind häufig bereit, Gegenstände zu apportieren – normale Hauskatzen und andere Rassen eher nicht.

Bitte recht freundlich!

Katzen wollen sich nicht zur Schau stellen und kein Katzenhalter führt seine Katze spazieren, um andere Menschen zu erschrecken oder um sie zu beeindrucken. Der Kontakt mit fremden Hunden und ihren Haltern erscheint uns völlig selbstverständlich, doch mit einer Katze kommen wir nur in Berührung, wenn wir den Halter kennen und von ihm eingeladen werden. Selbst dann verhalten sich die meisten Katzen vorsichtig. Wenn sie ein Streicheln gestatten und dabei sogar schnurren, fühlen wir uns glücklich. Andererseits kann es für den Katzenhalter durchaus frustrierend sein, wenn sich seine Katze bei jedem Besuch unter dem Sofa unsichtbar macht. Er wird zwar nicht jedem den engen Kontakt zu seinem Tier gestatten, sähe es aber gerne, wenn die Katze positiv auf seine Verwandten und Freunde reagierte.

Unser Leben verändert sich – und die Katze?

Eine durchschnittliche Katze wird etwa 14 Jahre alt, manche bringen es sogar auf bis zu 20 Jahre. Viele Menschen legen sich die erste Katze zu, wenn sie als Single leben. Nach einem langen Arbeitstag und am Wochenende freuen sie sich auf die Entspannung mit ihrer Katze. Die Katze lernt, ihren Tagesablauf auf unser Leben einzurichten. Sie ist wach, wenn wir zu Hause sind und schläft, wenn wir arbeiten gehen. Die meiste Zeit des Tages ist die Wohnung ruhig und auch am Abend oder den Wochenenden kommen allenfalls ein paar ausgesuchte Freunde auf Besuch.

Das ändert sich, wenn ein(e) Freund(in) in die Wohnung einzieht. Die Katze muss sich daran gewöhnen, dass ihre Betthälfte auf einmal besetzt ist oder dass der (die) Neue es gar nicht mag, wenn sie mitten in der Nacht Jagd auf nackte Zehen macht. Auf dem Sofa stehen auf einmal zwei Schöße zur Wahl. Sie muss sich entscheiden oder beide akzeptieren. Immerhin ändert sich ihr Leben nicht grundlegend und sie hat sogar gewisse Vorteile.

Dann kommt eine dritte Person in die Familie: ein kleines, hilfloses Bündel, das merkwürdig riecht und manchmal sehr laut ist – die Situation wird gespannter. Die ganze Routine des Tages wird empfindlich gestört. Die Katze darf nicht mehr in alle Zimmer oder wird aus einigen rasch wieder verjagt. Sowohl am Tag als auch in der Nacht finden merkwürdige Aktivitäten statt. Immerhin hat die neue Situation auch Vorteile: Die Frau und das Baby sind ständig zu Hause und möglicherweise darf sich die Katze über einige Extra-Streicheleinheiten freuen, während die Mutter das Baby füttert. Eine Katze, die sehr stark auf bestimmte Personen fixiert ist, wird dagegen unter Stress leiden, denn die Bezugsperson steht nicht mehr grundsätzlich zur Verfügung. Die Katze muss sich damit abfinden, nicht mehr im Mittelpunkt zu stehen und die neuen Düfte und Geräusche machen sie nervös. Solche Katzen bereitet man besser langsam auf die Ankunft eines Babys und die unvermeidlichen Veränderungen vor. Der Katzenhalter sollte sich etwas zurücknehmen und bereits vor der Geburt die Zahl und Dauer der Kontakte nach und nach einschränken, damit die Katze den Übergang nicht zu abrupt empfindet. Aus Babys werden Krabbelkinder (häufig gefährlich für Katzen) und wenn die Familie noch mehr Nachwuchs bekommt, bleibt für die Katze noch weniger Zeit übrig. Sie lernt, sich vor zugreifenden Händchen in Acht zu nehmen und den Schwanz außer Reichweite zu bringen, wenn sie ein Nickerchen auf dem Fensterbrett oder an noch höheren Plätzen macht.

Wenn die Familie weiter wächst, wird ein Umzug fällig. Die Katze muss sich an ein neues Revier gewöhnen und neue Beziehungen zu den Katzen der Umgebung aufbauen, wenn sie ins Freie darf. Vielleicht entscheidet sich die Familie nun für eine zweite Katze oder sogar einen Hund und das neue Tier dringt (ungeladen) in das vertraute Heim der Katze ein. Mach gefälligst Platz, alte Katze! Die alte Katze muss lernen, sich rechtzeitig um neues Futter zu kümmern. Früher ließ sie den Rest des Frühstücks für ein zweites Frühstück stehen, jetzt schnappt sich der Hund den Rest. Die Ruheplätze liegen noch höher, damit er sie in Ruhe lässt. Tatsächlich werden Katzen relativ schnell mit einem Hund fertig. Das sieht mit einer zweiten Katze ganz anders aus. Sie erklettert dieselben Plätze und was für die erste Katze früher selbstverständlich war, muss sie sich nun unter Umständen erkämpfen: den sichersten Platz in der Wohnung, den freien Zugang zu allen Zimmern – nicht zu reden von dem Geruch der fremden Katze. Das Haus, das früher ruhig und friedlich war, hat sich in eine bevölkerte Zone mit Menschen und Tieren verwandelt. Die alte Katze muss ihren Lebensstil anpassen.

Sobald die Kinder Freunde mit nach Hause bringen, entsteht wieder eine völlig neue Situation mit Vor- und Nachteilen. Die Katze muss lernen, gefährlichen Situationen auszuweichen und die angenehmen zu suchen. Das gilt natürlich auch für den Umgang mit den anderen Tieren im Haus und der Umgebung.

Manche Katzen werden alt genug, um zu erleben, dass die Kinder wieder ausziehen. Endlich wieder Ruhe! Andere Katzen bekommen es mit neuen Haltern, anderen Kindern und Haustieren zu tun, vielleicht sogar mit einem weiteren Umzug. Dennoch passen sie sich an.

Neben den Veränderungen, die sich im Laufe eines Katzenlebens ergeben, muss sich eine Katze grundsätzlich an den menschlichen Tagesablauf gewöhnen, der sich deutlich von dem einer Katze unterscheidet. Katzen können zwar auch am Tage und in der Nacht jagen, aber ihre eigentliche Jagdzeit ist die Dämmerung, wenn auch ihre

Beutetiere aktiv sind. Katzen, die mit Menschen leben, stellen ihre aktiven Phasen auf das Leben der Menschen ein.

Ein leidenschaftlicher Jäger

Nur wenige Katzen müssen sich ihr Futter als »Gegenleistung« für Unterschlupf und Futternapf erjagen. Dies wird allenfalls auf Bauernhöfen von ihnen erwartet. Obwohl es durchaus Vorteile hat, wenn eine Katze den Garten frei von Nagetieren hält, wäre es vielen Katzenhaltern lieber, wenn ihre Lieblinge keine Mäuse oder Vögel jagen würden. Die meisten Menschen haben sich viel zu weit von der Natur entfernt, in der es Fleisch nur nach einem Angriff mit Zähnen und Krallen gibt. Wir kaufen unser sauber entbeintes und vorbereitetes Fleisch abgepackt im Supermarkt oder beim Metzger. Allenfalls in der Küche nehmen wir noch ein scharfes Messer zur Hand, um das Fleisch mundgerecht zuzuschneiden. Wir sind nicht an Tod und Leiden gewöhnt und haben es gar nicht gerne, am Morgen die Reste einer nächtlichen Katzenmahlzeit auf dem Küchenboden vorzufinden. Zudem üben Naturschützer Druck auf die Katzenhalter aus, denn die Kleintier- und Vogelpopulationen werden nicht nur durch die moderne Landwirtschaft, sondern in gewissem Umfang auch durch Katzen dezimiert.

No Sex Please!

Offenbar haben Menschen keine Vorlieben, was das Geschlecht ihrer Katze angeht. Sie sind in jedem Fall zufrieden, gleich ob Kater oder Katze. Das liegt vermutlich daran, dass sich beide den Menschen gegenüber gleich verhalten. Die Kastration nivelliert die geschlechtsspezifischen Verhaltensweisen. Fast alle Hauskatzen sind kastriert und zeigen kein typisches Sexualverhalten mehr. Sexuell aktive

Katzen zeigen völlig andere Verhaltensweisen: Kater versprühen Urin, streifen umher und kämpfen mit Rivalen. Katzen schreien in der Paarungszeit und bringen Junge zur Welt. Jeder Mensch sollte vor der Entscheidung, ob Kater oder Katze, die Vor- und Nachteile abwägen oder auf eine Katze verzichten. In unserer städtischen Gesellschaft, in der die Katzen dicht an dicht leben und ein einigermaßen berechenbares Verhalten zeigen müssen (gerade das lieben Menschen so an ihnen), ist die Kastration unumgänglich.

Vegetarier und Katzen – kann das gut gehen?

Eines dürfte nach der Lektüre von Kapitel 5 unmissverständlich klar geworden sein: Aussehen und Verhalten der Katzen beweisen, dass sie hervorragende Jäger sind. Die Physiologie einer Katze ist auf regelmäßige Fleischnahrung angewiesen. Menschen sind dagegen Allesesser. Wir können auch gänzlich ohne Fleisch leben und unsere Ernährung den jeweiligen Überzeugungen anpassen. Uns steht es frei, Tiere zu respektieren und darauf zu verzichten, sie zu essen – wir haben die Wahl.

Wenn es um unsere Katzen geht, müssen wir diese Überzeugungen zugunsten der Katze ablegen. Nur weil wir selbst ohne Fleisch auskommen, dürfen wir unsere Lebensphilosophie nicht automatisch auf unsere Katzen übertragen. Sie wollen nicht wählen, sie sind Fleischfresser, die ohne Fleisch nicht überleben können. Vegetarische Katzenhalter versuchen, ihre Katzen mit pflanzlicher Kost zu füttern, die mit speziellen Nährstoffen angereichert wurde. In den meisten Fällen werden diese Zusatzstoffe aus Fleisch gewonnen.

Tierphysiologen haben die optimale Ernährung von Katzen längst analysiert und alle Nährstoffe und Mineralien aufgelistet, die sie brauchen. Allerdings wissen wir noch viel zu wenig über Spurenelemente oder das Zusammenspiel von Vitaminen, Mineralien und die Zusammensetzung der benötigten Aminosäuren. Außerdem sollten wir darüber nachdenken, wie sich eine Katze bei einer derartigen Ernährung fühlt. Ihr Körper hat bestimmte Bedürfnisse und alle ihre Sinne sind darauf ausgerichtet, diese Bedürfnisse zu befriedigen. Katzen riechen das Fett und die Aminosäuren im Fleisch. Sie genießen den Geschmack von Fleisch und Fisch. Die einzigen Pflanzen, die Katzen zu sich nehmen, liegen im Magen ihrer Beute. Gelegentlich fressen sie Gras, wenn sie sich unwohl fühlen und den Magen entleeren möchten. Wollen sie wirklich Futter, das aus Pflanzen hergestellt wurde? Tut es ihnen gut? Das Ganze erinnert mich an einen Formel-1-Rennwagen, der mit Zweitakterbenzin betankt wird und nicht auf Touren kommt.

Über vegetarisch ernährte Katzen und vor allem über ihre Halter ärgere ich mich regelmäßig. Vegetarier wollen einfach nicht akzeptieren, dass ihre Ferrari-Katze kein Rasenmäher ist, sondern vernünftigen Treibstoff braucht. Vegetarier, die unbedingt ein Haustier halten möchten, sollen sich ein Kaninchen zulegen! Sie lassen sich wunderbar in der Wohnung halten und gedeihen prächtig von Salat und Gemüseabfällen.

Jede Katze ist einzigartig

Die weitverbreitete Diskussion über geklonte Tiere sollte uns auch in Bezug auf Haustiere zu denken geben. Was käme heraus, wenn wir unsere Haustiere klonen ließen? Vermutlich sähe die geklonte Katze anders aus als ihr Vorbild (die erste geklonte Katze »CC« glich ihrer Mutter nicht) und auch ihr Verhalten würde sich, je nach Prägung in den ersten Lebenswochen, anders entwickeln. Mich interessiert aber mehr die grundsätzliche Frage: Wollen wir tatsächlich eine Katze, die exakt so wäre wie ihre Vorgängerin? Wir lieben unsere Katzen, weil sie einzigartige Persönlichkeiten sind. Wir finden sie aus allen Nachbarskatzen, vielleicht sogar aus allen Katzen, heraus. Wir wollen sie so, wie sie sind!

Ich habe versucht zu zeigen, dass der Charakter einer Katze mehr ist als die Summe ihrer Erbanlagen. Frühe Erfahrungen und die Umgebung haben einen enormen Einfluss. Es ist unmöglich, einen identischen Ersatz für eine geliebte Katze zu finden, auch nicht, wenn es einen Klon gäbe. Die meisten Katzenhalter, die sich nach dem Tod eines Tieres eine neue Katze mit den gleichen Eigenschaften wünschen, werden enttäuscht. Es wäre unfair, die Nachfolgerin mit ihrer Vorgängerin zu vergleichen, weil solche Vergleiche zu Lasten der neuen Katze ausgehen müssen. Akzeptieren Sie jede Katze als Individuum und lieben Sie die neue Katze für ihre neuen Merkmale und Eigenheiten.

Wissenschaftler haben versucht, die »Individualität« einer Katze zu definieren und sind gescheitert. Jeder Befragte legte andere Maßstäbe an. Wenn nach Freundlichkeit oder Zuverlässigkeit einer Katze gefragt wurde, floss zwangsläufig die Persönlichkeit des Menschen mit ein, die Erfahrungen, die er mit Katzen und ihrem Verhalten gemacht hatte. Andere Forscher versuchten Mut und Selbstvertrauen mit objektiven Kriterien zu messen: Wie lange lässt sich eine Katze Zeit, bis sie einen neuen Gegenstand untersucht? Auch bei solchen Ansätzen blieben die Messungen aber sehr oberflächlich, weil sehr feine Unterschiede im Verhalten nicht berücksichtigt werden können. Letztlich zeigten alle Forscher nur sehr einfache Kriterien auf und zogen daraus ihre Schlüsse.

Wie entwickelt sich ein individueller Charakter? Es ist inzwischen allgemein anerkannt, dass Erbanlagen (Genetik) und Umwelt (Erfahrungen) die Persönlichkeit formen. Die Erfahrungen mit den Menschen und Tieren der näheren Umgebung spielen eine wichtige Rolle. Am Anfang dieses Kapitels bin ich auf die prägenden Einflüsse der wechselseitigen Beziehungen zwischen Katzen und Menschen eingegangen.

Welche Charaktermerkmale einer jungen Katze zeigen sich auch noch bei der älteren Katze? Behält das freundliche, zutrauliche Kätzchen, das wir uns ausgesucht haben, diese Eigenschaften bis ins

Erwachsenenleben? Auch darauf gibt es keine eindeutige Antwort. Es gibt Hinweise darauf, dass Kätzchen, die im Alter von vier Monaten neugierig und aktiv sind, dieses Verhalten auch im Alter von einem Jahr noch an den Tag legen. Außerdem sind sie mutig und selbstbewusst. Möglicherweise kann sich ihre Gutmütigkeit ebenso ändern wie ihre Bereitschaft, auf die Jagd zu gehen. Je nach der jeweiligen Situation – ob die Katze gerade lieber zu Hause bleibt oder Jagdlust verspürt – ändern sich die Parameter. Auch eine völlig entspannte Katze reagiert unter bestimmten Umständen sehr aggressiv. Viele Katzen ändern ihr Verhalten, wenn eine neue Katze ins Haus kommt. Die Revierinhaberin wird plötzlich schreckhaft und sogar gegen Menschen aggressiv, obwohl sie vorher voller Zuneigung zu sein schien. Mit einem »Eindringling« im Revier kann sie sich nicht mehr entspannt benehmen wie ein Kätzchen.

Schönheit liegt im Auge des Betrachters

Viele Menschen wählen ihre Katze nach der Farbe oder dem Fellmuster aus. Wen wundert es, dass auch dieser Aspekt wissenschaftlich untersucht wurde? Das Ergebnis? Viele Menschen entscheiden sich für eine Katze aus ihrer Kindheit oder eine wie die, die sie bei einem Freund gesehen hatten.

Auch im Falle von Katzen scheint die Schönheit ausschließlich im Auge des Betrachters zu liegen, denn wirklich hässliche Katzen gibt es kaum. Ein alter Streuner, der die Narben von vielen Straßenkämpfen mit sich schleppt, oder Katzen, die unter schweren Traumata leiden, sind vielleicht Ausnahmen, aber die meisten Katzen sind in der Tat attraktiv. Zum Glück sind die Menschen so verschieden wie Katzen und während einige es nicht unter einer Katze mit Stammbaum tun, finden sich auch immer wieder Liebhaber, die sich für eine einfache, schwarz-weiße Hauskatze erwärmen können.

Keine Zuchtexperimente!

Da ich selbst Katzen und Hunde halte, fühle ich mich qualifiziert genug, den unterschiedlichen Umgang der Menschen mit ihren Haustieren zu vergleichen. Ein wesentlicher Unterschied ist es, ein Haustier als Statussymbol zu betrachten. Katzen sind definitiv keine Statussymbole, sie lassen sich nur gegenüber Besuchern, aber nicht in der Öffentlichkeit präsentieren, während Hunde von entsprechenden Haltern gerne zur Abschreckung von Spaziergängern missbraucht werden. Viele Hundehalter interessieren sich nur für die Rasse des eigenen Hundes, nicht aber für Hunde im Allgemeinen. In Großbritannien sind 80 Prozent aller Hunde reinrassig. Nach meiner Erfahrung lieben Katzenhalter alle Katzen, gleichgültig ob reinrassig oder Streuner. Vor zehn Jahren wurden in den USA Katzen mit hübsch gemustertem Fell gezüchtet und teuer verkauft. Sie galten als modisches Accessoire und waren selten und kostbar. Sicher gibt es immer wieder Menschen, die etwas Besonderes besitzen möchten, und züchten eine zahme Katzenrasse aus einer wilden Art mit der Fellfarbe ihrer wilden Verwandten. Ein typisches Beispiel ist die Bengalkatze. Andere Züchter nehmen eine spezielle Variante – wie wenig oder kein Fell, was manchmal bei einem Kätzchen vorkommt – und züchten daraus eine eigene haarlose Rasse, wie die Sphinxkatze. Wieder andere Züchter konzentrieren sich auf flache Gesichter oder spitze Nasen. Der Bedarf nach einer besonderen Rasse lässt sich zwar nicht ausrotten, doch innerhalb der großen Gemeinde der Katzenliebhaber ist der Wunsch nach ausgefallenen Zuchtkatzen verschwindend gering. Die meisten Menschen freuen sich an der Schönheit ihres Mischlings oder einer der etablierten Rassen. Ich kann nur hoffen, dass die Züchter vor allem an das Wohlbefinden der Katzen denken und weniger an den Reiz des Neuen! Alle Katzen sind wunderschön, gleichgültig, um welchen Typ es sich handelt. In vielen Züchtervereinen wird inzwischen darauf geachtet, dass extreme Merkmale und Unterschiede nicht mehr so hoch bewertet werden wie die Gesundheit und der Allgemeinzustand einer Katze, was bei Wettbewerben nicht immer einfach ist.

Würde man Katzenhalter direkt fragen, was sie von der Schönheit ihrer Katze erwarten, wären die Antworten vermutlich verhalten. Sobald man sich aber die Beziehungen zwischen Menschen und Katzen genauer anschaut, kommen doch eine Menge Wünsche und Ansprüche zutage. Können wir diese Ansprüche an unsere Katzen mit dem vereinbaren, was wir uns von ihnen und sie sich von uns wünschen?

11 Katzenglück

Vermutlich würden die meisten Katzenhalter sagen, sie wünschen sich eine zufriedene Katze. Aber können wir Zufriedenheit messen? Vermutlich würden sie antworten: Wenn sich die Katze entspannt, gut frisst und körperlich fit ist. Eine »zufriedene« Katze ist gesund, hat keine Schmerzen, bewegt sich selbstbewusst in der Wohnung und interagiert mit den Familienmitgliedern. Allerdings kann manches, was einer Katze wohltut, für eine andere schiere Qual bedeuten. Nicht alle Katzen sind selbstbewusst, sondern können durch Erbanlagen und frühe Erfahrungen sehr sensibel sein. Es macht ihnen keinen Spaß, eine neue Person oder Katze zu treffen, sondern es versetzt sie eher in Panik. Ein Katzenhalter, der sein Tier kennt, kann hier durchaus gegensteuern. Er merkt, wenn seine Katze Angst bekommt, ob sie zutraulich mit ihm spielt oder sich zurückhält. Allerdings setzen wir manchmal unsere eigenen Wünsche über die der Katze – nicht alles, was wir uns wünschen, ist auch gut für sie.

Zusammenleben mit einem Einzelgänger

Menschen sind Gruppentiere – wir genießen die Gesellschaft anderer Menschen. Je nach individueller Motivation arbeiten wir mit anderen zusammen, helfen ihnen, leben in Familien und kommen ständig mit anderen Menschen in Kontakt. Obwohl jeder gelegentlich eine Auszeit für sich allein braucht, leiden wir unter starker Isolation.

Nur die wenigsten Menschen fühlen sich als Einsiedler wohl. Soziale Isolation gilt als großes Problem. Jeder kennt das Gefühl der Einsamkeit, wenn er den ganzen Tag allein zu Hause sitzt – dann wird sogar ein Gespräch mit dem Briefträger zum Ereignis.

Für uns scheint es daher logisch, dass sich auch eine Katze einsam und verlassen fühlt, die den ganzen Tag allein in der Wohnung verbringen muss. Wir sehen es nicht gerne, dass sie sich isoliert fühlt und auf sozialen Umgang wartet. Wenn sie sich dann freut, wenn wir kommen, fühlen wir uns bestätigt. Wir glauben gerne, dass sie seit Stunden an der Tür sitzt und auf uns wartet oder aus dem Fenster nach uns Ausschau hält. Wenn wir dann endlich auftauchen, streicht sie um unsere Beine, miaut und schnurrt. Das gefällt uns: Offenbar hat sie uns vermisst und gerne darf sie auf unseren Schoß.

Tatsächlich hat sich die Katze jedoch ein nettes, warmes Plätzchen auf der Heizung oder einer sonnigen Fensterbank gesucht und den Tag verschlafen. Gelegentlich ist sie aufgestanden, um der Sonne zu folgen, hat sich an ihrem Futternapf bedient und sich im Katzenklo oder draußen erleichtert. Vielleicht ist sie durch den Garten patrouilliert und hat Jagd auf eine Maus gemacht, ehe sie wieder ihren Schlafplatz aufgesucht hat. Schließlich kündigt ihre innere Uhr das Erscheinen des Menschen an; dann setzt sie sich auf das Fensterbrett und wartet. Katzen, die sich tagsüber nicht mit Trockenfutter versorgen können, warten vor allem auf ihre Mahlzeit. Sie sind außerordentlich gut gelaunt, miauen und schnurren, bis ihr Futter serviert ist.

Wir sollten nie vergessen, dass die wilden Vorfahren unserer Hauskatzen als Einzelgänger lebten. Sie trafen – bis auf die Paarungszeit oder bei der Aufzucht der Jungen – so gut wie nie mit Artgenossen zusammen. Obwohl sich unsere Hauskatzen durchaus an Partner gewöhnen können, sind sie keine Rudeltiere wie Hunde oder Menschen. Bis auf die Katzen, die ihre Jungen aufziehen, sind Katzen nicht auf Artgenossen angewiesen – sie kommen bestens allein zurecht.

Die meisten Katzen stellen ihren Lebensrhythmus auf ihre Menschen ein. Das gilt ganz besonders für Wohnungskatzen. Sie gehen keinen Kaffee mit den Nachbarn trinken oder entspannen sich in der Gesellschaft anderer – in ihrem Fall vielleicht mit dem gelben Kater des Nachbarn. Sie sind ausschließlich auf den Menschen angewiesen, mit dem sie zusammenleben. Er sorgt für Anregung und Abwechslung, ansonsten geschieht nichts.

Tatsächlich wäre ein Partner für solche Katzen keine schlechte Idee. Es ist aber sehr problematisch, eine neue Katze einzuführen, wenn das Revier (die Wohnung) zu klein ist und die sich beiden nicht aus dem Weg gehen können. In diesem Fall kommt alles auf den ersten Kontakt der beiden an. Wer seine Katze grundsätzlich nicht nach draußen lässt, sollte sich gleich zwei Kätzchen aus demselben Wurf anschaffen. Die beiden waren während der prägenden Phase der Sozialisation zusammen und haben bereits eine persönliche Beziehung aufgebaut.

Einige Katzen, insbesondere Siam- oder Burmakatzen, reagieren sehr emotional und knüpfen leicht Kontakte. Sie binden sich eng an einen Menschen und leiden tatsächlich, wenn sie allein gelassen werden. Sie sind über jede Gesellschaft froh, selbst über einen Hund. Wenn gar nichts hilft, kann ihnen ein Verhaltenspsychologe dabei helfen, das »Leben ohne Mensch« zu ertragen. Manche Menschen fühlen sich wohl mit einer Katze, die ihre enge Bindung so eindeutig zeigt. Es kann aber auch zur Belastung werden, jeden Morgen mit einem schlechten Gewissen zur Arbeit zu gehen. Daher schätzen die meisten Menschen eher eine Katze, die ihre unabhängige Natur und katzentypische Würde bewahrt.

Langer Rede kurzer Sinn: Respektieren Sie die Wünsche Ihrer Katze! Wenn Sie Ihr schlechtes Gewissen beruhigen möchten und ihr einen Gefährten kaufen, weil Sie die Katze während des Tages allein lassen müssen, dann entspricht das nicht unbedingt dem Wunsch der Katze. Viele Katzen fühlen sich allein bestens und würden einen »neuen Freund« nur als Eindringling empfinden. Andere

Katzen – je nach Charakter und Angewohnheiten – würden sich vielleicht wirklich über einen Gefährten freuen. Das wiederum bedeutet aber keineswegs, dass, wenn von zwei Katzen die eine verstorben ist, sie eine beliebige zweite Katze als Spielkameraden für die Überlebende aussuchen können. Auch ein allein lebender Mensch wäre nicht mit jedem einverstanden, der sich als Partner anbietet. Wer eng mit einem Partner zusammenleben will, muss ihn zumindest tolerieren – das gilt für Menschen und Katzen. Jede Katze ist eine völlig eigenständige Persönlichkeit. Es wäre menschlich-arrogant zu denken, man brauchte nur zwei Katzen zusammenzubringen und sie würden automatisch die besten Freunde.

Vermutlich schieben wir die Einsamkeit unserer Katzen auch nur als Ausrede vor, weil wir uns eine zweite Katze wünschen. Gegen mehrere Katzen im Haushalt ist nichts einzuwenden – Katzen sind angenehm. Wir sollten uns unserer Motivation aber bewusst sein und nicht vergessen, dass uns die alte Katze nicht unbedingt dankbar sein muss. Und schließlich liegt es auch an uns, ob die Beziehung der Katzen funktioniert.

Safety first

Auf die Frage »Möchten Sie, dass ihre Katze ein sicheres Leben führt?« wird wohl jeder Katzenliebhaber mit »Ja« antworten. Für Katzen, die regelmäßig ins Freie dürfen, stellt sich die Frage nach der Sicherheit besonders dringlich. Gerade Katzenhalter, die eine unabhängige Katze schätzen, gehen ein gewisses Risiko ein, wenn ihre Katze nach freiem Willen ein- und ausgehen darf.

Andere Katzenhalter scheuen die Gefahr: Sie lassen ihre Katze keinen Schritt aus der Wohnung. Ein Leben in der Wohnung ist zwar sicherer, aber Gefahren gibt es auch dort. Zwar kann sich die Katze weder im Kampf mit einem Rivalen verletzen, noch sich mit dem Feline Immundefizienz Virus (FIV; eine Art HIV bei Katzen) infizieren, aber sie ist dort trotzdem nicht hundertprozentig sicher (siehe Tabelle unten). Es ist interessant, dass die meisten Risiken draußen im Zusammenhang mit Sicherheit und Gesundheit stehen, die Risiken in der Wohnung dagegen mit dem Verhalten.

Risiken in der Wohnung:

- *Verhaltensprobleme, verursacht durch Langeweile oder Frustration*
- *Angst vor Veränderungen – Überreaktionen auf neues Futter oder Möbel*
- *Verfettung aus Bewegungsmangel*
- *Krankhafte Abhängigkeit vom Katzenhalter*
- *Gefahren in der Wohnung (in der Waschmaschine eingesperrt werden, giftige Pflanzen fressen usw.)*
- *Keinerlei Orientierung draußen bei einer Flucht aus der Wohnung*

Risiken draußen:

- *Verletzung durch andere Katzen, Hunde oder Menschen*
- *Vergiftung durch vergiftete Beutetiere*
- *Übertragbare Krankheiten*
- *Flöhe und andere Parasiten*
- *Verlust (Straßenverkehr, Diebstahl, eingeschlossen in Autos, Garagen o.Ä.)*

Sprechen wir zuerst über giftige Pflanzen: Eine Katze, die regelmäßig ins Freie darf, hat Zugang zu allen möglichen Pflanzen – in der Wohnung, im Garten und allen Gärten der Nachbarschaft. Tatsächlich fressen frei laufende Katzen äußerst selten giftige Pflanzen. Eine Wohnungskatze hat nur die Zimmerpflanzen zur Verfügung und könnte aus Langeweile an einer Dieffenbachie oder an Lilien knabbern, die extrem giftig für Katzen sind. Eine frei laufende Katze hat die Auswahl zwischen zahlreichen ungefährlichen Gräsern, die sie bei Verdauungsproblemen knabbert. Wenn sie sich unwohl oder krank fühlt, kann sie sich aus dem breiten Angebot genau die richtige, ungiftige Pflanze auswählen. Warum Katzen Gras fressen und was es bewirkt, ist allerdings noch nicht eindeutig geklärt. Eine Wohnungskatze hat diese Wahl nicht. Sie wählt sich einen Ersatz – manchmal mit fatalen Folgen. Während sich ein Katzenhalter, der seine Katze nach draußen lässt, keine Gedanken über Pflanzen in der Wohnung zu machen braucht, ist die Auswahl der Zimmerpflanzen bei einer Wohnungskatze durchaus kritisch. Katzen, die ständig in der Wohnung leben, haben viel häufiger mit Verhaltensproblemen zu kämpfen. Sie sind frustriert, gelangweilt und eher durch mentale als durch körperliche Gefahren bedroht.

In der Stadt, in dicht bebauten Wohnvierteln oder an viel befahrenen Straßen hat die Wohnungskatze eine deutlich höhere Überlebenschance als eine frei laufende Katze. Ich werde später darauf eingehen, unter welchen Voraussetzungen eine Katze besser in der Wohnung bleiben sollte und was man unternehmen kann, sie dennoch gesund zu halten.

Ein anderer Sicherheitsaspekt betrifft die eindeutige Identifizierung. Viele Katzenhalter kennzeichnen ihre Katze, damit sie bei Bedarf, wenn sie sich verlaufen hat oder verletzt wurde, zurückgebracht werden kann. Inzwischen gibt es unterschiedliche Methoden, vom Mikrochip unter der Haut über Tätowierungen bis zu einem Halsband mit Adresse oder Telefonnummer.

Halsbänder können allerdings ein Problem sein. Vor einigen Jahren wurde bekannt, dass sich Katzen beim Kriechen durchs Unterholz oder Klettern mit dem Halsband verhedderten und selbst erwürgten. Angeblich sollte ein elastisches Halsband helfen, aus dem sich eine gefangene Katze mit eigener Kraft wieder herauswinden kann. Inzwischen hat sich aber gezeigt, dass auch elastische Halsbänder keineswegs ungefährlich sind: Eine gefangene Katze kann sich zwar daraus befreien, aber es kommt vor, dass sie sich mit dem Vorderbein zwischen Hals und Halsband verfängt und sich dann gar nicht mehr befreien kann. Wenn sich das Bein nicht aus dem Halsband löst, kann die Katze nicht mehr zurück nach Hause laufen. Es kam schon zu hässlichen, schlecht heilenden Verletzungen am

Vorderbein. Aber selbst wenn es ohne Verletzungen abgeht, kann die Katze durch diese Erfahrung traumatisiert sein. Inzwischen gibt es Halsbänder, die sich bei Zug öffnen. Ich bin nicht der Meinung, dass eine Katze unbedingt ein Halsband tragen muss, sei es als Schmuck oder um die Flöhe unter Kontrolle zu halten. Flöhe lassen sich auch anders und gefahrloser bekämpfen. Eine andere Möglichkeit sind Glöckchen, die einige Katzen am Halsband tragen, um Vögel zu warnen. Untersuchungen der britischen Vogelschutzorganisation haben ergeben, dass der Jagderfolg nicht von einem solchen Glöckchen abhängt. Auch hier sollte jeder Katzenhalter Risiken und Vorteile gegeneinander abwägen: Ein sicheres Halsband mit lauter Glocke könnte die Katze aber tatsächlich daran hindern, Vögel zu töten.

Auch mithilfe von Mikrochips kann eine verloren gegangene Katze wieder zu Ihrem Besitzer zurückgebracht werden. Sie sind nur so groß wie ein Reiskorn und werden unter die Haut implantiert. Ein spezielles Lesegerät – viele Tierheime verfügen darüber – kann die Information des Chips auslesen. Leider muss ein Katzenhalter befürchten, dass nicht jede tote Katze (Autounfall!) auf einen Mikrochip hin untersucht wird. Das Halsband deutet auf einen Besitzer, der gerne wissen möchte, was mit seinem Liebling passiert ist. Daher werden tote Katzen mit Halsband in der Regel genauer untersucht und der Besitzer benachrichtigt.

Katzen machen es uns nicht leicht. Ihr unabhängiger und sehr aktiver Lebensstil birgt eine Menge Risiken und macht es nicht einfacher, ihre Sicherheit zu garantieren.

So bleibt die Katze gesund

Katzen leben heute merklich länger als noch vor etwa 30 Jahren. Das Futter ist besser geworden und die meisten Katzenhalter gehen regelmäßig zum Tierarzt. Was können wir also noch tun, damit unsere Katzen so gesund wie möglich bleiben?

1) Kastrieren: Ein kastrierter Kater verspürt keinen Drang mehr, sich im Kampf gegen andere Kater durchzusetzen. Damit sinkt auch die Gefahr, dass er sich durch eine Verletzung infiziert. Er streift nicht so weit umher, womit das Risiko von Autounfällen sinkt. Ein geschlechtlich aktiver Kater führt ein sehr riskantes Leben und lebt sehr viel kürzer – manchmal nur zwei bis drei Jahre, in der Regel zwischen fünf und sieben Jahre.

Einer kastrierten Katze bleiben die Gefahren erspart, die mit dem Austragen und der Aufzucht der Jungen verbunden sind. Kastrierte, streunende Katzen leben etwa doppelt so lange wie ihre geschlechtlich aktiven Artgenossinnen und eine Hauskatze kann über 14 Jahre alt werden.

2) Impfen lassen: Die Frage, ob eine Impfung nötig ist oder nicht, beschäftigt die Medien nicht erst seit der Schweinegrippe. Während Menschen die unterschiedlichsten Argumente für und gegen Impfungen ins Feld führen, sind sie sich bei den Katzen in der Regel einig: Ohne Impfungen würden sie an Katzenschnupfen oder Darmkatarrhen leiden oder sterben. Impfungen sind nicht nur für die einzelne Katze von Bedeutung, sondern auch für die Gesundheit der gesamten Katzenpopulation.

Die Frage lautet eher, welche Impfung für eine bestimmte Katze erforderlich ist, und hier ergeben sich häufig lange Diskussionen zwischen Katzenhalter und Tierarzt. Eine Katze, die ausschließlich in der Wohnung lebt, kommt mit bestimmten Erregern praktisch nicht in Kontakt. Frei laufende Katzen brauchen unbedingt einen breiten Impfschutz.

3) Vorbeugen: Entwurmen und Behandlung gegen Flöhe: Katzen vorbeugend gegen Flöhe und Eingeweidewürmer zu schützen, ist heute nicht mehr schwierig. Die Industrie bietet maßgeschneiderte, leicht anzuwendende Produkte an. Statt ausgiebiger Sprühorgien oder Tabletten (manche Katzen ließen sich nicht überlisten) gibt es Mittel gegen Flöhe, die einfach auf die Haut am Hals aufgetragen werden. Eine parasitenfreie Katze fühlt sich besser und bleibt gesund.

4) **Richtig füttern:** Die Auswahl an Katzenfutter ist überwältigend. Es ist nicht schwierig, Produkte auszuwählen, die eine Katze mit allen Nährstoffen versorgt, die sie benötigt. Die Zeiten des selbst hergestellten Katzenfutters sind endgültig vorbei. Außerdem sind nicht alle Katzenhalter in der Lage oder bereit, ihren Tieren eine wirklich optimale Nahrung zuzubereiten. Frei laufende Katzen verbessern ihre Ernährung eigenständig, indem sie ab und zu eine Maus fressen oder sich am Futternapf der Nachbarkatze bedienen. Bei einer Katze, die ständig in der Wohnung bleibt, muss daher besonders genau auf eine optimale Ernährung geachtet werden.

5) **Regelmäßig zum Tierarzt:** Die tierärztliche Versorgung verbessert sich kontinuierlich. Manche Tierärzte haben sich sogar auf Katzen spezialisiert. Damit sollte es jedem Katzenhalter möglich sein, einen passenden Arzt zu finden. In schwierigen Fällen kann immer noch ein Spezialist aufgesucht werden. Eigentlich ist es wie bei der menschlichen Gesundheitsvorsorge. Je früher ein Leiden erkannt wird, desto wirkungsvoller kann es kuriert werden.

So bleibt die Katze fit

Katzen scheinen sich ohne größere Anstrengung fit halten zu können. Eine Katze im Teenager-Alter schläft locker fünf bis sieben Stunden, steht auf, reckt sich und springt aus dem Stand auf einen Garderobenständer – ohne Warm-up. Katzen bleiben beweglich und scheinen, anders als Hunde, keine Probleme mit Arthritis zu haben, zumindest nicht so früh.

Ihr größtes Problem teilen moderne Katzen mit den Menschen: Übergewicht. Katzen werden immer dicker. Früher hatten Katzen keinerlei Probleme, sich schlank und fit zu halten. Dicke Katzen waren eine seltene Ausnahme. Heute müssen wir darauf achten, unsere Katzen nicht zu überfüttern, denn auch wenn Katzen noch so clever sind, sie können sich die Futterdosen nicht selbst öffnen. Natürlich bedienen sich manche Katzen auf ihren Streifzügen durch die Gärten auch bei den Nachbarskatzen, aber gerade solche raffinierten Vertreter oder Katzen, die sich einen Extrasnack erjagen, sind in der Regel sehr aktiv und neigen nicht zur Fettleibigkeit.

Am häufigsten sind Katzen mittleren Alters zu dick. Junge Katzen sind viel zu aktiv und alte Katzen werden eher zu dünn. Das Fett sammelt sich bei einer Katze im mittleren Alter in einer Falte unter dem Bauch bis zu den Hinterbeinen – ähnlich wie eine Schürze. Rassen wie Siam- oder Burmakatzen können um die Mitte herum ordentlich Speck ansetzen, ohne dass dies zunächst auffällt.

Die Gewichtskontrolle hängt wesentlich vom Lebensstil der Katze ab. Katzen, die ins Freie dürfen, jagen gerne, patrouillieren durch die Gärten, verbrauchen dabei eine Menge Energie und bleiben fit. Zimmerkatzen sind merklich träger. Sie haben es warm, immer ausreichend zu fressen und vielleicht fehlen ihnen auch Anregungen dafür, sich regelmäßig zu bewegen.

Ich gehe davon aus, dass wir alle unseren Katzen nur das Beste wünschen, und folglich liegt es an uns, die notwendigen Schritte zu unternehmen: Eine Katze braucht die notwendigen Schutzimpfungen, gutes Futter, eine regelmäßige Gesundheitskontrolle und muss im Krankheitsfall rechtzeitig zum Tierarzt. Wenn es um die Frage nach einem Gefährten für die Katze geht, sollten die Bedürfnisse der Katze – nicht unsere – im Vordergrund stehen. Es kommt darauf an, die potenziellen Gefahren für die Sicherheit unserer Katze zu minimieren – aber eine hundertprozentige Sicherheit gibt es nicht. Eine Katze, deren Leben keinerlei Risiko bietet, ist eine gelangweilte Katze! Es kommt auf das rechte Maß an.

12
Stress und Wohlbefinden

Bisher bin ich auf die Gründe eingegangen, warum eine Katze ein so wundervolles Tier ist. Ich habe über ihre Bedürfnisse und darüber berichtet, was Katzen von der Beziehung zu uns und was wir von ihr erwarten. Nicht immer passen die Wünsche und Gefühle von Katzen und Menschen genau zusammen. Es wäre auch ein Wunder, wenn zwei artfremde Wesen völlig harmonisch miteinander umgingen, vor allem, wenn eine dieser Arten emotional und fordernd, besitzergreifend und oft auch irrational ist – damit meine ich nicht die Katzen! Es ist also umso verblüffender, dass diese Beziehung in der Mehrzahl aller Fälle bestens funktioniert. In diesem Kapitel soll es um die Sachverhalte gehen, die Katzen unter Druck setzen und so dieses friedliche Miteinander stören. Das kann direkt mit dem Katzenhalter zusammenhängen oder andere Gründe haben. Jeder Katzenhalter sollte lernen, wie er schon die ersten Anzeichen erkennt, die ihm zeigen können, dass eine Katze mit einem Aspekt ihres Lebens unzufrieden ist. Schließlich sind wir selbst für große Teile des Umfelds unserer Katze verantwortlich und somit häufig, ohne es zu merken, die Ursache für Stress und Konflikte.

Leider wird der Begriff »Stress« heute fast inflationär für alles und jedes gebraucht. Tatsächlich muss Stress nicht nur schlecht sein, sondern kann auch positive Auswirkungen haben. Auch Menschen brauchen gelegentlich Stress, um mit anspruchsvollen Situationen fertigzuwerden. Katzen, die in einer langweiligen Umgebung ohne besondere Anforderungen aufwachsen, werden nie mit neuen

Situationen konfrontiert und lernen nicht, Dinge zu untersuchen, Furcht zu bewältigen oder Probleme zu lösen. Schon junge Katzen brauchen den Kontakt zu Menschen und müssen so früh wie möglich Neues sehen, hören und riechen. Psychologen nennen diese Phase manchmal »Stress-Immunisierung«.

Die junge Katze lernt, mit welchen Strategien sie bestimmte Probleme meistert, ähnlich wie das Immunsystem lernt, Keime zu erkennen und mit eigenen Antikörpern zu bekämpfen. Bei jungen Kätzchen ist die Neugier stärker als die Furcht. Sie werden von der Mutter beschützt und dürfen eigenständig erfahren, was ihnen gefährlich werden könnte. Mit dem Alter wird die Neugier durch eine natürliche Schreckreaktion abgelöst. Eine Katze, der diese frühen Erfahrungen fehlen, wird vor allem Unbekannten erschrecken und ständig in Angst leben.

Menschen verstehen unter Stress im weitesten Sinne jede Aufregung, der sie nicht gewachsen sind, bei der sie sich unwohl, ängstlich oder wütend fühlen. Solcher Stress wird aber nicht nur durch plötzliche Ereignisse ausgelöst, die rasch wieder verschwinden, sondern auch durch Dauerbelastungen, die sich aus kleinen Anlässen zu großen Problemen aufbauen. Dann reicht schon ein winziger Tropfen, der das Fass zum Überlaufen bringt.

Manche Menschen machen Stress für nahezu jedes auftretende Problem verantwortlich. Immerhin können wir uns mitteilen, wenn die Situation unerträglich wird: »Ich bin im Stress!«

Fühlen Tiere Stress? Und wenn ja, wie äußert er sich? Dürfen wir davon ausgehen, dass eine ruhige Katze ohne offensichtliche Verhaltensprobleme zufrieden ist? In der Regel trifft das zu. Dürfen wir also umgekehrt davon ausgehen, dass eine Katze, die ein auffälliges Verhalten zeigt, Probleme mit ihrem Umfeld hat und sich gestresst fühlt? Nicht unbedingt, denn nicht jede Katze, die neben das Katzenklo macht, steht unter Stress. Vielleicht war nur die Streu zu schmutzig. Nicht jedes Verhalten außerhalb der üblichen Normen ist ein direktes Zeichen für Stress. Im Falle des Katzenklos reichen ein paar Handgriffe, und die Katze ist wieder zufrieden. Sollte sie wirklich gestresst gewesen sein, hat sie sich abreagiert: Sie hat sich neben das Katzenklo erleichtert!

Hinterlässt eine Katze aber überall im Haus Urinmarkierungen oder macht daneben, obwohl sie an das Katzenklo gewöhnt und die Streu sauber ist, hat sie definitiv ein Problem. Aber nicht jede ruhige Katze ist auch eine zufriedene Katze. Ein Katzenpsychologe hat ausgeführt, dass Katzen in erster Linie Hemmung zeigen. Bei ernsten Problemen reagieren sie nicht laut, aggressiv oder erregt, sondern verstummen und ziehen sich zurück. Fast immer versuchen sie, der kritischen Situation zu entfliehen, auch indem sie still in der Ecke sitzen oder depressiv werden. Katzenhalter rufen aber meist erst dann nach professioneller Hilfe, wenn ihre Katzen Urin verspritzen, Kratzer hinterlassen oder gar aggressiv werden – was selten vorkommt. Derart verstörte Katzen sind wohl eher selten. Die meisten ziehen sich zurück, sind ängstlich oder unglücklich. Sie fallen einfach nicht auf. Wenn wie das Problem erkennen, kann es schon fast zu spät sein.

Je besser wir unsere Katze kennen, desto eher bemerken wir, wenn sie sich in bestimmten Situationen anders verhält als üblich. Auch wenn die Einzelheiten eines normalen Katzenverhaltens erst in Grundzügen bekannt sind und wir ihr Verhalten leider nicht »lesen« können, so sind es doch sehr häufig Veränderungen im direkten Umfeld, auf die Katzen mit einem abweichenden Verhalten reagieren.

In der Tat basiert starker Stress fast ausschließlich auf Veränderungen des normalen Alltags und so gut wie nie auf der Beziehung zu dem Katzenhalter. Bei Hunden ist das anders. Sie fühlen sich als Mitglied des Rudels und wenn ein Rudelmitglied (der Mensch) sein Verhalten unwissentlich verändert, steht der Hund in einem Konflikt und versucht ihn für sich zu lösen. Eine Katze fühlt sich wohl in einer bekannten, unveränderten Umgebung, nicht innerhalb eines Rudels. Veränderungen lassen sich meistens eindeutig definieren: eine neue Katze in der Familie, eine Renovierung der Wohnung oder Veränderungen der Lebensgewohnheiten, wie z.B. geänderte Arbeitszeiten. In Kapitel 10 habe ich ausgeführt, dass eine Katze vor allem an einer sicheren Umgebung interessiert ist. Verändert sich die Sicherheit der Wohnung, das Zentrum ihres Reviers, fühlt sie sich bedroht und unsicher. Die meisten Katzen sind glücklich und zufrieden, solange sich ihr Revier nicht verändert.

Ähnlich wie bei Menschen kann der gleiche Stressfaktor die eine Katze fürchterlich aufregen, während eine andere völlig ungerührt bleibt. Was als Stressfaktor infrage kommt und in welchem Ausmaß, ist von Katze zu Katze verschieden und hängt von vielen persönlichen Erfahrungen ab. Was hat das junge Kätzchen gelernt? Wie ging es in der Jugend mit Stress um? Was ist der auslösende Faktor im Augenblick?

Meine Sicherheit – mein Duft

Katzen zeigen ihre Erregung und ihren Stress nicht über den Gesichtsausdruck oder über Gefühlsausbrüche wie wir Menschen. Als erste Reaktion zeigen Katzen fast immer Verhaltensweisen, durch die sie sich sicherer fühlen. Viele Katzen verteilen dann den Duft der Drüsen an Kopf und Gesicht in der Umgebung. Andere ziehen sich aus der bedrohlichen Situation zurück. Zieht eine neue Katze in die Wohnung ein, bleibt die alte Katze länger im Freien. Terrorisiert draußen eine Katze ihre Artgenossen, bleibt eine ängstliche Katze lieber in der Wohnung und traut sich nur ins Freie, wenn sie sicher ist, dass die Luft rein ist.

Ändern sich bedrohliche Situationen oder der Stressfaktor nicht, markiert sie immer stärker. Jetzt reibt sie nicht mehr den Kopf an den Möbeln, sondern hinterlässt Kratzer überall im Haus. Ihr eigener Duft gibt ihr mehr Sicherheit. Sollte auch das nicht helfen, greift sie zum letzten Mittel und versprüht überall ihren Urin. Spätestens jetzt merken auch ihre Menschen, dass etwas nicht stimmt.

Lass mich nicht allein!

Jeder, der schon mehrere Katzen hatte – allein oder zusammen – kennt das Phänomen: Manche Katzen schließen sich enger an einen Menschen an als andere. Katzen, die sich frei bewegen dürfen, haben die Wahl, ob sie viel Kontakt haben möchten oder besser gar keinen. Eine Katze, die viel Umgang braucht und den ganzen Tag allein in der Wohnung sitzt, stürzt sich förmlich auf ihren Menschen, wenn er nach Hause kommt. Eine »normale« Zuneigung verwandelt sich durch übersteigerte Anhänglichkeit in krankhaftes Verhalten. Oftmals sind solche Katzen total verängstigt, wenn ihre menschliche Bezugsperson nicht greifbar ist und können nur in Gegenwart dieses Menschen entspannen. Wenn ihre Bezugsperson zu Hause ist, verlangen sie ständige Aufmerksamkeit. Ist sie weg, schlafen sie, lecken sich, kauen, saugen an Haaren und Haut oder beißen die Krallen ab. Verhaltensbiologen nennen das Übersprunghandlungen: Die Katze weicht in einem echten Konfliktfall auf eine vertraute Tätigkeit aus. Vermutlich kann sie damit, zumindest kurzfristig, ihre emotionale Spannung oder den Stress abbauen.

Will sich ein Streuner retten lassen?

Heute wissen wir sehr viel besser, wie man streunende Katzen behandeln sollte. Die Zeiten, als mitleidige Menschen streunende Katzen von der Straße holten und sie scharenweise in der Wohnung hielten, sind zum Glück vorbei. Solche Katzen wären auf der Straße tatsächlich besser aufgehoben: Das enge Zusammenleben mit fremden Katzen bedeutet Angst und Stress, begleitet von erhöhter Ansteckungsgefahr. Es gibt zwar durchaus Katzen, die selbst unter solchen Bedingungen ganz zufrieden sind, doch viele verkriechen sich in eine Ecke oder unter das Bett und trauen sich nicht mehr hervor. Sie sind extrem gestresst, werden passiv und depressiv und verlieren jegliches Interesse an ihrer Umgebung. Da sie keinen Ärger machten, bleiben ihre Probleme aber unbemerkt.

Inzwischen wurde untersucht, wie Straßenkatzen in Gruppen von fünf bis sieben Tieren miteinander umgehen. In den ersten Tagen versuchen sie regelmäßig zu entkommen, starren die anderen Katzen an, fauchen und knurren. Nach etwa einer Woche beruhigen sie sich und werden stiller. Wurde der Stress mit anderen Methoden gemessen, zeigte sich, dass selbst scheinbar entspannte Katzen immer noch unter Stress litten – sie zeigten es nur nicht so offen. In den nächsten Wochen versteckten sie sich nicht mehr, mieden aber den Kontakt bei der Fütterung. Wir sollten uns diese Ergebnisse zu Herzen nehmen, wenn wir eine zweite Katze in die Wohnung nehmen, vor allem, wenn die beiden einander nicht ausweichen können. Je häufiger Katzen einen Wechsel in ihrer Umgebung verkraften mussten, was bei einer geretteten Katze im Tierheim die Regel ist, desto höher steigt der Stresspegel. Im Kapitel 13 werde ich einige Mittel vorstellen, wie man den Stress etwas reduzieren kann.

Sensibelchen

Ich bin bereits darauf eingegangen, welche Faktoren für die Persönlichkeit einer Katze maßgeblich sind. Kätzchen, die in früher Jugend von der Mutter getrennt und isoliert gehalten wurden, finden sich in der »normalen« Welt nicht zurecht. Sie bleiben ängstlich und meiden jede Situation, in der sie sich unwohl fühlen. Werden Katzen ständig mit Stress- Situationen konfrontiert, denen sie nicht ausweichen können, entwickeln sie Phobien oder Depressionen. Sie werden passiv, fressen und schlafen unregelmäßig. Obwohl solche Fälle die Ausnahme sind, haben es ängstliche Katzen generell schwer und eine Behandlung der Probleme kann schwierig werden. Vorbeugung ist in diesem Fall deutlich besser, als die Fehler später wieder ausbügeln zu müssen. In Kapitel 12 gehe ich genauer auf solche Fälle ein.

Aggressive Katzen

Wie bei allen Tieren äußert sich auch bei Katzen Aggression sehr unterschiedlich. Für den Menschen (oder die andere Katze), gegen den sich der Angriff richtet, ist der Auslöser weniger wichtig – er erschrickt ganz einfach. Dennoch kommt es, gerade wenn sich die Katze aggressiv verhält, darauf an, ihre Motivation zu verstehen, damit Aggressionen in der Zukunft vermieden werden können, und wir in jedem Fall richtig reagieren.

Manche Formen von Aggression können wir durchaus verstehen: Wenn eine Katze ihre Jungen verteidigt oder fremde Katzen aus dem Garten verjagt, oder vielleicht sogar einen schnellen Hieb mit der Pfote, wenn wir sie im falschen Augenblick am Bauch kitzeln. Manchmal verwechseln wir auch ein Jagdspiel mit Aggression.

Auch Menschen kennen dieses Phänomen. Wenn wir sehr gestresst sind, reicht oft der kleinste Anlass und das Fass läuft über, oder wir sind schlecht gelaunt, weil wir wichtige Dinge nicht erledigen können.

Ich habe bereits erwähnt, dass Katzen eine bestimmte Fluchtdistanz (Aggressionsdistanz) einhalten. Bei manchen Katzen ist dieser Abstand geringer als die Größe der Katze – sie hat nichts dagegen, wenn wir sie kraulen oder streicheln. Bei anderen Katzen oder in einer anderen Stimmung vergrößert sich dieses imaginäre Feld, und jeder, der zu nahe kommt, wird angefaucht oder gekratzt. Wenn wir die Aggressionsdistanz einer Katze berücksichtigen, haben wir ein relativ gutes Maß für den seelischen Zustand einer Katze. Eine erregte Katze wird sehr schnell mit Gegenwehr reagieren, wenn diese Grenze unterschritten wird. Deswegen ist es bei einem Kampf unter Katzen auch nicht ratsam, einen der Streithähne auf den Arm zu nehmen und wegzutragen – sie wird sich mit Sicherheit dagegen wehren, kratzen und beißen. Eine Ablenkung mit lautem Geräusch oder mit Wasser, um den Abstand zwischen den beiden zu vergrößern, ist das sicherste Mittel.

Ein typisches aggressives Phänomen, mit dem Katzenpsychologen immer wieder konfrontiert werden, ist das »Streicheln-und-Beißen« Syndrom: Der Katzenhalter streichelt seine Katze und plötzlich schlägt sie ihm mit der Vorderpfote in die Hand, während sie mit den Hinterbeinen tritt. Manche Katzen reagieren bereits auf eine sich nähernde Hand, andere lassen das Streicheln für einige Zeit über sich ergehen, bevor sie reagieren, wieder andere vertragen Streicheln und Kitzeln über einen sehr langen Zeitraum.

Der Grund für dieses Verhalten ist wieder einmal das Sicherheitsempfinden einer Katze. Sie muss dem Menschen vertrauen, in dessen Schoß sie sitzt. Streicheln zu ertragen ist kein natürliches, sondern ein gelerntes Verhalten. Eine Katze gibt sich damit im wahrsten Wortsinne in unsere Hand. Manche Kätzchen wurden nie oder nur sehr selten von Menschen berührt. Während sie gestreichelt werden, kämpfen sie mit wechselnden Gefühlen – Wohlgefühl, Entspannung gegen Verletzlichkeit – und manchmal behält das Gefühl, verletzlich zu sein, die Oberhand: Die Katze reagiert mit einem Angriff auf die streichelnde Hand.

Gelegentlich gehen Katzen sogar noch einen Schritt weiter und greifen sofort an. Von den Besitzern ist zu hören, dass ihre Katzen angriffen, ohne dass sie provoziert wurden und ohne Vorwarnung. Manche greifen an, wenn ein Mensch in ein bestimmtes Zimmer oder auf eine Treppe geht. Solche Katzen leben meist ausschließlich in der Wohnung. Sie sehen den Vögeln durch die Fenster zu und werden ungewöhnlich erregt, ohne ihren hohen Adrenalinspiegel ausleben zu können. Also greifen sie alles an, was sich bewegt – wenn er Pech hat, eben auch den Katzenhalter. Während manche Katzen durchaus zufrieden dauerhaft in einer Wohnung leben, reagieren andere mit Angriffslust auf alles, was eine potenzielle Beute sein könnte, also auf alles, was sich bewegt. Möglicherweise weil ihnen die visuelle Stimulation fehlt. Im Extremfall rasen solche Katzen durch die Wohnung, suchen aktiv nach einem bewegten Objekt und greifen den ahnungslosen Katzenhalter an.

Verhaltensforscher und Tierärzte können vom Fressverhalten einer Katze auf deren Stresspegel schließen. Eine Katze, die nicht mehr normal frisst, könnte krank oder aus irgendeinem Grund unglücklich sein. Normale Katzen akzeptieren mit Freuden ein neues Futter. Es bietet Abwechslung, selbst wenn der Nährwert geringer ist. Nach einigen Tagen wechseln sie aber ebenso problemlos zum alten Futter zurück. Sobald sich jedoch das Umfeld einer Katze wesentlich verändert, hält sie am gewohnten Futter fest; sie fühlt sich sicherer, wenn sie etwas Vertrautes fressen kann. Beim Umzug in eine neue Wohnung, in eine Katzenpension, bei neuen Menschen oder Tieren im Haus fressen viele Katzen weniger als üblich. Wenn das Futter einer kranken Katze umgestellt werden muss, sollte dies – sofern die Umstellung aus medizinischen Gründen nicht sofort notwendig ist – langsam geschehen. Eine Katze, die sich unwohl fühlt, ist noch weniger bereit, auf Vertrautes zu verzichten und stellt sich beim Futter äußerst wählerisch an. So kann sie sich nach und nach an den neuen Geschmack gewöhnen. Ähnlich ist es, wenn Sie Ihre Katze in eine Katzenpension geben, solange Sie im Urlaub sind. Zur Sicherheit sollten Sie in diesem Fall ausreichende Mengen ihres üblichen Futters mitgeben. Der vertraute Geschmack reduziert den Umzugsstress.

Katzen vergiften sich nur äußerst selten (siehe Kapitel 11). Eine frei laufende Katze könnte sich zwar an einer Gartenpflanze vergiften, doch sind solche Fälle die Ausnahme. Es macht auch keinen Sinn, giftige Pflanzen aus dem Garten zu verbannen, denn die Katze könnte sich auch beim Nachbarn vergiften. Wie erwähnt, sieht das bei einer Wohnungskatze anders aus. Sie muss unter Umständen auf Pflanzen zurückgreifen, die sie normalerweise niemals auswählen würde. Katzen brauchen Pflanzen zur Selbstmedikation und nehmen im Zweifelsfall, was vorhanden ist. Draußen haben sie die freie Wahl. Auch Langeweile kann ein Faktor sein, warum Katzen Pflanzen anknabbern. Grundsätzlich sollte der Halter einer

Wohnungskatze dafür sorgen, dass keine gefährlichen oder giftigen Pflanzen in der Wohnung stehen. Katzengras in einer Schale ist für Katzen eine gute Alternative zu Zimmerpflanzen.

Eine unangenehme Essstörung ist die Pica: Die Katzen verschlingen wie unter Zwang Wollfäden oder andere Objekte, die sie nicht vertragen. Solche Fälle wurden erstmals in den 1950er-Jahren bei Siam- und Burmakatzen dokumentiert. Untersuchungen haben ergeben, dass die Störung meist mit Wolle beginnt. Danach fressen die Katzen alles Mögliche, bis hin zu Elektrokabeln. Manche tun dies regelmäßig, andere nur sporadisch. Als »Objekte« wurden Pullover, Handtücher, Bespannungen von Möbeln (mit Wollanteil) oder Unterwäsche genannt. Bei den meisten Katzen kam es zu keinen gesundheitlichen Schäden, doch bei einigen musste die Verstopfung im Verdauungstrakt operativ entfernt werden.

Selbstverständlich muss zunächst untersucht werden, ob eine medizinische Ursache vorliegt. Eine These geht davon aus, dass Wolle als Ersatz für den gesamten Jagdvorgang – anschleichen, springen, reißen, fressen – herhalten muss, bis das »Fell« im Magen landet. Katzen zerreißen ihre Beute instinktiv und Fell und Federn passieren bei einem gesunden Tier den Darm problemlos. Manche Wohnungskatzen vermissen bei ihrer Dosennahrung dieses natürliche Wechselspiel von Jagderfolg und Zerreißen und bedienen sich bei allen Ersatzobjekten, die sie finden können. Der Pullover wird zur »Beute«.

Häufig sind es Rassekatzen, die Wolle fressen, weil sie niemals die Gelegenheit haben, draußen auf die Jagd zu gehen. Früher empfahlen Experten, Futter mit hohem Faseranteil und Knorpeln häufiger in kleineren Portionen anzubieten, damit die Katzen ständig das Gefühl verspüren, satt zu sein. Heute neigt man eher dazu, das Futter der natürlichen Beute anzugleichen: tote Putenküken, Küken oder Ratten und Mäuse (gefroren aus dem Zooladen), die von den Katzen zerrissen werden können. Eine Alternative sind Katzenspielzeuge, die mit Trockenfutter gefüllt werden und es erst nach und nach beim Spielen freigeben. Auch damit wird ein Jagdvorgang simuliert, der – wie die echte Jagd in der Wildnis – den Katzen mehr Befriedigung verspricht.

Rufe in der Nacht

In den letzten zehn Jahren wurde eine besondere Eigenschaft älterer Katzen genauer untersucht. Die Halter berichten, dass Katzen (meist älter als 14 Jahre) nachts zu rufen beginnen, wenn alles im Haus schläft. Wenn sie aus dem Bett springen, um nach der Katze zu sehen, lässt sie sich streicheln, untersuchen und legt sich wieder hin. Beim ersten Mal fürchten die Besitzer um die Gesundheit ihrer Katzen und gehen mit ihr zum Tierarzt. Doch der kann nichts finden. In der nächsten Nacht geht alles wieder von vorne los. Vermutlich fühlen sich ältere Katzen besonders unsicher und versichern sich durch Rufe, dass ein Mensch da ist, der sich um sie kümmert. Auf die Dauer wird diese Belastung unangenehm: Während sich die Katze wieder sicher fühlt und zufrieden schläft, werden die Menschen an ein Baby erinnert, das mitten in der Nacht aufwacht und nach seiner Flasche ruft!

Dieses Verhalten zeigt, dass Katzen auf unsere Hilfe angewiesen sind und auch nicht zögern, danach zu rufen. Da manche Katzen zurückhaltend sind, sollten wir stets darauf achten, dass wir Probleme unserer Katzen rechtzeitig erkennen.

Stress macht krank

Bis vor kurzem war es üblich, körperliche und psychische Probleme getrennt zu betrachten ebenso wie akzeptables und »problematisches« Verhalten. Krankheit war eine Angelegenheit des Tierarztes und wurde mit Medikamenten kuriert, Fehlverhalten durch Strafen.

In den letzten 20 Jahren hat sich diese Sichtweise geändert. Wir suchen nach den Ursachen für problematisches Verhalten und müssen erkennen, dass körperliche und psychische Krankheiten vielfach eng zusammengehören. Damit geht auch eine engere Zusammenarbeit zwischen Tierärzten und -psychologen einher, denn eine ganze Reihe körperlicher Probleme lässt sich auch vor dem Hintergrund der Lebensumstände einer Katze erklären. Standen die Tierärzte den Psychologen früher eher abweisend gegenüber, haben sie inzwischen akzeptiert, dass Stress auch zu körperlichen Symptomen führen kann. Die Auswirkungen von Stress auf das Immunsystem und das körperliche Wohlbefinden – bei Tieren und Menschen – werden inzwischen genauer untersucht.

Stress tritt in unterschiedlichen Formen auf. Er kann kurzfristig und heftig sein oder langfristig zum Problem werden. Der Einfluss auf das Tier ist individuell sehr verschieden. Da das Phänomen sehr komplex ist, und die Forschung hier noch am Anfang steht, sind keine endgültigen Lösungen und Ratschläge zu erwarten.

Es ist bekannt, dass starker Stress bei Nutztieren die Wirksamkeit des Immunsystems vermindert und sich auf deren Produktivität auswirkt, vor allem wenn die Tiere auf engem Raum gehalten werden. Das zentrale Nervensystem und die Immunabwehr arbeiten Hand in Hand. Möglicherweise führt Stress dazu, dass sich die Zellen der Immunabwehr in Haut, Verdauungstrakt oder Blase umorientieren und die Immunantwort verändern. Diese Veränderungen könnten einige körperliche Symptome unserer Haustiere erklären.

Bluthochdruck – auch bei Katzen ein Problem

Einige stressbedingte Krankheiten bei Katzen treten in ähnlicher Form auch beim Menschen auf. Wussten Sie, dass auch Katzen unter zu hohem Blutdruck leiden können? Die Auswirkungen sind ähnlich wie beim Menschen: Die Katzen bekommen Probleme mit dem

Herzen oder werden blind. Eine wissenschaftliche Veröffentlichung (Belew u.a. im *Journal of Veterinary Internal Medicine*, 1999) befasste sich mit der Auswirkung des weißen Kittels (»Weißkitteleffekt«) auf die Höhe des Blutdrucks bei Katzen: Bei Menschen ist seit 1940 bekannt, dass der Blutdruck in einer Klinik prinzipiell höher ist als bei Messungen zu Hause. Vermutlich basiert das Phänomen auf dem Stress, unter dem wir in Krankenhäusern stehen. Bei Katzen geschieht genau das Gleiche: ihr Blutdruck steigt beim Tierarzt an. Ein Tierarzt sollte also mehrere Messungen in stressfreier, bekannter Umgebung durchführen, sonst sind die Ergebnisse verfälscht. Beim Arzt oder in der Tierklinik leidet eine Katze unter Angst und Spannung. Wie bei uns steigt ihr Blutdruck an.

Empfindliche Blase, empfindliche Nieren

Aktuelle Studien über Erkrankungen der unteren Harnwege bei Katzen (ähnlich den Blasenkatarrhen beim Menschen, meist bei Frauen) belegen, dass diese Krankheit zunimmt. Die Katzen haben Schwierigkeiten beim Urinieren, urinieren an verschiedenen Stellen, meistens außerhalb des Katzenklos, und haben Blut im Urin. Gelegentlich kommt es zu der lebensgefährlichen Situation eines Harnwegverschlusses.

Wer einmal unter einem Blasenkatarrh gelitten hat, kennt das Problem. Man hat Schmerzen beim Wasserlassen und verspürt ständig das Bedürfnis zu urinieren. Bei Katzen kann das Bedürfnis so stark werden, dass sie es nicht mehr bis ins Katzenklo zu schaffen glauben und sich vorher erleichtern. Vermutlich verspüren sie ähnliche Symptome wie Menschen. Tatsächlich finden Tierärzte in zwei Dritteln aller Fälle keine körperlichen Ursachen für das Leiden. Auch dieses Phänomen ist in der Humanmedizin bekannt (die sogenannte interstitielle Cystitis). Möglicherweise wirken Stress und andere psychologische Faktoren verstärkend oder sogar auslösend.

Nach einer Hypothese werden beim Menschen aufgrund von Veränderungen im Nervensystem bestimmte Neurotransmitter ausgeschüttet, die lokale Schmerzen oder Entzündungen hervorrufen. Möglicherweise geschieht dasselbe bei der Katze. Die Blase wird gewöhnlich durch eine dicke Schleimschicht vor Bakterien und den Kristallen im Urin geschützt. Bei Katzen mit einer Blasenentzündung unbekannter Ursache ist diese Schleimschicht dünner als normal. Es ist zwar nicht sicher, dass diese Veränderung die Ursache für die Entzündung ist. Sie verschlimmert aber eine Erkrankung in jedem Fall.

Durch Stress verursachtes Urinieren hat verschiedene Ursachen: Die Katze ist nicht einverstanden mit der Streu oder der Position des Katzenklos. Sie fühlt sich dort angreifbar oder unsicher. Der Grund kann auch die Konkurrenz mehrerer Katzen um dasselbe Katzenklo sein oder ein Rivale, der sie angreift, während sie das Katzenklo benutzt.

Eine neuere Untersuchung der Ursachen von Blasenentzündungen bei Katzen konnte weitere auslösende Faktoren aufzeigen. Der wichtigste Auslöser waren Konflikte mit anderen Katzen in der Wohnung. Weitere Faktoren sind neues Futter, neue Umgebung, das Wetter, Enge, Stress des Katzenhalters, ein zusätzliches Haustier oder ein neuer Mensch in der Familie. Eine Untersuchung in Neuseeland hat ergeben, dass auch Bewegungsmangel oder Übergewicht zu Harnwegsproblemen führen. Katzenurin ist sehr stark konzentriert. Möglicherweise sitzen die Katzen zu lange herum und entleeren sich nicht oft genug, bis der Urin zu stark konzentriert wird und das Wachstum von Kristallen innerhalb der Blase fördert. Betroffene Katzen neigen eher zu Blaseninfektionen, die dann wiederum die Funktion der Blase beeinflussen. Da Harnleiterprobleme häufig bei Katzen auftreten, die zu mehreren in einem Haushalt leben, könnte auch der Stress des Zusammenlebens dazu betragen. Neben Umzug in eine neue Wohnung spielt auch die Witterung eine Rolle. Im Winter gehen Katzen seltener ins Freie und entleeren sich seltener.

Hoher Blutzucker – ein Zeichen für Stress?

Einige Katzen leiden an Stress bedingter Hyperglykämie – zu hohe Zuckerkonzentration im Blut. Der Tierarzt muss entscheiden, ob die Katze Diabetes hat oder nicht. Allein aufgrund des hohen Zuckergehalts ist die Diagnose problematisch, denn eine einfache Blutprobe kann missverständlich sein. Bereits der Stress in der Praxis kann den Zuckergehalt im Blut ansteigen lassen. Leider kann der Tierarzt seine Diagnose nicht nach dem Allgemeinzustand stellen. Manche hoch nervöse Katzen, die bei jeder Berührung fast an die Decke gehen, haben einen völlig normalen Blutzuckerspiegel, während bei scheinbar ruhigen Tieren der Wert ungewöhnlich hoch ansteigen kann. Katzen machen es uns nicht leicht. Dazu sind die Unterschiede zwischen den einzelnen Individuen einfach zu groß.

Zu viel Putzen schadet

Die Haut einer Katze kann stark darunter leiden, dass sie sich ständig zwanghaft putzt. Krankhaftes Putzen führt zu nackten Hautstellen. Die Haare brechen ab. Durch das symmetrische Putzen verbreitet sich die Kahlheit auf beide Körperhälften. Im Extremfall sind Seiten, Rücken oder Bauch völlig kahl. Bei anderen Tieren beschränken sich die kahlen Stellen auf Teile der Beine und des Bauches. Andere Katzen reagieren bereits auf die Berührung ihrer Haut hypersensibel. Wenn sie sich putzen oder ablecken, wellt sich ihre Haut. Diese Katzen reagieren auf Berührung ungeheuer stark, so als wären sie gestochen worden. Katzen mit hypersensibler Haut werden leicht aggressiv, denn die empfindliche Haut stört sie nicht nur beim Putzen, sondern auch, wenn sie sich zum Schlafen hinlegen. Manchmal lässt sich die Ursache relativ einfach feststellen: Allergien auf Flöhe oder Hautkrankheiten. In anderen Fällen finden sich jedoch keine Auslöser. Wissenschaftler fanden heraus, dass durch Veränderungen im

Nervensystem die Nervenenden in der Haut stärker gereizt wurden – wiederum bedingt durch Stress. Wie bei sehr nervösen Menschen reagieren auch manche Katzen mit Nägelkauen, gespaltenen oder zerbrochenen Nägeln.

Die »psychogene Haarlosigkeit« wurde mehrfach untersucht. In den meisten Fällen ließen sich allerdings körperliche Ursachen feststellen, z.B. Allergien gegen Flöhe. Da echte psychische Auslöser sehr selten auftraten, empfehlen die Forscher, zunächst sehr sorgfältig nach körperlichen Ursachen zu suchen, bevor von einem Verhaltensproblem ausgegangen wird.

Stress beeinflusst das Immunsystem

Es könnte sein, dass der Körper einer Katze in vielen dieser geschilderten Fälle auf eine Veränderung des Immunsystems reagiert, möglicherweise vorbeugend gegen eine Verletzung, damit der Körper im Fall der Fälle sofort Gegenmaßnahmen ergreifen kann. Wenn der Stress auslösende Faktor nicht verschwindet, bleibt der Körper in diesem reaktionsbereiten Zustand.

Eine streunende Katze oder eine Hauskatze, die sich draußen frei bewegen darf, kann der sie unter Stress setzenden Situation entfliehen. Sie kann einer anderen Katze aus dem Weg gehen, in eine andere Umgebung wechseln, neue Herausforderungen suchen oder ihre Langeweile aktiv bekämpfen. Für Wohnungskatzen gibt es diesen Ausweg nicht. Kommt eine neue Katze in die Familie, kann die alte durch die Katzenklappe nach draußen verschwinden und sich längere Zeit draußen abreagieren, bis sie sich (hoffentlich) an die neue Katze gewöhnt hat. Einer reinen Wohnungskatze ist selbst dieser Ausweg verwehrt. Sie kann sich weder zurückziehen noch ausweichen. Katzen, die sich krankhaft an einen Menschen anschließen, sind auf ihn angewiesen. Für sie gibt es keine andere Gesellschaft.

Untersuchungen zum Thema Stress bei Hauskatzen gibt es noch nicht lange. Immerhin ist bereits bekannt, dass sich Stress im Verhalten einer Katze niederschlägt. Erste Anzeichen deuten darauf hin, dass es zu gesundheitlichen Problemen kommen kann. Vermutlich werden die oben zitierten Studien bald Nachfolger bekommen. Eines der Hauptprobleme ist die Messung von Stress. Man kann biochemische Parameter feststellen, ohne jedoch deren Auswirkung zu kennen. Alle Einzelergebnisse müssen zu einem Gesamtbild, einem »Gefühlsprofil« der Katze zusammengesetzt werden. Hier muss die Hilfe ansetzen. Tierärzte und Katzenpsychologen werden in Zukunft noch enger zusammenarbeiten. Beide Disziplinen können voneinander lernen und voneinander profitieren. Körperliche und mentale Gesundheit gehen auch bei Katzen Hand in Hand. Und wir Katzenhalter? Wir können versuchen, Warnsignale zu erkennen und Stress auslösende Faktoren abzustellen.

13
Seelisches Gleichgewicht

Im letzten Kapitel habe ich einige Probleme aufgezeigt, die stressbedingt sein können. Die Ursachen für die daraus folgenden Konflikte sind bei den Katzen selbst zu finden. Selbstverständlich kann auch die Konfrontation mit einem Artgenossen Ursache für Stress – und die »seelischen« Folgen – sein.

In diesem Kapitel möchte ich zeigen, was wir tun können, um Konfliktsituationen und den daraus folgenden Stress möglichst zu vermeiden. Um es nochmals deutlich zu sagen: Die meisten Katzen leben glücklich und zufrieden. Es gibt allerdings innerhalb des Zusammenlebens in einem Haushalt mit Katzen Situationen, in denen sie sich eine Katze wirklich nicht mehr glücklich fühlt.

Verständnis und Respekt

Ganz oben in der Skala stehen Verständnis und Respekt für die Katze, so wie sie ist und nicht, wie sie sein sollte. In den Kapiteln 3 bis 5 habe ich versucht darzustellen, wie sich eine Katze ihrer Natur entsprechend verhält. Da Katzen seit vielen Jahrtausenden mit Menschen zusammenleben, kann man bestimmte Faktoren nicht mehr betrachten, *ohne* den Menschen mit einzubeziehen. Wenn wir bei der Betrachtung aber einmal den Einfluss des Menschen so wenig wie möglich berücksichtigen, verhalten sich Katzen auf ganz eigene, besondere Weise, und um dieses Verhalten geht es mir. Katzen sind

Jäger der Spitzenklasse und viele ihrer Verhaltensweisen sind direkt oder indirekt an die Jagd gekoppelt. Diesen Aspekt ihrer Existenz sollten wir nie vergessen: Aussehen und Verhalten sind durch ihre Fähigkeiten als Jäger begründet.

Katzen haben immer wieder bewiesen, wie anpassungsfähig sie sind. Sie leben fast überall auf der Welt, von subantarktischen Inseln über Wüsten bis zu unseren dicht besiedelten Städten. Sie kommen gut ohne uns zurecht, können sich aber auch für ein enges Zusammenleben mit uns entscheiden. Unser eigener Lebensstil hat sich zweifellos verändert und die Katzen sind uns gefolgt. Unsere moderne Gesellschaft ist hektischer geworden. Wir haben höhere Ansprüche an uns und unsere Umgebung, auch an unsere Haustiere. Wir stehen ständig unter Druck, müssen mehr verdienen, höhere Schulden abbezahlen und legen Wert auf Besitz und hohen Lebensstandard. In vielen Familien sind daher alle Erwachsenen berufstätig. Wir wollen alles kontrollieren, um mit den anderen Schritt halten zu können. Eine Katze, die alles mitmacht, ist eigentlich das ideale Haustier für die moderne Zeit, aber wir dürfen nicht zu viel von ihr verlangen. Sie ist und bleibt ein Tier mit tierischen Bedürfnissen. Wir dürfen nicht den Druck, der vielleicht auf uns lastet, an sie weitergeben. Katzen sind Tiere und wir sollten nicht vergessen, wie faszinierend sie sein können.

Vor vielleicht zehn Jahren hätten wir sicher geschmunzelt, wenn jemand von »verhaltensgestörten« Katzen erzählt hätte – niemand kümmerte sich darum. Heute wird allgemein anerkannt, dass unsere Katzen ein »inakzeptables« Verhalten in der Wohnung zeigen können. Andererseits wissen wir auch mehr. Wir können den Ursachen auf den Grund gehen und herausfinden, warum sich eine Katze nicht mehr katzengemäß verhält.

Ich spreche von Katzen, die Urin verspritzen oder Markierungen hinterlassen, die aggressiv auf andere Katzen oder Menschen reagieren, die sich krankhaft putzen, nervös oder depressiv sind. Manchmal gibt es für das Problem mehr als eine Ursache und gelegentlich passt die Persönlichkeit einer Katze einfach nicht zum Lebensstil ihrer Halter. Während die eine Katze fröhlich mit anderen um die Vorherrschaft in der Wohnung kämpft, verkriechen sich andere verzweifelt in einer Ecke. Während eine friedlich den ganzen Tag verschläft und es bestens in der Wohnung aushält, wird eine andere verrückt, weil sie nicht ins Freie darf. Es gibt keine festen Regeln oder schnellen Erfolge, aber es gibt immerhin ein paar Tricks, wie man Probleme erkennt und sie vielleicht beheben kann.

Ist es die Richtige?

An der Spitze der möglichen Problemlösungen steht die Wahl der richtigen Katze, wie wir sie an uns gewöhnen und wie wir sie in unseren Tagesablauf einbeziehen.

Fast alle Menschen entscheiden sich nach äußerlichen Kriterien, wie z.B. der Fellfarbe, weil wir vielleicht als Kind eine ähnliche Katze kannten oder Bekannte eine solche Katze besitzen. Manchmal ist der Einfluss der Medien entscheidend. Zurzeit sind silberne Tabbykatzen und Bengalkatzen mit wunderschön gemustertem Fell groß in Mode. Sie werden in Anzeigen angeboten und ihre Verbreitung nimmt zu. Vielleicht waren die Perserkatzen nur deswegen so gefragt, weil sie sich in einer Teppichreklame elegant auf einem Teppich räkelten und den Inbegriff von Luxus verkörperten. Jeder, der gerne eine Katze hätte, wird sich von äußeren Faktoren beeinflussen lassen. Dagegen ist auch gar nichts einzuwenden, doch wo die Nachfrage groß ist, fühlen sich die Züchter gefordert. Neben den seriösen Züchtern gibt es leider immer auch solche, die vorrangig an den Profit denken. Ein Neuling, der sich eine Rassekatze zulegen möchte, kann nicht zwischen einem verantwortungsvollen Züchter und einem schwarzen Schaf der Zunft unterscheiden. Letztere halten Katzen unter unzumutbaren Bedingungen, produzieren Kätzchen »am Fließband« und haben weder Zeit noch Lust, sich um die körperliche und psychische

Gesundheit ihrer Tiere zu kümmern. Die Folge sind Katzen, die ohne Selbstvertrauen durchs Leben gehen und in unserer hektischen Zeit ständig unter Stress leiden.

Kätzchen müssen schon im jungen Alter daran gewöhnt werden, neue Situationen, Menschen und Gegenstände zu erleben. In der Massentierhaltung verbringen Tiere ihre Jugend in einer reizlosen Umgebung auf engem Raum. Sie hocken in Schuppen oder zu kleinen Käfigen, ohne jemals mit einer alltäglichen Reizsituation konfrontiert zu werden. Schlechten Züchtern, die jeweils mehrere Würfe betreuen und nebenbei ganztägig arbeiten gehen, fehlen Zeit, Kenntnis und die Erfahrung, um ihre Jungkätzchen professionell auf das Leben vorzubereiten und aus nervösen Kätzchen werden keine guten Haustiere.

Die meisten Menschen wünschen sich eine freundliche Katze mit Selbstvertrauen, die sich in die Familie einfügt und mit den anderen Tieren zurechtkommt. Wenn Sie die folgenden Tipps beherzigen, vermeiden sie größere Fehlschläge.

Rassekatze aus guter Zucht

Machen Sie Ihre Hausaufgaben. Klären Sie, welche Rasse für Sie infrage kommt; erkundigen Sie sich nach allgemeinen Merkmalen und Verhalten. Passt die Katze zu Ihrem Lebensstil?

Wenn Sie keine Zeit finden, die Katze jeden Tag zu bürsten, kommen Perserkatzen und andere Langhaarkatzen nicht infrage. Möglicherweise sind Sie selbst von Katzen mit halblangen Haaren wie Birma oder Maine Coon, die ebenfalls regelmäßig gekämmt werden müssen, überfordert. Sie müssen lernen, wie eine Langhaarkatze gebürstet wird und welche Werkzeuge Sie dafür brauchen. Ein guter Züchter wird Sie anleiten und Ihnen helfen. Eine Perserkatze kann ihr Fell nicht mehr selbst pflegen. Sie ist auf menschliche Hilfe angewiesen. Das funktioniert aber nur dann, wenn bereits die kleine

Katze regelmäßig von einem Menschen gebürstet wurde. Dann ist ihr Fell noch nicht besonders lang. Durch die lange Gewöhnung akzeptieren die Katzen, dass sich ihre Menschen regelmäßig mit ihrem Fell beschäftigen. Dies sollten sie vor der Wahl einer Katze überlegen.

Wenn Sie nach einer unabhängigen Katze suchen, die nicht dauernd an Ihnen klebt, dann kommen Siam-, Burma- oder Rex-Katzen sicher nicht infrage. Sie verlangen regelmäßige Aufmerksamkeit, werden laut und langweilen sich, wenn sie nicht gefordert werden. Zudem sind diese Rassen nicht besonders pflegeleicht. Wenn Sie allerdings eine Katze suchen, mit der Sie sich beschäftigen können und deren Verhalten fast hundeartig ist, dann sind diese Rassen genau das Richtige für Sie. Maine Coons sind aktiv und wollen regelmäßig nach draußen; sie fühlen sich als reine Wohnungskatzen unglücklich.

Fragen Sie den Züchter ruhig aus und erkundigen Sie sich auch an anderer Stelle. Es gibt Züchter, die bereitwillig Auskunft über die Rasse und ihre Charaktereigenschaften geben. Sie werden ihre Kätzchen nur verkaufen, wenn sie das Gefühl haben, dass Sie und die Katze zusammenpassen. Natürlich gibt es auch Züchter, denen es völlig gleichgültig ist, wer ihre Katze kauft. Für sie zählt nur der Gewinn. Ein anderer Züchter würde seine Kätzchen am liebsten gar nicht hergeben. Er verkauft sie nur, wenn er sicher sein kann, dass sie frei herumlaufen dürfen und genau das gleiche Futter bekommen, das er selbst füttert. Zu welchem Typ der Züchter neigt, den Sie aufsuchen, müssen Sie selbst herausfinden und sich ein Bild machen. Für einen ersten Eindruck sind Katzenausstellungen gut geeignet. Dort bekommen Sie Kontakt zu Züchtern und anderen Katzenhaltern und jede Menge unterschiedliche Aussagen. Sicher werden Sie rasch feststellen, wer Ihnen wirklich helfen und wer Sie nur in seine Richtung beeinflussen möchte. Außerdem sehen Sie dort unterschiedliche Rassen »live« und können sich ein besseres Bild von den charakteristischen Merkmalen machen.

Leider darf sich jeder »Züchter« nennen, der zwei Katzen zur richtigen Zeit zusammenbringt, doch nur die guten Züchter kennen sich mit der Gesundheit und dem Verhalten einer bestimmten Rasse aus.

Gesundheit ist ein großes Thema. Gute Züchter kümmern sich um die Gesundheitsvorsorge für ihre Kätzchen und lassen sie rechtzeitig impfen, bevor sie mit etwa 13 Wochen an ihre Besitzer abgegeben werden. Manches können Sie selbst überprüfen. Nehmen Sie keine Katze mit, deren Augen nässen oder deren Nase läuft oder die Verdauungsprobleme hat. Glauben Sie die Geschichten nicht, die Kätzchen hätten gerade miteinander gekämpft – daher das laufende Auge. Nehmen Sie nie ein Kätzchen aus Mitleid. Wenn Sie nicht das Risiko einer kranken Katze und die Tierarztkosten (und viel Sorge) auf sich nehmen möchten, dann kaufen Sie mit offenen Augen. Schon viele Menschen konnten einem jammernden Kätzchen nicht widerstehen und wollten es aus Mitleid in eine bessere Umgebung mitnehmen.

Wenn Sie den Züchter besuchen, achten Sie unbedingt auch auf die Gesundheit aller anderen Katzen. Wenn es überall von Katzen wimmelt, die Käfige einen verwahrlosten Eindruck machen oder es unangenehm riecht, steht es um die Hygiene nicht zum Besten und die Gefahren einer Infektion sind hoch. Kleine Gruppen lassen sich leichter pflegen, und auch die Sozialisation der Jungen läuft gewöhnlich besser. Bei solchen Züchtern ist die Krankheitsgefahr geringer. Gewöhnen Sie sich unbedingt an den Gedanken, ohne eine Katze nach Hause zu gehen! Sobald sie den Entschluss gefasst haben, wollen die meisten Menschen nicht ohne ein Kätzchen nach Hause kommen. Auch mir ist das einmal passiert. Nur weil wir nicht abwarten können, nehmen wir vielleicht eine kranke Katze mit nach Hause, die uns nicht nur viel Geld beim Tierarzt kosten wird, sondern vielleicht auch andere Katzen in der Familie ansteckt. Es kann aber auch sein, dass die Katze nie ihre Nervosität verliert – also nicht gerade die Katze, die man sich gewünscht hatte. Solche Katzen vergällen vielen Menschen die Lust an einer weiteren Katze.

Sie sind unter Umständen viele Jahre an ein Tier gebunden, das sie eigentlich nicht wollten.

Wenn Sie eine Rassekatze kaufen, gibt es noch ein weiteres Problem: Viele Menschen befürchten, dass ihre teure Katze draußen gestohlen wird und halten sie aus Angst davor ständig in der Wohnung. Bei einer Straßenkatze besteht diese Angst garantiert nicht. Sie darf ins Freie. Spätestens jetzt wird es Zeit, an die Gefühle einer Katze zu denken. Eine Mischlingskatze ist genauso schön und elegant wie eine Rassekatze. Warum entscheiden Sie sich nicht für eine Mischlingskatze, die ein katzengerechtes, freies Leben führen darf, ohne dass Sie sich Sorgen machen müssen?

Mischlingskatzen aus dem Tierheim

Es gibt die unterschiedlichsten Gründe, warum Mischlingskatzen geboren werden. Manche sind typische »Unfälle«, weil die Halter vergessen haben, ihre Katze kastrieren zu lassen, andere stammen aus dem Tierheim. Auch bei Mischlingskatzen gilt es ein paar Regeln zu beachten.

Die Katzen in den Tierheimen brauchen wirklich ein neues Zuhause. Dennoch ist auch hier eine gewisse Vorsicht geboten. Ähnlich wie bei Züchtern gibt es solche und solche Tierheime. In einem guten Tierheim leben die Katzen in Einzelkäfigen mit sauberen, freundlichen Ausläufen. Die Heime sind gut organisiert und achten peinlich auf Hygiene. Schlechte Heime pferchen alle Katzen zusammen in einen Käfig. Sie sind schlecht organisiert und schmutzig. Nur weil die Betreiber eines Tierheimes ihr Herz auf dem rechten Fleck haben und Katzen mögen, machen sie längst nicht alles richtig. Nur wer sich auskennt, Erfahrungen hat und alle notwendigen Maßnahmen befolgt, führt ein gutes Heim. Viele Tiere in gutem, gesundem Zustand zu halten, erfordert eine gute Organisation und viel Disziplin. Katzen zu mögen und ihr Bestes zu wollen, reicht leider nicht. Eine

Katze aus dem »falschen« Tierheim zu holen, kann in der Folge große Probleme bedeuten. Nicht nur ein Züchter muss Zeit investieren, um seine Kätzchen zu sozialisieren; das gilt auch für die Angestellten oder Helfer in einem Tierheim. Dort kommt erschwerend dazu, dass die Kätzchen in Käfige gesperrt sind. Die Helfer müssen also noch mehr Arbeit und viel Zeit investieren, um mit den Kätzchen zu spielen und sie an neue Spielzeuge und Situationen gewöhnen.

Manchmal sind die »Unfall-Kätzchen« sogar am besten dran. Sie werden von einer gut in die Familie eingebundenen und selbstsicheren Katze erzogen. Die Kleinen wachsen mitten in der Wohnung zwischen Erwachsenen, Kindern und vielleicht anderen Tieren auf. Sie lernen sehr unterschiedliche Menschen und verschiedene alltägliche Situationen kennen: Staubsaugen, Putzen, Fernsehen, Türklingel, Lärm und diverse Aktivitäten. Wenn sie in ein neues Haus kommen, empfinden sie all dies als völlig normal und werden gut mit der neuen Situation fertig.

Die passt zu uns!

Bevor Sie sich für eine Rassekatze oder einen Mischling entscheiden; prüfen Sie gründlich, ob die Vorgeschichte der Katze Ihren Ansprüchen und Wünschen entspricht. Wenn Sie Kinder oder Hunde haben, sollte das Kätzchen bereits Kontakt zu diesen ihm fremden Wesen gehabt haben. Ist Ihre Familie laut und aktiv? Dann wäre ein Kätzchen, das aus einem stillen Züchterhaus kommt, bei Ihnen sicher völlig überfordert und würde sich zu Tode erschrecken. Fragen Sie nach, wie der Züchter oder die Angestellten im Tierheim mit den Kätzchen umgegangen sind. Sind sie an den Umgang mit anderen Menschen gewöhnt? Lassen Sie sich die Katzenmutter zeigen und schauen sie sich genau an. Eine selbstbewusste Katzenmutter, die sich Ihnen ohne Angst präsentiert, hat diese Selbstsicherheit an ihre Kätzchen weitergegeben.

So geht das Eingewöhnen leichter

Der Wechsel in eine neue Umgebung ist eine große Sache für das Kätzchen. Es muss nicht nur Mutter und Geschwister verlassen, sondern auch den Ort, an dem es sich sicher gefühlt hat. Jetzt kommt es in eine Umgebung mit neuen Gerüchen und Geräuschen und alles sieht ganz anders aus. Versuchen Sie daher den Stress des »Neuen« etwas abzuschwächen: Geben Sie ihm dieselbe Streu, dasselbe Futter und nehmen Sie etwas aus dem alten Heim mit z.B. ein T-Shirt, eine Decke, etwas Streu und legen sie es ins Körbchen, damit das Kätzchen einen bekannten Duft riechen kann.

Diese Massnahmen helfen weiter

Vielfach lassen sich Verhaltensstörungen vermeiden, wenn früh genug vorgebeugt wird. Es kann immer vorkommen, dass die Fehler, die während der ersten beiden Monaten des Katzenlebens gemacht wurden, nie wieder ausgeglichen werden. So wird eine nervöse Katze möglicherweise erst nach Jahren ein Vertrauensverhältnis zu ihrem Halter aufbauen, an Fremde gar nicht zu denken. Ein Leben, das nur aus Angst vor dem nächsten Augenblick besteht, muss fürchterlich sein, übrigens auch für den Katzenhalter.

Wenn die Katze im Hinblick auf ihren Haushalt ausgewählt wurde, haben Sie eine deutlich bessere Chance, dass sie sich wohlfühlt. Auch dass sie von Anfang an gesund ist, ist sehr wichtig. Unterschätzen Sie niemals die Menge der Haare, die eine Langhaarkatze verliert. Wenn Sie peinlich auf die Sauberkeit Ihrer Wohnung achten, bedeutet eine haarende Katze zusätzliche Arbeit und sicher auch wachsenden Unmut. Dann wäre eine Kurzhaarkatze sicher die bessere Wahl.

Wenn Sie sich schon im Vorfeld darüber klar werden, ob die Katze ins Freie darf, haben Sie zudem eine größere Chance, dass die

Katze zu Ihren Planungen passt. Entscheiden Sie sich aus den oben genannten Gründen für eine Wohnungskatze, müssen Sie die Katze häufig allein lassen und sollten mit Schuldgefühlen und Frustrationen rechnen. Andererseits ist eine zweite Katze kein Allheilmittel. Die beiden könnten sich gegenseitig Schwierigkeiten machen. Dieses Risiko vermeiden Sie mit zwei Kätzchen aus demselben Wurf. Diese beiden sind seit der Prägungsphase zusammen und dürften mit großer Sicherheit auch als erwachsene Katzen gut miteinander auskommen.

Ich wünsche mir eine zweite Katze

Unsere Hauskatzen stammen von einzelgängerischen Raubtieren ab, sind aber in der Lage, sich an Gesellschaft zu gewöhnen. Katzen sind eigenwillige Charaktere. Was der einen zusagt, muss der anderen längst nicht gefallen.

Die meisten Katzenliebhaber genießen die Gegenwart ihrer Katze und wünschen sich oft mehr als eine. Was die Zeit, den Platz oder Aufwand angeht, machen eine oder zwei Katzen kaum einen Unterschied. Allerdings verdoppelt sich der Preis für das Futter und den Tierarzt. Kann man im Voraus abschätzen, ob die Katze einen Gefährten akzeptieren wird? Leider nicht! Selbst wenn die Katze an einen Partner gewöhnt war, garantiert das kein reibungsloses Zusammenleben mit einer neuen Katze, die plötzlich auftaucht. Tatsächlich bleibt Ihnen nichts übrig, als es auszuprobieren. Kaufen Sie die zweite Katze aber niemals unter dem Vorwand, der alten Katze einen Freund zu schenken. *Sie* wollen eine zweite Katze! Der Revierinhaber ist nämlich fast immer ganz zufrieden mit seiner Situation.

Steht die Entscheidung grundsätzlich fest, folgt wieder die Planung. Welches Alter und Geschlecht soll die neue Katze haben? Wie stellt man den ersten Kontakt her? Jeder dieser Faktoren hat Auswirkungen auf die erfolgreiche Integration der neuen Katze.

Beim Alter der neuen Katze fällt die Antwort relativ eindeutig aus: Eine sehr junge Katze fügt sich leichter ein als eine erwachsene Katze. Ein Kätzchen bedeutet keine echte Bedrohung und es reagiert nicht aggressiv auf die alte Katze, sondern eher mit Spielen. Diese Reaktion lässt also das Problem auf keinen Fall eskalieren. Außerdem wirkt die fehlende Reife des neuen Gefährten besänftigend auf die ältere Katze.

Auch die Frage nach dem Geschlecht ist wichtig. Es wird immer wieder berichtet, dass weibliche Katzen ihr Revier heftiger verteidigen als ein kastrierter Kater. Die Erklärung dafür könnte sein, dass sie sich um einen sicheren Platz für ihre Jungen sorgt, denn auch eine kastrierte Katze verfügt noch über den Brutinstinkt. Ihr hormoneller Zustand entspricht dem einer Katze, die nicht in Hitze ist. Kastrierte Kater scheinen eine fremde Katze bereitwilliger zu akzeptieren. Ihr Hormonhaushalt wurde durch die Kastration dauerhaft verändert. Möglicherweise legen sie deshalb keinen gesteigerten Wert auf die Verteidigung ihres Reviers. Das bedeutet allerdings nicht zwangsläufig, dass sie jeden Eindringling in ihr Revier akzeptieren. Ist die Hauskatze weiblich, sollte das neue Kätzchen männlich sein. Weibliche Katzen verjagen ihre Geschlechtsgenossinnen, lassen Kater aber meist kommen und gehen. Kastrierte Kater akzeptieren beide Geschlechter gleich gut – sofern nicht individuelle Abneigungen zum Tragen kommen.

So gewöhnen sich zwei Katzen aneinander

Durch die Art und Weise, wie die neue Katze in den Haushalt eingeführt wird, können Sie viel dazu beitragen, dass dies für Ihre bereits dort lebende Katze so wenig Stress wie möglich bedeutet. Halten Sie sich immer vor Augen, was für eine Katze wichtig ist: Die Sicherheit ihres Reviers. Die Anwesenheit und der Geruch jeder fremden Katze verstößt gegen diese Regel!

Bringen Sie die neue Katze ins Haus, wenn alles ruhig ist – nicht gerade an Weihnachten oder an einem Kindergeburtstag, wenn Sie das Haus voller Gäste haben. Bereiten Sie alles vor, damit die Eingewöhnung glatt und ruhig verläuft. Das gilt übrigens sowohl für eine alte als auch für eine junge neue Katze.

Das erste Problem betrifft den Duft. Wenn Ihre alte Katze den Neuling zum ersten Mal sieht, sollte sie dessen Geruch bereits kennen. Es klingt zwar bestechend einfach, die beiden zusammen zu bringen und sich »beschnuppern« zu lassen, aber genau das schafft Probleme. Sperren Sie zunächst die neue Katze in einem Zimmer der Wohnung ein. Sie sollte dort etwas vorfinden, an das sie gewöhnt ist und bekommt ein eigenes Katzenklo und einen eigenen Futternapf. Wenn die Katze von sich aus auf sie zukommt, reagieren Sie, ansonsten lassen Sie ihr alle Zeit, die sie braucht, um sich einzugewöhnen. Geben Sie ihr jedes Mal einen Leckerbissen, wenn Sie ins Zimmer kommen, dann verbindet sie Ihre Gegenwart mit etwas Angenehmem. Streicheln Sie die neue, dann die alte Katze, damit sich die Eigendüfte vermischen. Wischen Sie die neue Katze mit einem weichen Tuch im Bereich des Kopfes ab, wo die meisten Duftdrüsen sitzen. Verteilen Sie den Duft mit dem Tuch im Haus. Das mag Ihnen vielleicht sinnlos vorkommen, aber Sie werden sehen, dass die alte Katze sehr wohl merkt, was Sie tun. Streicheln Sie die alte Katze, auch das vermischt die Gerüche. Auf diese Weise gewöhnt sich die alte Katze nach und nach an den Duft der neuen Katze und umgekehrt. Jetzt lassen Sie die Katzen allein in das Zimmer, das die jeweils andere benutzt hat. Warten Sie aber mindestens eine Woche, bis sich die beiden zum ersten Mal sehen dürfen. Dann fühlt sich die neue Katze schon etwas mehr »zu Hause« und die alte Katze hat sich an den fremden Duft gewöhnt. Tatsächlich hat sie bereits den Duft der neuen Katze angenommen.

Dann ist es aber immer noch zu früh zum »Beschnuppern«. Das sollte in einem Käfig oder einem Transportkäfig für Hunde geschehen. Katzenkäfige werden gerne von Züchtern benutzt, die den Katzen und ihren Jungen damit eine Art sicherer Höhle innerhalb der Wohnung verschaffen. Sie sind etwa 1 m hoch, haben eine Grundfläche von 75 x 100 cm und eine verschließbare Tür. In einem solchen Käfig lassen sich ein Bettchen, z.B. ein Karton mit weicher Decke und ein Katzenklo unterbringen. Je nach Sicherheitsbedürfnis verschafft eine über den Käfig gebreitete Wolldecke zusätzliche Sicherheit. Der Käfig sollte schon bereitstehen, wenn die neue Katze ins Haus kommt. Nach etwa einer Woche dürfen Sie den Käfig in einen belebteren Raum stellen. Die neue Katze kennt ihren Käfig und wird sich auch an dessen neuen Standort gewöhnen. Von nun an dürfen sich die beiden Katzen sehen. Die neue Katze ist in ihrem Käfig sicher. Vermutlich wird die alte Katze etwas fauchen und knurren und nach draußen flüchten. Sie kommt aber auf jeden Fall zurück (Lieblingsfutter ist ein starkes Lockmittel). Die beiden Katzen können sich gegenseitig beobachten und sogar im selben Zimmer schlafen (die neue im Käfig) und sich dabei aneinander gewöhnen. Solange die alte Katze im Freien herumläuft oder in einem Zimmer eingesperrt bleibt, darf sich die neue im Haus umsehen. Erst wenn Sie sicher sind, dass sich die beiden tolerieren, machen Sie die Käfigtür auf. Der Käfig bleibt aber als letzte Sicherheit zunächst stehen. Er bietet auch Vorteile für Sie: Junge Kätzchen sind Weltmeister darin, sich in einer fremden Umgebung in Schwierigkeiten zu bringen und so können Sie aus dem Haus gehen und das Kätzchen im Schutz des Käfigs mit Futter und einem Katzenklo zurücklassen. Fast alle Katzen finden sich bestens damit ab, eine Zeitlang eingesperrt zu bleiben.

Mit einem solchen Käfig können Sie auch eine nervöse Katze in die Familie integrieren. Stellen Sie den Käfig in ein ruhiges Zimmer, in dem nur wenig »Verkehr« ist. Die Katze kann sich aus der Sicherheit des Käfigs an die Umtriebe draußen gewöhnen. Frei laufende, nervöse Katzen rasen bei jeder »lebensbedrohlichen« Situation unter das nächste Sofa – und einer hoch sensiblen Katze erscheint alles lebensbedrohlich. Unter dem Sofa bekommt sie nie mit, dass die schreckliche Gefahr völlig harmlos ist, während sie vom Käfig aus in Ruhe verfolgen kann, was um sie vorgeht. Der Käfig verschafft ihr Sicherheit, ohne sie von den vermeintlich »lebensbedrohlichen« Gefahren auszuschließen. Hat sich die Katze an das ruhige Zimmer gewöhnt, wird er in ein anderes Zimmer umgestellt. Schließlich wird die Käfigtür geöffnet, damit die Katze selbst entscheiden kann, ob sie heraus möchte. Übrigens ist solch ein Käfig auch bestens geeignet, wenn ein Hund ins Haus kommt. Er verspricht Sicherheit, ohne Kontakte zu verhindern.

Es geht aber auch ohne einen großen Käfig. Ein Transportkäfig oder ein Korb sind zwar zu klein als Höhle, aber sie erlauben einen sicheren Kontakt. Stellen Sie den Transportkäfig auf einen Couchtisch oder einen Stuhl, damit sich alte und neue Katze sehen, aber nicht aggressiv anstarren können. Wenn die alte Katze ins Zimmer kommt, wird sie gelobt (die neue auch). Bieten Sie beiden Katzen Leckerbissen an, auch wenn sie anfangs nicht sehr interessiert sein werden. Sie müssen erreichen, dass die beiden die Gegenwart des anderen mit positiven Erfahrungen verbinden – kein Anschreien, keine Kämpfe oder Fluchten. Füttern Sie beide Katzen im selben Raum (die neue im Käfig) und rücken Sie Napf und Käfig immer näher. Damit gewöhnen sie sich an die ruhige Gegenwart der anderen.

Wenn Sie die Zeit für gekommen halten, dürfen sich die beiden begegnen. Warten Sie ab, bis beide hungrig sind und wählen Sie einen Raum mit Rückzugsorten in der Höhe. Stellen Sie die Futternäpfe hin und lassen Sie die neue Katze raus. Versuchen Sie aber nicht, die beiden nahe zusammenzubringen. Möglicherweise verstecken sie sich zuerst voreinander, doch schließlich – wenn Sie das Gefühl haben, es sei soweit – dürfen die beiden frei im Haus herumlaufen.

Das hört sich alles einfacher an, als es ist. Leider beschließen die wenigsten Katzen, von nun an die besten Freunde zu sein. Die meisten brauchen Wochen oder Monate (bei manchen vergehen Jahre), ehe sie sich in der Gegenwart der anderen Katze völlig entspannen. Bei Kätzchen gelingt die Annäherung gewöhnlich besser. Sie schließen sich häufig sehr eng an die alte Katze an. Eine neue erwachsene

Katze macht viel größere Schwierigkeiten. Es ist schon viel erreicht, wenn sich die beiden gegenseitig in einem Zimmer tolerieren. Jede Katze ist anders und reagiert je nach Persönlichkeit und Erfahrungen auf einen Artgenossen – dasselbe gilt natürlich auch für den Neuling. Eine neue Katze, die keine großen Schwierigkeiten macht, ruhig und friedlich bleibt, fügt sich rasch ein. Ist die Neue jedoch ein Biest oder nicht bereit, ihr Revier zu teilen, wird es schwieriger, sowohl für die alte Katze als auch für Sie.

Kann man zu viele Katzen haben?

Aus der Sicht der Menschen ist eine neue Katze im Haus kein Problem. Aus der Sicht der Katze sieht das ganz anderes aus. In einer normalen Wohnung ist Platz für viele Katzen und die Menschen lieben sie alle und sehen es gerne, wenn sie friedlich auf ihren Kissen schlafen. Katzen zu »sammeln«, kann sogar eine fixe Idee werden. Natürlich gibt es Menschen, die scheinbar ohne Probleme zehn Katzen halten können, und alle sind glücklich. Wir gewöhnlichen Sterblichen haben dagegen schon Probleme, drei Katzen bei Laune zu halten. Irgendwann wird eine der Katzen mit Verhaltensproblemen reagieren. In Kapitel 12 habe ich erklärt, dass manche Katzen den Stress in sich hineinfressen: Sie werden ruhig, kauern sich irgendwo hin, verstecken sich unter dem Bett oder bleiben draußen. Die meisten Katzen ertragen eine Menge Stress, bevor sie eine sichtbare Reaktion zeigen. Die Kunst besteht darin, genau zu wissen, wann es genug ist. Ich kann diese Einschätzung nicht durch wissenschaftliche Studien belegen, aber ich höre anderen Katzenhaltern seit vielen Jahren sehr gut zu. Selbst die meisten Katzenpsychologen halten höchstens eine oder zwei Katzen.

Das eigentliche Problem sind nicht so sehr unsere Wohnungen. In manchen Städten leben so viele Katzen auf engem Raum, dass sie sich und anderen Katzen ernste Probleme bereiten.

Ein Katzenleben in vier Wänden

Mit Wohnungskatzen meine ich Katzen, die niemals ins Freie dürfen. Vielleicht wohnt ihr Besitzer an einer viel befahrenen Straße oder in einer gefährlichen Gegend. Manche Katzenhalter möchten ihre Lieblinge von jeglicher Gefahr fernhalten und lassen sie sogar in einer sicheren Gegend nicht ins Freie. Menschen wünschen sich Sicherheit für ihre Katzen, doch die empfinden das ausschließliche Leben in der Wohnung als Einschränkung ihrer natürlichen Lebensweise. Wenn Sie wissen, dass Ihre Katze nie die Wohnung verlassen darf, sollten Sie sich für ein Tier entscheiden, das die Freiheit nicht kennt. Katzen, die an freien Auslauf gewöhnt sind, kämpfen gegen die Einschränkung und verbringen einen großen Teil ihrer Energie damit, ihrem »Gefängnis« zu entfliehen. Schließlich entwickeln sie aus Frustration Fehlverhalten.

Da ich auf dem Land lebe, gebe ich meine Ratschläge aus einer ziemlich privilegierten Situation heraus. Meine eigenen Katzen können in einer vergleichsweise sicheren Umgebung im Freien sein und in unserer Nachbarschaft leben nur wenige Katzen. Ich weiß, dass ich in einer glücklichen Lage bin. Dennoch habe auch ich Katzen verloren, die bei unvorhersehbaren Unfällen getötet wurden. Ich bin aber der Meinung, dass sie ein sehr abwechslungsreiches und gutes Leben führen konnten und dass dies die Gefahren aufgewogen hat. Wenn ich sehe, wie glücklich meine Katzen ihrem unabhängigen Leben draußen nachgehen, dann spüre ich keine Reue. Außerdem lassen wir die Fenster auf und unsere Kinder machen nie alle Türen zu. Was für ein Theater, wenn ich ständig hinter meinen Kindern her sein müsste, damit sie alles sicher verschließen!

Viele Katzenhalter erzählen, dass sich ihre Katzen sehr gerne in der Wohnung aufhalten. Das mag durchaus so sein. Tatsächlich ist jede Katze anders und manche mag sich im Zimmer durchaus wohlfühlen. Vor allem sensible Katzen werden gute Wohnungskatzen. Sie bleiben gerne im Haus, weil sie dort keinen bedrohlichen

Eindrücken ausgesetzt sind. Mir machen mehr die Katzen Sorgen, die gerne ins Freie wollen, es aber nicht dürfen. Jeder Katzenhalter kann allerdings das Seinige dazu tun, eine Wohnungskatze durch die richtigen Unterhaltungsangebote bei Laune zu halten. Katzen fressen pro Tag zwischen 7 und 20 kleine Mahlzeiten. Würden sie nicht gefüttert, müssten sie sich ihr Futter erjagen. Laut Aussagen von Katzenforschern ist nur einer von 15 Angriffen auf eine Beute erfolgreich, eine hungrige Katze muss also 150-mal einen Jagdversuch starten – sehr viel Bewegung inklusive. Das Jagdverhalten wird nicht unbedingt durch Hunger bestimmt. Katzen reagieren fast automatisch, sobald ihr Jagdinstinkt durch eine Bewegung oder ein Geräusch geweckt wird. Einer Wohnungskatze – vor allem wenn sie noch jung ist (ab etwa einem Jahr) – fehlen diese Reize. Frei laufende Katzen in diesem Alter jagen häufig. Ungefähr mit drei Jahren lässt ihre Jagdleidenschaft etwas nach. Es gibt aber auch Katzen, die ihr ganzes Leben lang gerne jagen. Eine junge Wohnungskatze langweilt sich und reagiert frustriert, wenn sie ihre Jagdleidenschaft nicht durch Spielen oder spielerisches Jagen abreagieren kann. Wir alle wissen, dass Hunde regelmäßig ihren Auslauf brauchen. Wir lassen sie frei rennen und nach Belieben schnuppern. Fehlt ihnen dieser Aufenthalt im Freien, reagieren sie ihre Energie in Zerstörungswut oder Aggression ab. Lehrer kennen ein ähnliches Phänomen: Kleine Kinder, die sich wegen schlechten Wetters in den Pausen nicht auf dem Schulhof austoben dürfen, können sich schlechter konzentrieren. Auch Kinder müssen sich austoben und spielen und ihre Energie loswerden. Bei Katzen sehen wir das anders. Da sie die meiste Zeit des Tages liegen und dösen, halten wir das für ihr normales Leben, mit dem sie anscheinend ganz zufrieden sind. Das trifft aber nur dann zu, wenn sie vorher ein paar Stunden durch den Garten gelaufen oder auf der Jagd gewesen sind. Katzen brauchen Anregungen und müssen sich bewegen.

Wer seine Katze ausschließlich im Zimmer hält, muss ihr die Gelegenheit zum Spiel bieten Das gilt vor allem für junge Katzen, und denken Sie daran: Bis zu 150 Jagdversuche unternimmt eine frei laufende Katze pro Tag! Die Katze braucht neue Spielsachen, muss klettern und sich verstecken und Gegenstände untersuchen können. Wie bei Zootieren müssen auch bei Wohnungskatzen durch die Gestaltung ihres Umfelds Anregungen geschaffen werden: Verstecken Sie beispielsweise das Futter in der Wohnung und lassen Sie die Katze danach suchen. Sie geht angeregt und mit geschärften Sinnen auf die »Jagd« nach dem versteckten Futter. Manche Züchter stellen ihren Katzen große Laufräder zur Verfügung, in denen sie sich abreagieren können – wie Goldhamster. Sollte Ihre Katze ein derartiges Rad mögen, warum nicht!

Sehr aktive und gesellige Rassen wie Siamkatzen können sich fast krankhaft eng an ihre Halter anschließen. Sie schlafen nur dann, wenn der Mensch nicht in der Wohnung ist und verhalten sich in seiner Gegenwart sehr fordernd und verlangen nach Aufmerksamkeit. Es gibt Menschen, die selbst kaum die Wohnung verlassen und denen gerade diese intensive Beziehung und die Anschmiegsamkeit dieser Katzen gefällt. Für solche Menschen sind sie ein idealer Partner. Wenn ihr Mensch die Wohnung verlässt, um zur Arbeit zu gehen oder am sozialen Leben teilzunehmen, regt sich die Katze auf. Sind die beiden wieder zusammen, verlangt sie unbedingte Zuwendung. Eine Freundin hat es so ausgedrückt: »Die Katze führt kein eigenes Leben, sie übernimmt das Leben ihres Menschen.« Sobald die Katze allein in der Wohnung ist, kommt es zu Übersprungshandlungen, typischerweise zu krankhafter Fellpflege. Es beginnt mit der üblichen täglichen Fellpflege, die aber bald nicht mehr ausreicht, um die Spannung abzubauen. Also steigert die Katze ihre Fellpflege bis hin zu zwanghaftem Verhalten und kann auch nicht mehr aufhören, wenn sie alle Haare bis auf die nackte Haut abgeleckt hat.

Ein weiteres Problem von Wohnungskatzen ist die aufgestaute Aggression. Wenn sie durch die Fensterscheibe eine andere Katze oder einen Vogel sehen, bereitet sich ihr Körper instinktiv auf Kampf oder Jagd vor. Da sie die aufgeladene Spannung nicht loswerden, suchen sie nach Ersatz. Es gibt Berichte, dass Wohnungskatzen ihren Halter angreifen, nur weil er zufällig vorbeiging. Die erregte Katze sah eine Bewegung und griff instinktiv an. Da sie ihre Aktivität ohnehin ausschließlich auf den Menschen in der Wohnung ausrichtet, wird er logischerweise zum Ziel solcher Angriffe. Manche erregten Katzen stellen sich in den Weg. Sie warten an Treppen oder vor Zimmertüren und greifen an, wenn sich ihr Mensch nähert.

Wenn man diese Verhaltensstörungen therapieren möchte, versucht man, die Aktivität der Katze auf ein anderes, interessantes Ziel zu lenken. Sie soll sich im Spiel verausgaben und wieder ein erfülltes Leben führen. Eine zweite Katze *kann* hilfreich sein. Man sollte allerdings die Probleme bedenken, die ein Eindringling in das Territorium einer Wohnungskatze bewirken kann. Sie kennt nur die Wohnung und hat keine Chance, z.B. in den Garten zu fliehen, dem Neuling auszuweichen. Da ihr ganzes Leben bisher auf einen Menschen ausgerichtet war, ist sie nicht an neue Düfte oder Situationen gewöhnt und jede Veränderung stellt sie vor neue Probleme. Daher muss eine zweite Katze sehr vorsichtig eingeführt werden. Ich habe vorhin schon erwähnt, dass Wohnungskatzen am besten paarweise aus einem Wurf gekauft werden sollten.

Manche Katzen reagieren sehr sensibel auf eine Veränderung in der Wohnung, beispielsweise auf neue Möbel, neue Kleider, selbst auf schwarze Plastikbeutel. Ich kenne den Fall einer Wohnungskatze, die in der ganzen Wohnung Markierungen setzte, weil ihre Besitzerin nachts das Fahrrad in den Flur stellte, mit dem sie zur Arbeit fuhr. Auf der Fahrt hatte das Rad jede Menge neue Düfte angenommen und die Sicherheit der Wohnung gefährdet – so sah es die Katze.

Es wäre aber die falsche Strategie, der Katze zuliebe möglichst nichts zu verändern. Vielmehr sollte der Katzenhalter regelmäßig Veränderungen vornehmen, damit die Katze lernt, neue Dinge zu akzeptieren. Die beste Möglichkeit, überschüssige Energie abzubauen, ist ein Besuch im Garten. Ängstliche Katzenhalter können den Garten durch hohe Metallzäune mit nach innen geneigtem Abschluss und Kletterfallen an Baumstämmen »ausbruchssicher« machen. Für die Katze öffnet sich im Garten eine ganz neue Welt. Wer keinen Garten besitzt, sollte seiner Katze zumindest in der Wohnung etwas bieten. Es gibt sogar Menschen, die ihren Katzen ein eigenes Zimmer eingerichtet haben, in dem sie auf Regale oder spezielle Katzenhindernisse klettern oder mit Seilen spielen können. So bleiben die Katzen aktiv und neugierig. Eine Katze in der Wohnung ist wie ein Tier im Zoo. Solange der Mensch zu Hause ist, kann sie sich mit ihm beschäftigen, aber der »Käfig« muss auch dann noch spannend bleiben, wenn die Bezugsperson die Wohnung verlässt. Zum Glück finden Katzen viele Dinge, die ihr Mensch braucht, mehr als angenehm – vom Bett bis zu weichen Möbeln.

Drinnen ist nicht draussen

Den meisten Menschen bleibt das freie Leben ihrer Katze völlig verborgen. Wenn Katzen draußen markieren, kratzen oder sich erleichtern, ist uns das sehr lieb. Erst wenn die Katze beginnt, ihr Freilandverhalten in der Wohnung auszuleben – am falschen Platz –, wird dies für den Katzenhalter zum Problem. Fast alle angeblich »verhaltensgestörten« Katzen zeigen lediglich ein völlig normales Verhalten am falschen Ort. Nur selten, wie beim krankhaften Putzen, geht es über das natürliche Verhalten hinaus.

Wenn eine Katze innerhalb der Wohnung markiert, d.h. kratzt oder Urin versprüht, zeigt sie uns damit, dass sie sich unsicher oder bedroht fühlt. Mit dem Markieren versichert sie sich, dass ihr Revier noch die nötige Sicherheit bietet. Katzen fühlen sich unsicher, weil:

- Andere Katzen draußen zur Bedrohung werden, wenn sie zu nahe ans Haus oder sogar ins Haus kommen,
- eine neue Katze in die Wohnung gekommen ist,

- Bau- oder Umbauarbeiten Unruhe ins Haus bringen,
- neue Möbel oder Tapeten geliefert wurden,
- ein zusätzlicher Mensch in der Wohnung lebt oder
- weil nun ein Baby zur Familie gehört.

Jedes dieser Ereignisse stört das Sicherheitsempfinden der Katze. Jetzt muss der Katzenhalter denken wie seine Katze, um die Ursache herauszufinden und zu ändern. Gleichzeitig sollte er alles unternehmen, damit sich die Katze wieder sicher fühlt, beispielsweise:

- Die Katzenklappe verschließen, damit keine anderen Katzen in die Wohnung kommen, oder die fremden Katzen verjagen, ehe die eigene Katze in den Garten darf,
- andere Katzen mit einer Wasserpistole erschrecken, damit sie aus dem Garten oder von der Katzenklappe verschwinden,
- einen hohen Sitzplatz einrichten, auf den sich die Katze vor anderen Katzen, Hunden oder Kindern zurückziehen kann, oder
- den Tagesablauf sehr regelmäßig gestalten – beispielsweise feste Fütterungszeiten einhalten –, damit die Katze die Abläufe kennenlernt.

Wenn die Katze am falschen Ort uriniert oder sich erleichtert, könnten außer ihrem Bedürfnis nach Sicherheit auch andere Faktoren eine Rolle spielen, die mit der Haushaltsführung zusammenhängen. Hier sind folgende Veränderungen möglich:

- Überprüfen Sie, ob Sie die übliche Katzenstreu gekauft haben,
- machen Sie das Katzenklo peinlich sauber,
- decken Sie ein Tuch über das Katzenklo, falls sich die Katze dort angreifbar fühlt,
- stellen Sie sicher, dass die Katze jederzeit Zugang zu ihrem Katzenklo hat und nicht von Kindern, Hunden oder anderen Katze gestört wird, oder

- stellen Sie das Katzenklo an einen Ort, wo sich die Katze sicher fühlt.

So war sie doch sonst nicht …

Manchmal kommt eine Verhaltensänderung völlig überraschend. So beginnt beispielsweise eine siebenjährige Katze plötzlich zu fauchen und zu zischen, wenn jemand vorbeigeht. Da eine offensichtliche Bedrohung ausgeschlossen werden kann, machen Sie sich Sorgen um das Wohlbefinden Ihrer Katze. Gehen Sie zunächst zum Tierarzt, denn eine Krankheit kann die Physiologie des Körpers verändern. Andere Gründe für eine Verhaltensänderung könnten Schmerzen oder Unwohlsein sein – die Katze fühlt sich verletzlicher als üblich. Der Begriff »Aggressionsfelder« erklärt, warum Katzen sehr schnell und scheinbar grundlos umschalten: Ihr Körper macht sich bereit, blitzartig auf eine konkrete Bedrohung zu reagieren. Als ich zum ersten Mal von »Aggressionsfeldern« bei Katzen las, fielen mir viele Beispiele ein: Wie kann eine freundliche Katze kurz darauf in einer anderen Situation völlig unnahbar werden? Aggressionsfelder oder -distanzen beziehen sich auf die Bereitschaft zur Flucht bzw. zum Kampf. Das Aggressionsfeld einer entspannten Katze ist kleiner als ihr Körper. Man kann sich ihr nähern oder sie sogar berühren. Unter Stress vergrößert sich dieses Feld. Die Katze reagiert mit Aggression, sobald jemand die kritische Grenze überschreitet. Stress kann auch durch Krankheit oder eine zweite Katze ausgelöst werden. Dann wächst die Größe des Aggressionsfeldes auf mehrere Meter an.

Es gibt Katzen, die beim Kontakt mit bestimmten Artgenossen auf Aggression umschalten und nie wieder normal werden. Ich habe folgende Geschichte mehrfach gehört: In einem Haushalt, in dem zwei Katzen leben, tritt zufällig ein Mensch einer der beiden auf den Schwanz, während die beiden beisammensitzen. Die getretene Katze macht die andere Katze für den stechenden Schmerz verantwortlich und greift die unschuldige Katze völlig überraschend an. In einigen Fällen hatten diese Katzen schon seit Jahren friedlich zusammengelebt. Doch nach diesem Vorfall freundeten sie sich nicht wieder an.

Ähnliches wird von Katzenpärchen berichtet. Als eine der beiden Katzen zum Tierarzt musste und mit dem Duft der Praxis zurückkam, wurde sie von der anderen Katze angefaucht. Es dauerte sehr lange, bis die beiden ihr Misstrauen überwanden und wieder entspannt miteinander umgingen. Unsere Einsicht in die Psychologie einer Katze ist noch viel zu gering, um genau zu entscheiden, was in einem solchen Augenblick in einer Katze vorgeht. Ein winziger Anlass kann ein jahrelanges, friedliches Zusammenleben zerstören. Immerhin zeigen uns solche Beispiele, wie fein die Beziehungen zwischen Katzen aufeinander abgestimmt sind. Möglicherweise gibt es auch für dieses Geheimnis eine biochemische Grundlage, doch es dürfte noch Jahre dauern, bis auf diesem Feld verlässliche Ergebnisse vorliegen.

Duftstoffe, die helfen können

Da Sie sich bis hierher durchgearbeitet haben, kennen Sie die enorme Bedeutung von Düften für eine Katze und haben bereits erfahren, was Pheromone sind – von der Katze gebildete chemische Substanzen, die sie als Duftbotschaft für sich und andere Katzen hinterlässt. Die Bedeutung der Pheromone ist von der jeweiligen Situation abhängig. Katzen, die sich bedroht fühlen, reagieren mit verstärktem Markieren. Sie hinterlassen vertraute Botschaften, um sich sicherer zu fühlen. Vor kurzem ist es Wissenschaftlern gelungen, Bestandteile des Duftes aus den Gesichtsdrüsen zu isolieren. Sie setzten Katzen diesem Duft in verschiedenen Situationen aus und zeichneten die Reaktionen auf. Der Duftstoff aus den Gesichtsdrüsen enthält bis zu 40 verschiedene Komponenten. Dreizehn davon kommen bei allen

Katzen vor, doch keine Katze bildet sie alle zur gleichen Zeit. Damit hätte eine Katze die Möglichkeit, zahlreiche und sehr differenzierte Duftbotschaften zu hinterlassen. Die Wissenschaftler isolierten fünf »funktionelle Fraktionen« (F1–F5) im Duft, denen sie bestimmte Funktionen zuschreiben konnten. Die Komponenten F3 und F4 lassen sich synthetisch herstellen. Komponente F3 wird als *Feliway* von der Firma Ceva Animal Health hergestellt und von Tierärzten bei Bedarf ausgegeben.

Studien haben gezeigt, dass dieser Duft Katzen daran hindert, in Wohnungen zu markieren. Der Duftstoff wirkt, wenn das Markieren auf Stress zurückgeführt werden kann, aber nicht bei Markieren aufgrund sexueller Erregung. Auch wenn zwischen den Katzen im Haus körperliche Aggressionen ausbrechen, versagt die Behandlung mit dieser Duftkomponente. Vermutlich helfen diese Pheromone nur dabei, eine latente Aggression einzudämmen. Sobald es zu physischer Gewalt kommt, muss eine Verhaltenstherapie eingeleitet werden, um das Problem zu lösen.

Das synthetische Pheromon hilft auch gegen Reisestress, wenn es eine halbe Stunde vor der Fahrt in den Transportkäfig gesprüht wird. Es hilft auch bei Tierarztbesuchen, da sich Katzen bei diesem Duft leichter entspannen und behandeln lassen. Die Katzen werden besser mit dem Stress fertig und erholen sich nach chirurgischen Eingriffen oder einer Krankheit rascher. Leider versagt es bei Kratzmarkierungen. Es lenkt diese Verhalten nur um: Katzen kratzen nun nicht mehr an den Stellen, die nach dem Pheromon duften, sondern suchen sich eine andere Stelle.

Die Hersteller vertreiben das Produkt inzwischen auch als Duftverteiler – ähnlich wie die Raumdüfte für Menschen –, die einen kontinuierlichen Pheromonduft versprühen. Auch das hat in einigen Fällen geholfen, das Markieren abzuschwächen.

Die Komponente F4 (*Felifriend*) soll Katzen dazu ermuntern, sich fremden Menschen zu nähern und die Eingewöhnung in eine neue Umgebung erleichtern. Komponente F4 könnte es also einer

Katze erleichtern, sich an eine neue Wohnung oder eine(n) neue(n) Freund(in) zu gewöhnen.

So finden Sie den richtigen Tierarzt

Einige Tierkliniken und Tierarztpraxen nutzen die neuen Erkenntnisse über das Verhalten und die Reaktionen von Katzen, um die Versorgung der behandelten Katzen zu verbessern. Das *Feline Advisory Bureau* (FAB; www.fabcats.org – auch in Deutsch) hat Informationen zusammengestellt, die einen Tierarztbesuch für Katzen und Menschen stressfreier machen.

Die Tipps reichen von der Gestaltung des Wartezimmers (Katzen von Hunden getrennt) bis zur Art des Katzenkorbes (Öffnung oben statt an der Seite; keine geflochtenen Körbe, an denen sich Katzen festkrallen können).

Es ist aber ebenso wichtig, das Verhalten einer Katze zu kennen und ihr Zeit zu geben, sich zu beruhigen. Eine kranke Katze ist ohnehin gestresst. Wenn sie dann noch zum ungeliebten Tierarzt muss, untersucht oder operiert wird, steigt ihr Stresspegel weiter an. Eine gestresste Katze frisst oft nicht mehr und was gibt es Schlimmeres für einen geschwächten Körper als zu wenig Nahrung? Die Katze muss ihre Reserven abbauen, um weiter atmen, sich bewegen, die Körpertemperatur halten und alle anderen körperlichen Aktivitäten leisten zu können. Tier- und Menschenärzte wissen genau, dass ein Körper nach der Untersuchung oder Operation so schnell wie möglich wieder mit Nahrung versorgt werden muss, damit die Heilung schneller fortschreitet. Omas gute Hühnersuppe ist unverzichtbar, wenn es darum geht, wieder zu Kräften zu kommen und die Heilung zu beschleunigen.

In einer guten Tierarztpraxis oder -klinik werden die Katzen von den Hunden getrennt. Stellen Sie sich vor, Sie wachen nach einer Operation aus der Narkose auf und sind von fremden Wesen umringt, vielleicht sogar von solchen, mit denen Sie in der Vergangenheit schlechte Erfahrungen gemacht haben. Ganz sicher fühlen Sie sich bedroht – könnten Sie sich entspannen oder etwas essen? Auch Katzen können sich nach einer Operation ohne fremde Tierarten in direkter Nachbarschaft besser entspannen und fressen schneller wieder. Katzen erholen sich besser in einer Tierklinik, in der:

- Katzen und Hunde getrennt gehalten werden.
- Katzen einen Karton (natürlich weich gepolstert) bkommen, in dem sie sich verstecken können.
- Die Front des Käfigs mit einer Decke verhängt wird, damit sich nervöse oder aufgeregte Katzen beruhigen können.
- Der Käfig innen mit *Feliway* besprüht wird.
- Nervöse Katzen in einen höher gestellten Käfig gesetzt werden, in dem sie sich sicherer fühlen.

Tierärzte haben festgestellt, dass eine Katze, die sich besser fühlt, zu treteln beginnt und wieder Nahrung aufnimmt. Ab diesem Zeitpunkt verläuft die Regeneration sehr viel schneller, Der Körper hat mit der Selbstheilung begonnen.

Zu guter Letzt

Wie geheimnisvoll das Seelenleben der Katzen ist, macht einen großen Teil ihrer Faszination auf uns aus. Warum sich Katzen so und nicht anders verhalten, haben wir längst nicht vollständig verstanden. Sie haben sich derart erfolgreich an ein Leben neben uns angepasst, dass diese Beziehung für uns selbstverständlich ist.

Die meiste Zeit geht tatsächlich alles glatt, denn unsere Katzen leben ihr Leben wie wir das unsere. Wir reagieren aufeinander, wenn einer der beiden Partner das Gefühl hat, er brauche den Kontakt. Doch wenn sie sich gestresst fühlen oder leiden, müssen wir uns nach den Bedürfnissen unserer Katzen richten. Vor allem sollten wir unsere Katzen besser kennenlernen: Ob sie sich mit uns beschäftigen oder ob sie lieber allein gelassen werden möchten, ob sie dauerhaft unsere Fürsorge erwarten oder ob sie sich drinnen wie draußen selbstbewusst bewegen. Wenn wir unseren Katzen die Selbstbestimmung nehmen – z.B. wenn wir sie ausschließlich in der Wohnung halten –, müssen wir sie unterstützen und beschäftigen und sie zur geistigen und körperlichen Bewegung anregen, wie wir es mit einem Hund machen, wenn wir mit ihm spazieren gehen. Katzen, die durch Ereignisse im Freien verängstigt wurden, brauchen unsere Hilfe. Wenn wir uns entscheiden, eine zweite Katze in die Wohnung zu holen, müssen wir der ersten Katze helfen, den entstandenen Stress abzubauen. Kätzchen brauchen Erfahrungen mit ihrer Umwelt. Wenn unsere Katze Junge hat, müssen wir sie darin unterstützen, den Kleinen alle nötigen Erfahrungen zur richtigen Zeit und im geeigneten Maß zu bieten. Unsere Unterstützung nimmt direkten Einfluss auf die Zufriedenheit der Katze. Natürlich können wir nicht immer mit Sicherheit erkennen, wenn sie etwas gestresst ist – dann verhalten sie sich ruhiger als üblich oder laufen weg. Tierärzte, die in der Schmerztherapie bei Tieren erfahren sind, wissen, dass es äußerst schwierig oder gar unmöglich ist, zu festzustellen, dass eine Katze Schmerzen hat – sie verbergen sie. Wir bemerken sie meist erst dann, wenn die Zeichen nicht mehr zu übersehen sind. Glücklicherweise kennen die meisten Katzenhalter ihre Tiere sehr genau und spüren mit ihrem »sechsten Katzensinn«, wenn etwas nicht stimmt. Je mehr wir über das normale Verhalten und die Beweggründe unserer Lieblinge lernen, desto einfacher können wir erkennen, wenn es ihnen schlecht geht.

Wir sollten uns unserer Katzen nicht so sicher sein: Sie sind selbstbewusste, elegante und intelligente Tiere. Wir sollten sie als die Tiere schätzen, die sie sind und sie nicht an menschlichen Maßstäben messen. Die Beziehung zwischen Menschen und Katzen gehört zu den erfolgreichsten Liebesgeschichten aller Zeiten, doch eine stabile Beziehung ist auf Respekt aufgebaut und lässt beiden Seiten die Möglichkeit, die eigene Persönlichkeit auszuleben. Katzen haben sich uns vor langer Zeit angeschlossen – wir sollten nicht versuchen, sie nach menschlichen Bedürfnissen zu verändern, sondern sie für ihr angeborenes, wundervolles Katzenwesen bewundern.

14
Zusammenleben mit Katzen – Probleme und Lösungen

Da Sie mein Buch bis hierher gelesen haben, kennen Sie das Wesen einer Katzeschon recht gut. Sie wissen, wie sie sich verhält und welche Wünsche sie hat. Mit diesem Wissen sollten Sie in der Lage sein, Situationen zu analysieren, in denen sich Katzen nicht so verhalten, wie Sie es sich vorstellen. Fast immer ist ein solches »Fehlverhalten« eine natürliche Reaktion auf ein Problem. Im Folgenden finden Sie einige Tipps, wie Sie die üblichen Katzenprobleme lösen können.

Wenn Ihre Katze aggressiv reagiert

Jede Katze zeigt von Zeit zu Zeit einen aggressiven Ausbruch, der sich allerdings glücklicherweise nur selten gegen uns wendet. Ausnahmen sind Aggressionen übererregter Katzen in einem wilden Spiel. Mutter Natur hat die Katzen mit einem ganzen Arsenal guter Waffen ausgestattet – am Kopf und den vier Pfoten –, doch sie dienen dazu, das Raubtier Katze mit Beute zu versorgen. Was ist Aggression? Sie äußert sich nicht nur in der Jagd, wenn ein Tier tötet, um zu überleben, sondern tritt auch im sozialen Kontext auf, bei Revierstreitigkeiten, beim Konflikt um Ressourcen oder in der Selbstverteidigung. Aggression ist ein feindlicher Akt, der auf körperliche Schäden abzielt.

Aggression gegen Menschen

Aggression gegen Menschen kommt bei einer Katze nur selten vor, aber sicher kennen einige Katzenhalter die Situation, dass eine freundliche Katze beim Streicheln »aus heiterem Himmel« zubeißt. Bei manchen Katzen erfolgt der Biss schon nach wenigen Berührungen, andere beißen erst nach langem hingebungsvollem Streicheln. Möglicherweise begibt sich die Katze wieder in die Situation eines Kätzchens. Sie entspannt sich, genießt den Schutz und die Zuwendung. Doch dann gewinnt das unabhängige, selbstbestimmte Raubtier in der erwachsenen Katze die Überhand. Sie fühlt sich verletzbar und reagiert mit Aggression – sie beißt oder tritt, und springt vom Schoß, um sich an eine sichere Stelle mit größerer Fluchtdistanz zu retten. Dort putzt sie sich und beruhigt sich wieder.

Um diesem unerwünschten Verhalten zu begegnen, sollte man wissen, nach welcher Zeit die Katze mit aggressivem Verhalten reagiert und sie kürzer streicheln und erst wieder nach und nach länger. Berühren Sie die Katze in dieser sensiblen Phase aber nicht an besonders empfindlichen Stellen wie Hinterteil oder Hinterbeine, sondern streicheln vielleicht zuerst nur Kopf und Rücken.

Forschungen haben gezeigt, dass es bei Katzen zwei unterschiedliche, genetisch bedingte Charaktere gibt: Die eine Katze hat ein großes Bedürfnis nach sozialen Kontakten und geht freundlich mit Menschen um, die andere braucht relativ viel soziale Auseinandersetzungen, sie geht auf die Jagd und braucht weniger freundliche Sozialkontakte. Dieser zweite Typ Katze akzeptiert zwar freundliche Kontakte mit Menschen, der Kontakt muss aber von ihr ausgehen. Wird eine solche Katze unvorbereitet von einem Menschen berührt, oder gestreichelt, kann sie aggressiv reagieren. Bei beiden Typen kommen unprovozierte Aggressionen allerdings nur sehr selten vor.

Aggression zwischen Katzen

Katzen sind zwar nicht wie Hunde in ein hierarchisches, soziales System eingebunden, setzen aber ähnliche aggressive Verhaltensweisen ein, um ihr Revier gegen Artgenossen zu verteidigen. Sie starren und fauchen eine fremde Katze an, die sich in den Garten traut oder setzen sich mit Wohnungsgenossen um den besten Schlafplatz oder Futter auseinander. Katzen leben in einer sehr flexiblen sozialen Ordnung und es gibt große Unterschiede in Bezug auf Geselligkeit. Einige Katzen fügen sich gerne in eine größere Gruppe ein, andere kommen nicht einmal mit einem einzigen Artgenossen zurecht. Zum Glück akzeptieren die meisten Katzen eine oder zwei andere Katzen in derselben Wohnung. Sie etablieren ein lockeres soziales System mit einer Form von Rangordnung, in dem sie sich mit Körpersprache und angedeuteter Aggression untereinander verständigen.

Es kommt vor, dass die Beziehung zwischen zwei Katzen aus keinem offensichtlichen Grund zerbricht. Ehemals freundliche Katzen werden sich leichter wieder aneinander gewöhnen als zwei, die sich ohnehin kaum je toleriert haben. Da Katzen nicht wie Hunde auf das Leben in der Gruppe angewiesen sind, sehen sie keinen Vorteil in der Zusammenarbeit. Hat sich eine Katze erst einmal entschieden, alleine zu bleiben, lässt sie sich kaum mehr umstimmen. Eine Möglichkeit ist immerhin, die beiden durch häufigere und kleinere Futterportionen – serviert in eigenen Näpfen – aneinander zu gewöhnen. Stellen Sie die Näpfe nach und nach immer näher zusammen. Das Futter lenkt sie ab, sodass sie denselben Raum teilen, ohne sich zu bekämpfen. Die Gewöhnung dauert allerdings sehr lange und erfordert viel Geduld.

Selbst wenn sich die Katzen eines Haushalts tolerieren, könnte eine neue Katze oder ein Katzenbaby, das erwachsen wird, den sozialen Frieden stören. Das erfolgreiche Zusammenleben hängt sehr vom Charakter der Katzen und ihrer Erfahrung vom Leben in einer Gruppe, von sexueller Dominanz und der Rangordnung ab. Ich kenne das Beispiel einer fünfjährigen Sealpoint-Siamkatze, die nach dem Wurf kastriert wurde und friedlich mit ihrem dreieinhalbjährigen, kastrierten Sohn zusammenlebte. Die beiden hatten nie Streit, spielten, schliefen und fraßen harmonisch zusammen. Doch dann trat der Mann der Familie aus Versehen der Katze auf den Schwanz. Sie schrie vor Schmerz laut auf und griff ihren Sohn an. Der war natürlich völlig erschrocken. Der Mann trennte die beiden und gab ihnen einige Stunden Zeit, sich wieder zu beruhigen. Dennoch griff die Katze ihren Sohn jedes Mal an, wenn sie ihn sah. Ein einziges traumatisches Ereignis hatte eine lange soziale Beziehung total zerstört.

In einem ähnlichen Fall mit zwei kastrierten Burmakatern, die gewöhnlich das Zimmer nicht verlassen durften, geschah dasselbe: Einer der beiden konnte eines Tages entwischen und blieb zwei Tage draußen. Als er zurückkam, behandelte ihn der zurückgebliebene Kater wie eine völlig fremde Katze – sein »Duftcocktail« hatte sich vollständig verändert. In anderen Fällen wurden Störungen im sozialen Zusammenleben durch laute Geräusche, meist hochfrequente Töne, ausgelöst.

Man kann kämpfende Katzen weder leicht noch rasch befrieden. Die einzige Möglichkeit besteht darin, den gesamten Vorgang der Gewöhnung ganz von Anfang an neu zu beginnen: Trennung der beiden, langsames Kennenlernen über den fremden Duft von Napf und Spielzeug, Vermischen der Körperdüfte durch wechselseitiges Streicheln. Erst danach dürfen sich die beiden sehen, allerdings ohne körperlichen Kontakt (beispielsweise durch eine Glastür). Wenn sie lernen, den Anblick der anderen Katze mit etwas Angenehmem zu verbinden, beispielsweise Futter oder Streicheleinheiten (nur wenn die Katze sie genießt), ist schon viel gewonnen. Es kommt immer darauf an, den Teufelskreis der Aggression zu durchbrechen. Die Katzen werden belohnt, wenn sie friedlich denselben Raum teilen. Manchmal hilft es, die beiden vorsichtig beim Bürsten oder Streicheln mit einer Catnip-Lösung einzureiben, damit sie einen gemeinsamen Duft bekommen, durch den sie sich gegenseitig anziehender finden. Vorsicht!, Catnip wirkt nicht auf alle Katzen.

In Fällen, in denen das ehemalige Vertrauen gestört wurde, kann die Annäherung weit länger dauern als die Eingewöhnung einer ganz neuen Katze in einen Haushalt, in dem seit langem eine Katze lebt. Wie beim Umgang zwischen Katzen und Menschen gibt es keinen Königsweg. Gehen Sie langsam, mit viel Geduld und mit gesundem Menschenverstand vor. Wenn alle Mittel versagen sollten, ist es besser, für eine der beiden Katzen ein neues Heim zu finden, als sie ständigem Stress auszusetzen.

Wenn ein Baby ins Haus kommt

Viele Menschen denken im Zusammenhang mit Katzen an einen alten Aberglauben: »Katzen legen sich auf Babys und ersticken sie.« Tatsächlich schaffen manche Eltern ihre geliebte Katze ab, sobald ein Baby ins Haus kommt und andere trauen sich nicht, die lange gewünschte Katze anzuschaffen, weil sie kleine Kinder haben. Das ist umso trauriger, als viele Familien sehr zufrieden mit Katzen und Babys zusammenleben.

Sicher mag es von Zeit zu Zeit vorkommen, dass eine Katze den neuen, warmen Schlafplatz entdeckt und sich ins Kinderbettchen zum Baby legt, doch das Risiko einer Verletzung ist minimal, wenn sich die Eltern an die simple Regel halten: Lass niemals das Baby unbeaufsichtigt, wenn eine Katze oder ein Hund frei in der Wohnung herumlaufen darf. Das gilt auch für Tiere, die sich Zutritt über ein offenes Fenster oder die Katzenklappe verschaffen können.

Diese Vorsichtsmaßnahme gilt nicht nur für das Baby, sondern auch für Krabbelkinder und neugierige Kinder, die ihre ersten Schritte machen. Mit etwa sechs bis acht Jahren verstehen Kinder, wann und wie sie sich dem Familientier nähern oder es freundlich wegschicken dürfen. Zunächst dient die Regel dem Schutz des Kindes, dann aber auch dem Schutz des unschuldigen Tieres.

Im Idealfall sollte eine Familie mit dem Haustier warten, bis die Familie vollzählig ist. Dann muss sich eine neue Katze oder ein Kätzchen mit allen Familienmitgliedern – vom Baby bis zu den Erwachsenen – gleichzeitig auseinandersetzen und kann sich leichter an die Menschen und die neue Umgebung gewöhnen. Eine Katze, die dagegen bereits in der Familie lebt, findet sich schlechter mit dem lauten, schwer einzuschätzenden Zuwachs der Familie ab. Allerdings sind Babys (und auch Katzen) nicht immer geplant. Sie sollten sich daher an folgende Tipps halten, wenn sich die Hauskatze an ein Baby gewöhnen muss.

Katze und Baby sollten so früh wie möglich Kontakt zueinander bekommen. Halten Sie die Katze sicher fest und geben Sie ihr die Möglichkeit, den Duft des Neuankömmlings und der neuen Gegenstände in sich aufzunehmen. Denken Sie daran, dass sich das Umfeld der Katze dramatisch ändert: schmutzige Windeln, stapelweise frische Windeln, Kinderwagen, Gitterbettchen, Reinigungstücher, Spielsachen – alles ist neu für die Katze. Sie muss Gelegenheit haben, alles in Ruhe zu prüfen, bis sie sicher ist, dass ihr weder von den Babysachen noch von dem Baby selbst Gefahren drohen.

Es kommt vor allem darauf an, dass die Katze das Baby nicht als Konkurrenten empfindet. Den meisten Katzen sind Babys egal. Sie holen sich ihre Streicheleinheiten, wenn ihnen danach ist und kümmern sich nicht weiter um unsere Bemühungen. Nur die sehr auf Menschen bezogenen Rassen, wie Siam- oder Burmakatzen, fordern die Zuwendung häufiger ein – sie könnten das Baby als Konkurrent um die Zuneigung des Menschen empfinden. Bei diesen Rassen kommt es darauf an, die Zuwendungen schon während der Schwangerschaft nach und nach zu reduzieren, damit die Katze die Ankunft des Babys in der Wohnung nicht als traumatischen Einschnitt empfindet. Die Katze muss sich daran gewöhnen, dass die Zuwendungen vom Menschen und nicht mehr von ihr ausgehen – das gilt für alle Familienmitglieder, nicht nur für die Mutter. Wenn das Baby gewickelt und gefüttert ist, bekommt die Katze die gleiche Zuwendung wie in der Zeit vor dem Baby. Auf diese Weise empfindet die Katze das Baby als eine Art Vorspiel zur Befriedigung ihrer eigenen Bedürfnisse und sie lernt, dass zuerst das Baby und dann die Katze an die Reihe kommt. Füttern Sie Katze und Baby getrennt voneinander, denn Katzen sind vor der Fütterung stets aufgeregt – gleich, ob sie selbst oder das Baby gefüttert werden – und dann schwerer unter Kontrolle zu halten. Selbstverständlich ist die getrennte Fütterung auch eine Frage der Hygiene. Mit einem Baby im Haus wird die Katze mehr in die Rolle eines Hundes gedrängt und die meisten Katzen sind damit auch ganz zufrieden, solange sie auf ihre Kosten kommen.

Als unser Baby ins Haus kam, begann unser Kater Bullet in der Wohnung zu markieren. Nachdem er zweimal in unserer Gegenwart auf das Federbett gemacht hatte, schien er sich aber an das Baby gewöhnt zu haben und kehrte zu seiner üblichen Lebensweise zurück. Also, keine Panik! Bestärken Sie Ihre Katze und gewöhnen Sie sie an das neue Familienmitglied. Fast alle Katzen kommen damit bestens zurecht. Nachdem sie ihre anfängliche Neugier gestillt haben, verhalten sie sich eher gleichgültig. Größere Probleme drohen erst wieder, wenn das Baby zu krabbeln beginnt. Konnte sich die Katze früher in Ruhe unter die Kommode, auf den Stuhl unter dem Esstisch oder an ihren Sonnenplatz unter dem Flurfenster zurückziehen, kommt ihr nun ein krabbelndes, brabbelndes Wesen in die Quere. Viele Katzen verstehen rasch, dass sie in der Höhe sicher sind und ziehen sich auf eine Fensterbank oder auf einen Schrank zurück. Achten Sie darauf, dass der Katze in jedem Zimmer der Wohnung ein sicherer Rückzugsort zur Verfügung steht. Vor allem ihr warmes, abgedecktes Katzenbett muss sich völlig außerhalb der Reichweite des Kindes befinden. In dieser Phase der kindlichen Entwicklung sollten die Eltern die Hand des Kindes führen, wenn es die Katze berühren oder streicheln möchte. Durch kurze Kontakte unter Aufsicht lernt das Kind, wie es sich freundlich und sicher der Katze nähern darf. Andererseits lernt die Katze, dass sie dem Kind den Kontakt erlaubt – zuerst zusammen mit einem Erwachsenen, doch dann zunehmend auch in eigener Initiative.

Ein weiterer wichtiger Punkt ist die Hygiene, denn Kinder finden die Katzenstreu durchaus interessant. Am sichersten ist ein Standort, der für das Kind absolut unzugänglich bleibt. Sie können aber auch auf ein gedecktes Katzenklo ausweichen oder es auf einen Tisch stellen, der für das Kind nicht erreichbar ist. Gerade jetzt ist es enorm wichtig, die Katze regelmäßig zu entwurmen und das Baby so oft wie möglich zu waschen!

Denken Sie auch an eine weitere Gefahrenquelle: Pelziges Katzenspielzeug und wacklige Konstruktionen (der Kratzbaum könnte beispielsweise umstürzen) sind gefährlich für ein Krabbelkind. Untersuchen Sie alle Zimmer, in denen das Baby krabbeln darf, auf derartige Risiken.

Wenn das Baby langsam heranwächst und seine ersten Schritte macht, wird es für die Katze berechenbarer, mehr und mehr wie ein kleiner Erwachsener. Das Kind verliert das Interesse an den Gegenständen auf dem Boden, die früher so interessant schienen, und untersucht nun alles, was sich in Kopfhöhe befindet. Also braucht die Katze noch höhere Rückzugsorte. Allerdings ist ein Kind, das bis auf die Fensterbank reichen kann, auch alt genug, um zu lernen, was es darf und was nicht. Es sollte auf die Ermahnungen der Mutter hören.

Ein junges Kind kann lernen, die Katze richtig und vorsichtig hochzunehmen. Am Anfang sollten Sie die Kontakte auf kurze Berührungen beschränken, damit sich die Katze an den Griff des Kindes gewöhnt. Nun können Sie dem Kind auch erste Aufgaben übertragen: das Futter in den Napf füllen beispielsweise. Das Kind sollte so oft wie möglich in Ihrem Beisein Kontakt mit der Katze haben und lernen, die Körpersprache und Stimmungen, später auch die Bedürfnisse der Katze zu verstehen. Vielleicht wächst gerade die nächste Generation von Katzenliebhabern heran.

Wenn Katzen laut werden – Rufe, Schreie und Gesänge

Viele Katzenhalter reagieren besorgt, wenn ihre weiblichen Kätzchen plötzlich laute, verzweifelte Rufe ausstoßen, sich ruhelos verhalten, weniger fressen und mehr urinieren. Sie robben vor anderen Katzen über den Boden, legen den Schwanz über ihre Flanke und heben das Hinterteil, während sie mit den Vorderpfoten treteln und dabei

»brummen«. Der Gesichtsausdruck wirkt mit zurückgelegten Ohren und geweiteten Pupillen ängstlich. Hinzu kommt, dass sie dauernd ihre Analregion ablecken. Dieses Verhalten und die brummenden Rufe zeigen, dass die Katze geschlechtsreif ist und versucht, Kater auf sich aufmerksam zu machen. Das Verhalten kann im Alter von drei Monaten, aber auch erst nach 18 Monaten einsetzen. Manche Katzenhalter, die noch nicht dazu gekommen sind, ihre Katze kastrieren zu lassen, könnten also eine Überraschung erleben. Die erste rollige Phase kann rasch wieder vorüber sein oder mehrere Wochen dauern. Während dieser Zeit darf die Katze selbstverständlich weder nach draußen noch in Kontakt mit einem Kater kommen.

Obwohl die meisten Tierärzte die Katze möglichst kastrieren bevor sie das erste Mal rollig ist – im Idealfall vor der Geschlechtsreife im Alter von vier bis fünf Monaten –, kann auch eine rollige Katze kastriert werden. Das bietet sich vor allem an, wenn sie ständig ruft und mit ihrem Schreien alle Familienmitglieder massiv stört. Das gilt vor allem für orientalische Rassen. Für die Katze bedeutet es Stress, nicht nach draußen zu dürfen und sich einen Kater zu suchen.

Wenn Katzen nachts Zuwendung brauchen

Es gibt Katzen, die ihre Wünsche sehr fordernd geltend machen und sich dabei nicht entschließen können, was sie eigentlich wollen: Sie möchten ins Freie, dann kratzen sie an der Tür und wollen wieder ins Haus. Das kann daran liegen, dass sich die Katze draußen noch nicht völlig sicher fühlt, doch in der Regel hat sie gelernt, dass auf die Aufforderung jemand kommt und sich mit ihr beschäftigt. Das bedeutet für die Katze soziale Kontakte und meist auch ein paar Streicheleinheiten. Solche Katzen fühlen sich sicherer, wenn ein Mensch in ihrer Nähe ist. Er bestärkt sie darin, auch wenn sie ängstlich ist, nach draußen zu gehen. Katzen fühlen sich vor allem nachts verletzlich. Wenn sie begriffen haben, dass sie »ihren« Menschen darauf trainieren können, auf Rufe zu reagieren und aufzustehen, sind die Ängste überwunden. Natürlich möchte ein Katzenhalter lieber schlafen, als seiner Katze zu Hilfe zu kommen, doch das gelingt nur mit Gegentraining: Reagieren Sie nicht mehr, wenn Ihre Katze ruft und versuchen Sie, tief durchzuschlafen. Natürlich könnten Sie der Katze auch mehr Sicherheit geben, indem Sie sie im Schlafzimmer lassen. Dann gehen Sie allerdings das Risiko ein, dass Ihre Katze Sie gar nicht mehr schlafen lässt, sehr früh morgens ihr Frühstück einfordert oder nachts gerne ihr Katzenklo aufsuchen möchte.

Wenn Katzen unverdauliche Dinge fressen

Katzen sind ausschließlich Fleischfresser. Sie brauchen in erster Linie Fleisch und interessieren sich kaum für andere Speisen. Allerdings mögen einige Katzen ganz gerne ein Stückchen Kuchen, Käse oder sogar Schokolade und ein paar lieben extrem ausgefallene Zukost.

Was ist bloß dran an Wolle? Warum einige Katzen Wolle und andere Stoffe mögen oder sogar zu brauchen scheinen, ist noch völlig ungeklärt. Es ist aber gesichert, dass sich Katzen über Kleider, Teppiche und Polsterbezüge hermachen. Die Löcher sprechen eine deutliche Sprache. Das Verhalten wurde erstmals in den 1950er-Jahren beschrieben, kam damals aber nur bei einer bestimmten Züchtung von Siamkatzen vor. Als der Behaviorist und Katzenforscher Peter Neville das Phänomen genauer untersuchte, zeigte sich, dass es weiter verbreitet war und Siam-, Burma-, aber auch Mischlingskatzen davon betroffen waren.

Einige Katzen, die Stoffe fressen, halten sich ausschließlich an Wolle. Die Beschaffenheit oder der Geruch von Wolle könnte das Verhalten auslösen. Die meisten Katzen nagen allerdings auch an allen möglichen anderen Stoffen herum, von Baumwolle über Wolle bis zu synthetischen Stoffen. Besonders beliebt sind abgetragene Kleidungsstücke, Bettbezüge und Handtücher. Eine solche Katze scheint sich für nichts anderes mehr zu interessieren. Sie ist wie in Trance. Manchmal lässt sie sich durch Zischen, Rufe oder einen Schwall

Wasser ablenken, doch früher oder später wendet sie sich wieder den Stoffen zu. Meist reißt sie Fäden mit den Eck- oder Schneidezähnen ab, bis sie das ganze Maul voll hat, und reißt dann mit den Backenzähnen alles in Stücke. Manche Katzen fressen bemerkenswert große Mengen Stoff. Das Material durchläuft den Darm gewöhnlich völlig unverarbeitet, ohne der Katze Schaden zuzufügen. Es kann allerdings vorkommen, dass sich am Magenausgang oder im Darm ein Pfropf bildet. Leider mussten einige Katzen mit diesem Syndrom wegen großer gesundheitlicher Schäden auch eingeschläfert werden. Andere Katzen fressen dauernd Wolle und leben ein langes, zufriedenes Katzenleben.

Einige Katzen mussten ihre Leidenschaft für die teuren Stoffe ihres Halters mit dem Leben bezahlen. Es sind Fälle bekannt, dass Katzen Kleider im Wert von mehreren Hundert englischen Pfund, in anderen Fällen Möbel von mehreren Tausend Pfund zerstört haben. Nach Schätzungen liegt die durchschnittliche Zerstörung pro Katze bei 136 Pfund! Die meisten der befragten Katzenhalter erklärten, sie hätten sich damit abgefunden und dächten nicht daran, sich von ihrer Katze zu trennen; auch der Wechsel auf eine andere Katzenrasse in der Zukunft schien ihnen undenkbar.

Nach einer gängigen Hypothese geht die Leidenschaft für Wolle auf ein kindliches Saugverhalten zurück; es tritt bei verwöhnten und wohlgenährten Tieren bestimmter Rassen auf.

Katzen, die nur in Abwesenheit eines Menschen an Wolle knabbern und sich in seiner Gegenwart extrem anhänglich verhalten, kann man das »infantile« Verhalten abgewöhnen: Sie müssen darauf trainiert werden, sich wie erwachsene Katzen zu verhalten, werden nur noch für kurze Zeit und stets auf Initiative des Menschen gestreichelt und sollten möglichst auch ins Freie gehen dürfen. Dort finden sie zahlreiche neue Anregungen, die Bedeutung des Menschen und der Wohnung nimmt ab und sie entwickeln ein weniger abhängiges Verhalten. Tatsächlich scheint sich das Problem damit aufzulösen, doch niemand weiß mit Sicherheit, ob sich die Katzen nicht an anderer Stelle mit Wolle oder Stoff versorgen. Manchmal hilft es bereits, wenn der Katze mehrere Wochen lang jeglicher Zugang zu essbaren Stoffen verwehrt wird. In einigen Fällen soll es geholfen haben, die Katze jedes Mal, wenn sie gerade kaute, aus einer Wasserpistole nass zu spritzen, doch diese Taktik bewirkt eigentlich nur, dass sie heimlich Stoff frisst. Als indirekte wirksame Methode wird empfohlen, Stoffe mit übel schmeckenden Geschmacksstoffen zu präparieren. Der Schock soll so stark sein, dass sie sich nicht mehr an Stoffe wagen. Hier kommt es natürlich auf die Wahl des richtigen Aromas an. Pfeffer, Senf und Chili haben sich als nutzlos erwiesen; sie stimulieren nur den Appetit der Katze auf exotische Genüsse. Aromatische Öle wie Eukalyptus und Menthol scheinen besser zu wirken. Damit konnten einige Stoffesser kuriert werden. Sie müssen aber mit Bedacht angewandt werden.

Die größte Chance, dass sich auf die Dauer etwas verbessert, dürfte jedoch in einer veränderten Ernährung liegen. Die meisten Stoffesser werden mit einem normalen, ausgewogenen Futter versorgt und ihr Appetit ist auch mit einem Magen voller Nylon- oder Wollfäden ungebrochen. Steht der Katze neben dem üblichen Futter zusätzlich den ganzen Tag über Trockenfutter zur Verfügung, wird ihre Vorliebe für Stoffe zum Futter umgeleitet – offenbar, ohne dass sie stark zunimmt. Die meisten Katzen nehmen tagsüber immer wieder Snacks vom Trockenfutter und reduzieren entsprechend die Futtermenge bei den Hauptmahlzeiten. Bei einigen Katzen hat es geholfen, die gesamte Ernährung auf Trockenfutter umzustellen, an dem sich die Katze nach Belieben bedienen durfte.

Trockenfutter beschäftigt den Magen und das leichte Völlegefühl hält die Katzen davon ab, Wolle oder Stoffe zu fressen. Möglicherweise ist es genau dieses angenehme Gefühl, satt zu sein, dass manche Katzen dazu verleitet, Fasern aufzunehmen. Auch Futter mit Ballaststoffen verbleibt länger im Verdauungstrakt als eine typische Dosenmahlzeit und verhindert so die Aufnahme von Stoffen. Beimischungen von Kleie reichern die Nahrung zwar mit Ballaststoffen an, doch viele Katzen mögen keine Kleie. Manchmal akzeptieren sie stattdessen eher fein geschnittene Fasern aus ungefärbter Wolle. Damit geben Sie zwar dem Wunsch der Katze nach, aber es ist immer noch besser, als ihr die freie Auswahl im Kleiderschrank zu lassen. Andere Katzenhalter haben das Problem gelöst, indem sie ihrer Katze zur Fütterungszeit ein Handtuch hinlegten. Die Katze fraß ein paar Bissen, dann riss sie einige Fetzen des Handtuchs ab und verschluckte sie – bizarr, aber in manchen Fällen wirkungsvoll.

Einigen Katzen, die unter diesem Phänomen leiden, scheint es mehr um die Dauer der Nahrungsaufnahme zu gehen. In der Wildnis muss die Katze auf die Jagd gehen, sich anschleichen, springen und ihre Beute schlagen. Erst dann kommt das Essen. Auch der eigentliche Essvorgang dauert länger, denn sie muss Fell und Federn ausreißen, ehe sie an das Fleisch kommt. All das fällt weg, wenn das Futter mundgerecht aus der Dose serviert wird. Wenn man solchen Katzen den Zugang zum Futter erschwert, nimmt die Menge der verspeisten Stoffreste ab: Sie kauen lieber auf zähem Fleisch und unverdaulichen Sehnen an großen Knochen herum, als ein weiches Dosenfutter auf einem Satz zu verschlingen.

Pflanzen – vorsicht giftig! Die meisten Katzen fressen mehr Pflanzen, als wir wissen. Möglicherweise gleichen sie damit einen Mangel an Vitaminen, Mineralstoffen und Ballaststoffen aus. Manche Katzen schlucken Gras, während sie fressen, wahrscheinlich, weil sie damit Haarknäuel hochwürgen können oder sich auf natürliche Weise entwurmen. In der Regel sind Katzen sehr wählerisch, was ihre Ernährung angeht. Frei laufende Katzen bedienen sich so gut wie nie an giftigen Pflanzen. Nur Wohnungskatzen ohne Zugang zu wild wachsenden Pflanzen müssen sich aus Mangel oder Langeweile an Zimmerpflanzen halten. Stellen Sie einer Wohnungskatze eine Schale mit frischem Gras hin, damit sie sich von den Zierpflanzen fernhält. Solches »Katzengras« wird in Zoogeschäften angeboten und ist für die Katzen viel angenehmer als Zimmerpflanzen. Wenn die Katze die Wohnung nicht verlassen darf, sollten Sie sich in Bezug auf ihre Zimmerpflanzen kundig machen und alle giftigen Pflanzen entsorgen.

So schützen Sie Elektrokabel: Warum Katzen an Elektrokabeln nagen, ist ebenfalls noch völlig unverstanden. Es endet leider oft tödlich für die Katze und kann auch gefährlich für Wohnung und Haus werden. Dieses Verhalten muss unbedingt verhindert werden. Stellen Sie Ihrer Katze reichlich Spielzeug zur Verfügung, werten Sie einige davon mit Catnip-Duft auf oder geben Sie der Katze häufiger Gelegenheit, sich draußen abzureagieren. Verlegen Sie die Kabel so unzugänglich wie möglich, reiben Sie Eukalyptusöl darüber und ziehen Sie stets den Stecker, wenn Sie die Geräte nicht brauchen.

Wenn Ihre Katze nicht mehr frisst

Füttern gehört zur täglichen Routine. Dabei ist die Katze vollständig von Ihnen abhängig. Die Fütterungszeit ist die beste Gelegenheit, etwas voneinander zu lernen. Es geht zwar in erster Linie um das Futter, aber der Aspekt der Versorgung stärkt auch das Band zwischen Ihnen und Ihrer Katze. Verhaltensforscher empfehlen, eine neue oder junge Katze so oft wie möglich mit kleinen Portionen zu füttern. Rufen Sie Ihre Katze herbei und ermuntern Sie sie, aus der Hand zu fressen. Später werden die Portionen größer oder Sie stellen ihr das Futter zur freien Verfügung hin. Vielleicht fällt Ihnen auf, dass sich die Pupillen der Katze vor Erregung weiten, wenn Sie den Napf füllen. Vielleicht miaut sie, windet ihren Schwanz um Ihr Bein und verhält sich wieder wie ein Kätzchen, das seine Mutter um ein Stück der mitgebrachten Beute bittet.

Jede Katze, die ihren Appetit verloren hat, muss genauer untersucht werden. Es gibt sehr unterschiedliche Gründe, warum sie nicht mehr frisst – von einer Krankheit bis zu schlechten Zähnen. Beobachten Sie die Katze genau: Stürzt sie sich voller Enthusiasmus auf den Napf, nimmt ein paar Bissen und hört dann auf?

Möglicherweise hat sie kranke Zähne oder ein entzündetes Zahnfleisch und das Fressen bereitet ihr Schmerzen. Inzwischen können Tierärzte viel gegen schlechte Zähne unternehmen. Lassen Sie Ihre Katze untersuchen. Der Tierarzt kann auch Ratschläge zur Zusammensetzung des Futters geben, um dadurch den Allgemeinzustand der Zähne zu verbessern und um sie zu erhalten. Es ist wie beim Menschen: Manche Katzen werden nicht pingelig geboren, sondern dazu gemacht. Statt die Katze mit einer ausgewogenen Diät zu ernähren, geben wir nach und füttern sie nur mit den Leckereien, die sie am liebsten mag. Eine Katze, die sich beispielsweise an leckeren Fisch gewöhnt hat, ist schwer davon abzubringen. Gehen Sie beim Umgewöhnen auf ein neues Futter sehr vorsichtig vor. Mischen sie zunächst einen sehr geringen Anteil ins alte Futter und verändern Sie das Mengenverhältnis erst nach und nach. Auf diese Weise gewöhnt sich die Katze an das neue Aroma und schreckt nicht gleich zurück. Außerdem kann sich ihr Körper langsam auf das neue Futter umstellen. Die meisten Tierärzte gehen davon aus, dass eine Katze nach höchstens drei Tagen auf das neue Futter umgestellt ist – so lange müssen Sie also mindestens durchhalten.

Katzen verlieren nach Unfällen oder Verletzungen gerne ihren Appetit. Sie müssen aber so schnell wie möglich wieder normal fressen, damit sich der Körper regenerieren kann, ohne seine Reserven anzugreifen. Katzen reagieren sehr sensibel auf Düfte. Sobald das Futter einen ranzigen Beigeschmack hat, ziehen sie sich zurück. Manchmal hilft es, das Futter auf Körpertemperatur anzuwärmen, damit es besser duftet und die Katze das Aroma riechen kann. Fügen Sie dem Futter kleine Stückchen gekochter Leber bei. Der kräftige Duft macht vielen Katzen wieder Lust auf Futter. Nach einer Operation kann sich sogar Babynahrung als hilfreich erweisen, denn die Katze kann es auflecken und die ungewöhnlichen Geschmacksstoffe regen ihren Appetit an. Vor allem braucht eine Katze, die sich nach einer Operation erholt, sehr viel Zuneigung. Ermuntern Sie die Katze zum Fressen und reden Sie mit ihr.

Die meisten Menschen gehen davon aus, dass Katzen gerne Milch mögen. Das ist aber ein Trugschluss. Tatsächlich ist es für ein erwachsenes Tier extrem ungewöhnlich, die Milch einer anderen Art zu trinken. Nach der Entwöhnung von ihrer Mutter trinken Tiere natürlicherweise keine Milch mehr. Tatsächlich fehlen ihnen nach der Babyphase sogar die Enzyme, um den Milchzucker zu verdauen. Während sich manche erwachsenen Katzen an Milch gewöhnen, bekommen andere Katzen Schwierigkeiten: Die unverdaute Milch gelangt in den Dickdarm und wird dort von Bakterien aufgeschlossen; dabei entstehen Gase und Durchfall. Daher empfehlen viele Tierärzte, eine erwachsene Katze nicht mit Milch zu füttern. Katzen, die ausgewogen ernährt werden, brauchen kein zusätzliches Kalzium und die nötige Flüssigkeit bekommen sie über das Trinkwasser.

Wenn sich die Katze zu viel putzt

Vielen Langhaarrassen ist die tägliche Fellpflege lästig und sie lernen rasch, ihre Krallen zur Abwehr einzusetzen. Jede Katze wird als Baby von ihrer Mutter sanft abgeleckt und ist an die Fellpflege gewöhnt. Daher müssen Katzenhalter versuchen, das tägliche Putzritual zu einer für die Katze erfreulichen Angelegenheit zu machen. Die wenigsten Katzen können einem echten Leckerbissen widerstehen. Sie können sie nebenbei mit winzigen Bissen aus der Hand füttern. Während sie sich auf das Essen konzentriert und Ihren Finger ableckt, kämmen Sie ihr mit der anderen Hand durch das Fell. Geben Sie ihr noch ein Stückchen – wieder etwas kämmen. Verfilzte Haare werden entweder mit einer Schere mit runden Spitzen abgeschnitten oder von oben nach unten sehr vorsichtig gelöst. Nicht ziehen! Schließlich wollen Sie erreichen, dass die Katze die Fellpflege mit einer angenehmen Erfahrung verbindet. Gehen Sie sehr langsam und geduldig vor. Machen Sie weiter, solange sich die Katze vom Futter ablenken lässt und halten Sie inne, wenn sie negativ reagiert. Warten Sie eine Zeitlang ab und machen sie erst weiter, wenn sie sich beruhigt hat. Die Katze muss bei der Fellpflege an Futter, Wärme,

Lob und Zuwendung denken. Bei sehr starker Verfilzung hilft allerdings nur noch der Tierarzt. Die Katze wird betäubt und die Verfilzungen herausgeschnitten oder rasiert. Sobald die Katze wieder zu Hause ist, machen Sie weiter mit der Fellpflege – auch wenn fast alle Haare abrasiert sind – und mit den Belohnungen. Da die Resthaare sich nun leichter pflegen lassen, sollte alles glatt gehen. Bringen Sie die Katze dazu, schon beim Anblick eines Kammes – am besten ein Metallkamm mit weiten Zinken – an Futter zu denken. Vorbeugen ist besser als Heilen!

Wenn alle Tricks versagen, müssen sie zu einem Katzenmaulkorb greifen. Er ist aus weichem Material hergestellt und gleicht mehr der Kappe für Greifvögel oder den Scheuklappen für Pferde als einem Hundemaulkorb. Damit beruhigt sich die Katze, legt sich flach hin und lässt sich eher anfassen und kämmen.

Das gegenteilige Problem – Katzen, die sich krankhaft putzen – ist nicht besonders verbreitet. Es scheint häufiger bei übernervösen Rassen, z.B. Siamkatzen, vorzukommen, obwohl auch einfache Straßenkatzen davon betroffen sind. Eine normale Katze hält ihr Fell sauber und wasserdicht. Nur gestörte oder sehr erregte Katzen lecken die Haare bis auf die Haut ab. Zunächst verschafft ihnen die Fellpflege ein Gefühl der Erleichterung, doch bei manchen Katzen setzt sich die Fellpflege auch dann fort, wenn sie weder erregt noch ängstlich sind. Vermutlich langweilen sie sich einfach. Andere Katzen beginnen sporadisch mit extremer Fellpflege, wenn sie unter großem Stress stehen, so z.B. wenn sie von den Menschen oder anderen Katzen allein gelassen werden. Eine Katze, die ihr gestörtes Putzverhalten nicht mehr einstellen kann, wird mit dem Stress oder Druck ihrer Umgebung und dem sozialen Umfeld nicht mehr fertig. Die Gründe dafür sind vielfältig: eine neue Katze in der Familie oder zu hohe Katzendichte in der Umgebung. Versuchen Sie, die Katze für zwei bis drei Wochen von den anderen Katzen zu trennen und warten Sie ab. Zunächst dürfte das krankhafte Putzen sogar noch stärker werden, da auch die Trennung als Stress empfunden wird. Eine nachhaltige

Lösung des Problems ist nur möglich, wenn Sie die Stress auslösenden Faktoren abstellen.

Wenn Sie in Urlaub gehen und die Katze zu Hause versorgt werden muss

Viele Katzenhalter treten ihren Urlaub mit sehr gemischten Gefühlen an. Einerseits freuen sie sich darauf, die Arbeit und tägliche Routine hinter sich zu lassen, andererseits haben sie ein schlechtes Gewissen, weil sie die geliebte Katze in einer Pension zurücklassen müssen. Es soll Menschen geben, die aus diesem Grund auf Urlaub verzichten, andere nehmen die Katze mit. Die zweite Möglichkeit ist nicht unbedingt erholsam für die Katze. Die meisten reisen nicht gern, mögen keine Hotels (viele erlauben ohnehin keine Tiere), Wohnwagen oder Ferienhäuser. Selbst wenn sich die Katze eingewöhnt, bleibt immer die Angst, sie könnte verloren gehen. Ein Halsband mit der Telefonnummer von zu Hause und dem Urlaubsort ist daher das Mindeste.

Während manche Katzen Jahr für Jahr problemlos mit in Urlaub fahren, entscheiden sich die meisten Familien für eine saubere, gute Katzenpension. Wer sich selbst ein Bild macht, wie die Katze dort leben wird, fährt mit ruhigem Gewissen in die Ferien. Vielleicht gibt es in Ihrer Gegend mehrere Möglichkeiten. Sie sollten ruhig alle aufsuchen und um eine Besichtigung bitten. Wird dieser Wunsch abgelehnt, streichen Sie die Pension von der Liste. Die Besitzer eines gut geführten Betriebes werden stolz sein, ihnen die Anlage und die zufriedenen Katzen zu zeigen.

Das britische *Feline Advisory Bureau* gibt eine Broschüre heraus mit den Kriterien, auf die Sie achten müssen. Hier sind einige der wichtigen Tipps (siehe auch unter www.fabcats.org):

- Saubere, ordentliche Anlage.
- Kein Gestank.
- Die Katzen sollten gesund und zufrieden aussehen.

- Jede Katze hat einen eigenen Käfig, es sei denn, sie stammen aus demselben Haushalt. Fremde Katzen sollten sich nicht berühren dürfen. Eine Barriere aus Plexiglas zwischen den Käfigen und Ausläufen ist empfehlenswert. Sie sollten nicht gezwungen sein, Gemeinschaftskäfige zu benutzen. Das bedeutet Stress und erhöhte Ansteckungsgefahr.
- Jeder Katze muss ein heizbarer Schlafbereich und ein Auslauf zur Verfügung stehen.
- Jede Katze hat ein eigenes Katzenklo und Näpfe, die sie während des gesamten Aufenthaltes behält.
- Eine Schleuse zwischen den Käfigen und der »Außenwelt« verhindert die Flucht der Katzen.
- Man sollte Sie nach den Impfbescheinigungen des Tierarztes fragen.
- Man sollte sich nach besonderen Futtervorlieben, Krankheiten und Ähnlichem erkundigen; möglichst auch nach einer schriftlichen Einverständniserklärung, die Katze im Krankheitsfall zum Tierarzt zu bringen.
- Eine Langhaarkatze sollte, möglicherweise gegen Aufpreis, regelmäßig gebürstet werden.

Wenn Sie eine verlässliche Katzenpension gefunden haben, werden Sie vermutlich nicht mehr wechseln wollen. Erkundigen Sie sich also, wie lange vorher Sie den Platz reservieren müssen. Dann können Sie Ihren Urlaub genießen. Die meisten Katzen leben sich rasch in die neue Umgebung ein. Manchmal empfinden es Kunden geradezu als Affront, wenn sie ihre Katze nach dem Urlaub abholen und sie glücklich und zufrieden vorfinden.

Wenn Sie nur sehr kurz verreisen, ist die Hilfe eines Nachbarn oder Freundes besser: Bitten Sie ihn, ab und zu nach der Katze zu sehen und sie zu füttern. Die Katze bleibt in ihrer üblichen Umgebung und braucht – bis auf den Kontakt mit Ihnen – ihre tägliche Routine nicht zu verändern. Sollten Sie keinen verlässlichen Betreuer finden und länger als eine Woche wegbleiben, bleibt immer noch die Möglichkeit, einen Cat-Sitter zu finden und zu beauftragen, der in Ihrem Haus wohnt. Auch das kann ein Freund übernehmen. In größeren Städten gibt es manchmal auch einen professionellen Cat-Sitter-Service. Natürlich birgt es gewisse Risiken, einen Fremden in Haus oder Wohnung zu lassen. Sie sollten sich also sehr genau nach der Seriosität der Firma erkundigen, ehemalige Kunden befragen und vielleicht doch über eine Katzenpension nachdenken.

Wenn eine neue Katze ins Haus kommt

Die meisten Katzen finden sich damit ab, mit einem zweiten Artgenossen zusammenzuleben. Katzen, die schon als Babys viele Kontakte mit anderen Katzen hatten, fällt das leichter, weil sie gelernt haben, die sozialen Signale ihrer Artgenossen zu verstehen und darauf zu reagieren. Katzen ohne größere Erfahrung auf diesem Gebiet kostet es mehr Anstrengung. Es mag sein, dass sie den neuen Partner dulden, aber keine freundschaftliche, liebevolle Beziehung mit ihm eingehen – Seit' an Seit' vor dem Feuer. Die schwierigste Klippe, die Sie umschiffen müssen, ist der erste Kontakt. Wenn es gleich zu Beginn der Beziehung »kracht«, bleibt dieser Eindruck sehr lange erhalten. Die beiden dürfen sich also zunächst nicht sehen.

Ein entscheidender Faktor der Begegnung ist der Duft. Streicheln Sie erst die eine, dann die andere Katze, damit sich die Körperdüfte vermischen. Fahren Sie mehrere Tage damit fort, dann stellen Sie den ersten Kontakt her. Die neue Katze muss sich nach und nach an die Wohnung, die Familienmitglieder und die alte Katze gewöhnen – immer unter Aufsicht und gut geschützt – damit sie keine Ängste entwickelt. Diese Phase der Eingewöhnung läuft reibungsloser ab, wenn die neue Katze mehrere Tage lang, solange sie unbeaufsichtigt ist, in einem Zimmerkäfig bleibt. Falls Sie keinen Käfig besitzen, eignet sich für die ersten Begegnungen auch ein normaler Transportkäfig. Die neue Katze sitzt, sicher durch die Gitterstäbe geschützt, in ihrer »Höhle« und kann dennoch am Leben draußen teilhaben.

Sie sieht alles und kann das Verhalten der übrigen Familienmitglieder kennenlernen. Vor allem verhindert der Käfig möglicherweise eine panische Flucht, was wiederum den Jagdinstinkt von Hunden und anderen Katzen auslösen würde. Mit Käfig bleibt alles ruhig. Er schützt die neue Katze aber auch vor möglicherweise heftigen Begegnungen mit anderen Katzen und kleinen Kindern. Stellen Sie den Käfig an einem belebten Platz in der Wohnung auf, so kann sich die Neue am besten an die Geräusche und den Rhythmus des Familienlebens gewöhnen.

Bei der ersten Begegnung von zwei Katzen müssen Sie auf ein gewisses Maß an Aggression gefasst sein. Halten Sie durch. Solange Sie ausschließlich bei einem echten Kampf oder einer wilden Jagd eingreifen, regeln sich die Verhältnisse gewöhnlich rasch. Zur Annährung der beiden Katzen werden beide gleichzeitig gefüttert – die alte draußen, die neue im Käfig. Sobald sich die beiden entspannt im selben Raum aufhalten und friedlich nebeneinander fressen, können Sie eine Begegnung ohne Käfig riskieren. Ein neues Kätzchen wird gewöhnlich rasch akzeptiert, da es keinen Rivalen für die alte Katze darstellt. Für eine ältere Katze ist oft etwas mehr Geduld erforderlich; Sie sollten die beiden aber auf die gleiche Weise aneinander gewöhnen.

Geben Sie der neuen Katze so oft wie möglich die Gelegenheit, die Wohnung zu inspizieren und spielen Sie mit ihr. Danach darf sie länger auch ohne Aufsicht in einem abgesperrten Zimmer bleiben. Den freien Kontakt mit den anderen Tieren sollten Sie aber erst erlauben, wenn sich alle gegenseitig tolerieren. Schließlich darf die neue Katze Zimmer für Zimmer der Wohnung für sich erobern, um die »Geografie« ihres neuen Reviers kennenzulernen. Achten Sie darauf, dass sie in jedem Zimmer geeignete Verstecke oder Rückzugsräume vorfindet (unter Schränken und in der Höhe), wohin sie sich zurückziehen kann, sobald sie ängstlich wird. Wenn sich die Katze endgültig eingewöhnt hat, wird der Käfig gegen ein weiches Bett ausgetauscht – dann ist die Neue auf sich allein gestellt.

Wenn sich die Katze immer noch verhält wie ein kleines Kätzchen

Was manche Katzenhalter besonders lieben – das kindlich entspannte Verhalten ihrer Katzen – macht anderen eher Angst. Es gibt Katzen, die wollen einfach nicht erwachsen und unabhängig werden. Für die meisten Hauskatzen ist es kein Problem, innerhalb von Sekunden von kindlich-verspielt im Zimmer auf raffinierten Jäger im Garten umzuschalten. Es gibt allerdings Katzen, die sich extrem eng an einen Menschen anschließen und saugen und treteln, wie früher bei ihrer Katzenmutter. Diese Katzen kommen ohne die Gegenwart »ihres« Menschen nicht zurecht. Am Anfang ist es noch ganz niedlich, wenn die Katze versucht zu saugen (oft am Hals), doch irgendwann wird dieses Verhalten auch dem geduldigsten Menschen lästig. Manche Katzen saugen so stark, dass sie rote Druckstellen hinterlassen. Tatsächlich ist dieses Verhalten nur sehr schwer zu unterbinden, denn es verlangt eine räumliche Trennung. Das jedoch empfinden viele Katzenhalter als »grausam« und fühlen sich schuldig, wenn sie die Katze verjagen. Es gibt aber keine andere Möglichkeit. Auch gute Katzenmütter sorgen dafür, dass sich ihre Jungen in der großen, rauen Welt allein durchschlagen können.

Zuerst dürfen Sie nicht mehr jedem Verlangen der Katze nachgeben. Natürlich bedeutet das nicht, dass Sie der Katze keine Zuwendung mehr entgegenbringen. Sie sollte aber von Ihnen ausgehen, von Ihnen gesteuert werden und nicht von der Katze eingefordert werden. Die Katze wird rasch lernen, dass sie allein prima zurechtkommt und ihr Erwachsenenleben genießen. Und dem Katzenhalter bleiben immer noch die üblichen kindlichen Zeichen von Zuneigung.

Wenn kleine Katzen erwachsen werden

Wir lieben unsere Kätzchen und die verrückten Dinge, die sie anstellen. Doch Katzen wachsen schnell und mit einem Alter von 6–8 Wochen haben sie den Entwicklungsstand eines 18 Monate alten Kindes. An ihrem ersten Geburtstag wäre ein Mensch vergleichbar 15 Jahre alt. Die Katze war bereits das erste Mal rollig und könnte schon den ersten Wurf Junge großziehen. Im Alter von zwei Jahren entspricht eine Katze einem 24jährigen Menschen und mit jedem weiteren Jahr wird sie vier Menschenjahre älter. Eine Katze lebt durchschnittlich 12 Jahre; dann wäre sie nach menschlicher Zählung 64 Jahre alt. Es kommt aber auch vor, dass Katzen 20 Jahre (96 Menschenjahre) alt werden. Diese Zählweise hat sich als genauer herausgestellt, als das übliche 1 Katzenjahr gleich sieben Menschenjahre.

Wenn Sie sich Gedanke über das richtige Katzenklo machen

Allein die britische Industrie setzt pro Jahr Katzenstreu im Wert von 60 Millionen Pfund um. Dieser Wert ist umso bemerkenswerter, wenn man bedenkt, dass die Mehrheit der Katzen ohne Katzenstreu auskommt: Wenn sie nicht in einer Katzenpension sind oder sich nach einem tierärztlichen Eingriff erholen, erleichtern sie sich draußen. Nur Wohnungskatzen sind auf ein Katzenklo und Streu angewiesen. Für sie muss die alte verschmutzte Katzenstreu regelmäßig durch neue ersetzt werden, damit das Katzenklo immer sauber ist. Während junge Hunde mehrere Wochen brauchen, bis sie stubenrein sind, kommen junge Kätzchen bereits stubenrein in ihr neues Heim. Alles was sie verlangen, ist eine saubere Schale mit frischer Streu, in der sie scharren können. Indem sie sauber sind, folgen sie einem Instinkt, der von der Katzenmutter zusätzlich trainiert wird. Sie leckt die Kätzchen in den ersten zwei bis drei Lebenswochen in der Analregion ab, um sie zum Ausscheiden zu stimulieren. Dann erkunden sie die Umgebung und lernen, ihre Schließmuskeln zu gebrauchen. Wenn sie auf eine geeignete Fläche stoßen, beginnen sie zu scharren und erleichtern sich in die Streu. Natürlich verteilen sie zu Anfang die Streu noch in der Umgebung, manche knabbern auch daran, aber selbst in diesem zarten Alter bringen sie sich selbst bei, ihr Zuhause nicht zu verschmutzen. Dieses Training vergessen Katzen ihr Leben lang nicht mehr.

Da die Vorfahren unserer Hauskatzen in Halbwüsten lebten, ist es kein Wunder, dass Katzen sich bei der Wahl ihrer Toilette für sandiges Material entscheiden. Ideal ist weißer Sand, auch feine Erde ist ein passendes Material. In der Angebotspalette moderner Streumaterialien sollte sich für jede Katze das geeignete Produkt finden. Im Wesentlichen unterscheidet man drei Typen: Bleicherde – die meistverkaufte Katzenstreu in England – wird auf Tonbasis hergestellt und als hellgraues Granulat verkauft. Streu aus gepressten Holzchips wird immer beliebter. Sie ist leicht, stark geruchsbindend und wird oft mit Kiefernduft versetzt, um Katzengeruch zu vermeiden. Der dritte Typ besteht aus feinkörnigem Tongranulat, das sich im nassen Zustand zu Klumpen ballt. Wenn die Klumpen regelmäßig entfernt werden, ist die Streu lange haltbar und muss nur teilweise ersetzt werden. In Testreihen entschieden sich Katzen gewöhnlich für das feinste Material, akzeptierten aber letztlich jede Streu, die man ihnen anbot. Sollte Ihre Katze Probleme mit der Sauberkeit haben, bieten Sie ihr eine feinere Streu an. Oft erledigt sich das Problem dann von selbst und sie akzeptiert das Katzenklo. Es gibt auch Katzen, die mit Zeitungen im Katzenklo völlig zufrieden sind – das Material könnte sich allerdings als Bumerang erweisen. Sollte Ihre Katze die Morgenzeitung vor Ihnen finden, könnte sie sich dafür entscheiden, den Leitartikel anderweitig zu verwenden.

Wir dürfen nie vergessen, dass Urin und Kot auch Duftbotschaften an andere Katzen übermitteln. Wenn eine Katze ihr Geschäft beendet hat, scharrt sie alles wieder zu, um ihren Duft zu verbergen. Ab und zu schnuppert sie, um ihren Eigenduft zu kontrollieren. In trockenem Boden oder Katzenstreu scharrt sie intensiver und versucht, den Geruch in größerer Tiefe zu verbergen. In schwerer, feuchterer Streu reicht ihr eine geringere Auflage. Scheue Katzen in einem Haushalt mit mehreren Katzen vergraben ihre Ausscheidungen so tief wie möglich, um keine Aufmerksamkeit auf sich zu ziehen. Eine selbstbewusste Katze deckt den Duft ihrer Ausscheidungen als Markierung kaum oder gar nicht ab. Der Einblick in diese Form von Katzenkommunikation ist auch für den Katzenhalter wichtig Er kann durch rechtzeitige Reaktion möglicherweise einem beginnenden

Verhaltensproblem gegensteuern. Wer Bescheid weiß, wie seine Katze das Katzenklo benutzt und wie nicht und die Botschaften versteht, dem fallen Diagnose und Therapie später leichter.

Wenn die Katze mit Ihnen umziehen muss

Der Umzug in eine neue Wohnung kann für Mensch und Katze zu einer traumatischen Erfahrung werden. Manch ein Katzenhalter fürchtet sich davor, seine Katze könne in der fremden Umgebung die Orientierung verlieren, verschwinden oder, sofern die alte Wohnung nicht zu weit weg ist, in ihr altes Revier zurückkehren. Solche Fälle sind tatsächlich vorgekommen. Für eine Katze ist das Revier von großer Bedeutung. Daher kann es sein, dass sie zum alten Haus zurückkehrt und versucht, sich mit den neuen Bewohnern zu arrangieren. Es gibt allerdings ein paar Tricks, um der Katze die Eingewöhnung ins neue Heim zu erleichtern.

Nervöse Katzen überstehen den Umzug leichter, wenn sie während des eigentlichen Umzugs in eine Katzenpension übersiedeln. So bleibt ihnen die »Zerstörung« ihres alten Reviers – Vorhänge, Möbel, Kleider – und die Hektik der Möbelpacker verborgen. Erst wenn in der neuen Wohnung alles wieder an seinem Platz ist, kommt auch die Katze wieder dazu. Katzen, die ins Freie dürfen, arrangieren sich meist deutlich besser mit den veränderten Lebensumständen, sollten aber dennoch in den ersten ein bis zwei Wochen in der Wohnung bleiben, damit sie die Zimmer und den Geruch der neuen Wohnung kennenlernen. Lassen Sie die Katze zunächst immer kurz vor den üblichen Fütterungszeiten ins Freie. Noch besser ist es, sie etwa 12 Stunden lang hungern zu lassen. Wenn sie dann das vertraute Klappern des Napfes oder Ihre Rufe hört, kommt sie gewöhnlich sofort zurück. Sie hat später immer noch Zeit, das Außenrevier zu erkunden und ihren Platz in der Gesellschaft der Nachbarskatzen zu finden. Es kann zwar hilfreich sein, wenn Sie die Katze auf ihrem ersten Spaziergang begleiten, aber die Anpassungsfähigkeit und der Überlebenswillen einer Katze sind sehr stark. Es dauert nicht lange, dann fühlt sie sich in der neuen Umgebung genauso sicher wie in der alten.

Wenn der Umzug nur ein paar Straßen weiter führt, stößt Ihre Katze früher oder später auf eine bekannte Route. Wenn sie diesen Routen folgt, kommt sie zu einem Haus, in dem alles völlig anders ist als früher – sie ist verwirrt. Die »neuen« Wege sind noch nicht stark genug und sie findet nicht mehr zurück. Wird ihnen dann noch von den neuen Hausbewohnern eine leckere Mahlzeit hingestellt, könnte es sein, dass sie die neuen Menschen einfach akzeptiert. Selbst wenn die neuen Bewohner gewarnt und vorbereitet wurden, lassen sich Katzen weder abschrecken noch mit Wasserspritzen oder ablehnendem Verhalten verjagen. Die Bindungen an das alte Zentrum ihres Reviers sind einfach noch zu stark. Freiwillig geht sie nicht zurück. Sie muss entweder von den alten Besitzern geholt oder von den neuen gebracht werden. Irgendwann sind die Menschen die Fahrerei mit der Katze satt, vor allem wenn der Umzug über eine beträchtliche Strecke erfolgt war.

Den ersten Schritt müssen die neuen Bewohner machen: Sie müssen die Katze verjagen, abweisend sein und dürfen keinerlei Ausnahmen machen, etwa die Katze freundlich anreden oder gar streicheln. Das gilt auch für die ehemaligen Nachbarn, die Ihre Katze vielleicht sogar kennen. Die Katze muss mindestens einen Monat lang im neuen Haus ausschließlich im Zimmer bleiben. Läuft sie dann immer noch zum alten Revier zurück, können Sie versuchen, die Katze nicht auf direktem Weg zurückzuholen. Verwirren Sie ihren Ortssinn durch lange Fahrten. Fahren Sie zunächst in die Gegenrichtung und dann in weitem Bogen und vielen Abzweigungen wieder zurück ins neue Haus. Sie können die Katze auch in eine sehr weit entfernte Katzenpension bringen und hoffen, dass sie ihr altes Revier vergisst. Wenden Sie im neuen Heim dieselben Mittel wie bei der Einführung an: Häufige und kurze Mahlzeiten, viel Zuwendung und Aufmerksamkeiten, um neue Bande zu knüpfen. Lassen Sie die Katze zwölf Stunden lang hungern, bis sie ins Freie darf. Halten Sie die Ausflüge in den ersten beiden Wochen kurz – einmal täglich für eine halbe Stunde. Dann rufen Sie die Katze zurück und füttern sie sofort.

Die Katze muss das neue Haus als sicheres Zentrum ihres Reviers, als Quelle für Futter und Schlafplatz akzeptieren. Aus diesem Grund müssen sich die neuen Bewohner des alten Hauses abweisend verhalten. Es kann Wochen, bei manchen Katzen sogar Monate dauern, bis sie unbewacht ins Freie dürfen. Und die Moral? Tun Sie der Katze etwas Gutes. Ziehen Sie mindestens 5 km weit weg.

Sollte keine der Methoden erfolgreich sein, bleibt Ihnen nichts übrig, bei den alten Nachbarn oder neuen Bewohnern Ihres alten Hauses um dauerhaftes Asyl für Ihre Katze zu bitten.

Ein Umzug kann für eine Wohnungskatze zum traumatischen Erlebnis werden. Auch sie erlebt die neue Wohnung als komplette Veränderung ihres vertrauten Reviers und kann sich sehr verletzlich fühlen. Führen Sie die Katze langsam, Zimmer für Zimmer, in ihre neue Umgebung ein und schenken Sie ihr viel Zuwendung. Das mindert den Stress der ersten Tage. Die meisten Katzenhalter sind bereit, gewisse Mühen auf sich zu nehmen, doch es gibt Grenzen. Der britische Autor Edward Lear liebte seine Katze Foss so sehr, dass er sein neues Haus als genaue Replik des alten erbauen ließ: Seine Katze sollte sich auch nach dem Umzug zu Hause fühlen...

Wenn die Katze zu sensibel ist und vor allem Angst hat

Katzen werden wie alle Tiere mit der Fähigkeit geboren, auf Bedrohungen zu reagieren und sich Situationen zu stellen, die ihr Leben bedrohen könnten. Solche Schreckreaktionen unterscheiden sich deutlich vom normalen Verhalten einer Katze. Sie sind im Erbgut angelegt. Schon junge Kätzchen machen einen Buckel, sträuben ihr Fell und legen die Ohren flach, wenn sie ein lautes Geräusch oder eine unbekannte Situation erschreckt. In den ersten Wochen kehren sie danach, wie viele andere Säugetierbabys, instinktiv zur Mutter zurück. Wenn auf die üblichen Geräusche nie ein körperlicher Schmerz oder anderer Schaden folgt, gewöhnen sich die Kätzchen nach und nach daran. Die meisten Katzen lernen mit der Zeit die beängstigenden, aber völlig ungefährlichen Ereignisse kennen, können damit leben und werden zu ganz normalen Haustieren.

Für andere Katzen ist das Leben eine einzige Katastrophe. Sie gehen jeder Form von Belastung aus dem Weg und verkriechen sich sofort unter dem Sofa oder in einer dunklen Ecke. Schon beim kleinsten Geräusch oder einer unbekannten Bewegung rennen sie weg. Da sie sich einer solchen »Bedrohung« niemals stellen, lernen sie auch nicht, damit umzugehen. Ängstliche Katzen gehen geduckt, halten den Schwanz niedrig und verziehen sich an einen geschützten Ort, unter einen Tisch oder in eine Ecke. Von dort blicken sie vorsichtig umher, immer noch geduckt und mit vor Furcht geweiteten Pupillen. Sie wollen alles sehen, aber möglichst nicht auffallen. Manche Katzen bleiben bewegungslos in ihrem sicheren Schlupfwinkel liegen und warten, bis die Bedrohung verschwindet. Manche verkriechen sich unter der Bettdecke und verlassen sich auf die Vogel-Strauß-Methode. Wieder andere ziehen sich für längere Zeit in ein Versteck zurück, brauchen immer länger, bis sie sich wieder in frei einsehbare Plätze vorwagen. Alle diese Katzen sind ernsthaft gestresst und verzweifelt. Auch ihr Halter ist unglücklich, vor allem, wenn sich die Angst seiner Katze auch auf ganz alltägliche Verrichtungen bezieht. Die Katze nimmt nicht am Leben der Familie teil und verpasst damit auch dessen angenehme Seiten. Obwohl die Zeichen mehr als deutlich sind, ist es kaum möglich, die Katze in diesem Zustand zu beruhigen. Sie würde sich eher noch mehr ängstigen. Sie empfindet jede Zuwendung als neue Gefahr und lernt daher auch nicht, sich einem Menschen anzuvertrauen und bei ihm Sicherheit zu erfahren. Wenn wir den Kontakt erzwingen wollen, geht sie als letztes Mittel zum Angriff über. Unter Umständen sinkt ihre Schreckschwelle durch einen derartigen Versuch noch tiefer. Eine verängstigte Katze kann ihr Leben nicht genießen. Wenn wir nicht rechtzeitig eingreifen, werden die Ängste immer schlimmer werden.

Kätzchen, die von einer unerfahrenen oder unfähigen Mutter aufgezogen werden, wachsen mit großer Wahrscheinlichkeit zu ängstlichen Katzen heran. Sie sind nicht in der Lage, angemessen auf Veränderungen zu reagieren. Das gilt aber auch für Kätzchen, die in ihren ersten Lebenswochen keinerlei Anforderungen ausgesetzt waren. Die Nervosität vieler Katzen geht auf solche frühen Erlebnisse zurück: Da ihnen schon als Babys jegliche Erfahrungen im Umgang mit Anforderungen von außen fehlen, können sie als erwachsene Katzen mit der Fülle neuer Eindrücke nicht umgehen. Zum Glück lässt sich dieser Fehler durch sorgfältige Erziehung wieder gutmachen. Es kommt darauf an, der Katze in kleinen Schritten die Möglichkeit zu geben, unter Aufsicht ungefährliche Erfahrungen zu machen. Andererseits ist es nur selten möglich, sie zu einer völlig »normalen« Katze umzuerziehen, denn manche Erfahrungen kann sie nur als Katzenbaby machen. Beispielsweise zeigen Kätzchen, die zusammen mit kleinen Hunden aufwuchsen, später keine Berührungsängste mit Hunden, die mit ihnen spielen wollen. Hat eine Katze jedoch nie Erfahrungen mit Hunden gemacht, wird sie sich als erwachsene Katze auf keinen Fall in der Gegenwart eines Hundes sicher fühlen und sich entspannen, sondern wahrscheinlich die Flucht ergreifen. Natürlich lernen auch manche ältere Katzen noch, mit einem Hund zusammenzuleben, doch dazu ist unendlich viel Geduld von seiten der Menschen nötig und auch dann wird die Katze ihn allenfalls tolerieren. An sozialen Umgang miteinander oder gar Spiel ist nicht zu denken.

Um eine nervöse Katze in die Familie einzugewöhnen, hilft wieder ein Käfig, der als »Höhle« für die Katze an einen belebten Platz der Wohnung gestellt wird. Aus der Sicherheit hinter den Gitterstäben erlebt die Katze das Familienleben mit, ohne weglaufen zu können. Sie sieht und hört Besuche von Fremden, die Geräusche von Fernseher und Musikanlagen, Bewegungen von Türen, Möbeln und Menschen. Die Katze hat gar keine Wahl, als sich den neuen Eindrücken zu stellen. Die Höhle ist eine Form von »Mutterleib«.

Dort ist es warm und sicher, sie bekommt Futter, Wasser und hat ein Katzenklo zu ihrer Verfügung. Gleichzeitig ist sie den Eindrücken ausgesetzt, die sie anfangs so ängstigten.

In sehr ernsten Fällen kann der Tierarzt mit Medikamenten helfen. Eine ruhig gestellte Katze kann Erfahrungen sammeln, ohne gleich in Panik zu geraten. Selbstverständlich darf eine derartige Therapie nur unter Aufsicht eines Tierarztes erfolgen.

Wenn die Katze Angst vor offenen Plätzen hat

Eine krankhafte Angst vor offenen Plätzen wird als Agoraphobie bezeichnet. Ein solcher Platz kann für die Katze das Wohnzimmer oder auch der Garten sein. Zum Glück kommt diese Phobie selten vor.

Diese Störung tritt bei Katzen auf, die als Babys niemals nach draußen durften oder bei denen der erste Kontakt mit der Welt im Freien zu spät erfolgte, also nach der Prägungsphase, die auf die Entwöhnung folgt. Bei typischen Fällen von Agoraphobie weigert sich die Katze jedoch, die Wohnung zu verlassen, weil sie unter einem traumatischen Erlebnis leidet. Vielleicht wurde sie bei einem Besuch im Garten von einer stärkeren Nachbarskatze angegriffen, die ihr möglicherweise sogar bis ins Haus folgte. In anderen Fällen wurde ihr durch Bauarbeiten kurzfristig ein wichtiger Zugang ins Haus versperrt, sie traf auf einen streunenden Hund oder wurde beinahe von einem Auto überfahren.

Jedes Mal, wenn sie das Haus verlässt, besteht die Gefahr, der starken Nachbarskatze zu begegnen und mit jedem Ausflug wird ihre Angst größer. Schließlich wird sie sich schon bei den kleinsten Veränderungen weigern, das Haus zu verlassen – raschelndes Laub, das Geräusch eines Autos – selbst wenn keine unmittelbare Gefahr besteht. In typischen Fällen reagiert die Katze auf alle Ereignisse mit derselben Heftigkeit, selbst an Tagen, wenn nicht die kleinste Schwanzspitze im Garten sichtbar ist. Jedes Mal, wenn sie nach draußen geht, reagiert sie verängstigt und verhält sich völlig anderes als die selbstbewusste Katze, die sie einst war.

Die Agoraphobie wird wie jede andere Form von Phobie behandelt: Setzen Sie die Katze unter Aufsicht den Reizen aus, die sie so ängstigen, um sie zu desensibilisieren. Stellen Sie die Katze in ihrem Transportkäfig in den Garten. Wechseln Sie später zu einem größeren Käfig, in dem sie sicher im Garten bleiben kann. Das darf allerdings erst geschehen, wenn die Ursache der Angst beseitigt wurde. Bei Bauarbeiten ist das einfach, bei einem Rivalen aus der Nachbarschaft sprechen Sie am besten mit dessen Besitzer ab, wann seine Katze ins Freie darf. In den »sicheren« Zeiten stellen Sie den Käfig in den Garten, um jeden Konflikt zu vermeiden. Die Katze muss lernen, den Garten, wie vor dem traumatischen Erlebnis, wieder als sicheren Ort zu empfinden und begreifen, dass nicht jedes Rascheln der Blätter Gefahr bedeutet. Bei den ersten Versuchen ohne Käfig sollten Sie oder Bekannte die Katze begleiten und vorsichtigen Lärm machen, damit sich ihr Selbstvertrauen wieder bessert. Manchmal hilft es auch, die Mahlzeiten der Katze in kleinere Portionen aufzuteilen und sie draußen im Käfig, später vor der Haustür zum Garten zu füttern. In der Regel ist Agoraphobie heilbar; die Chancen verbessern sich deutlich, wenn die Ursache für das Trauma entfernt werden kann.

Viele Katzen und Hunde fürchten sich vor lauten, elektrischen Haushaltsgeräten. Aus ihrer Sicht ist ein Staubsauger tatsächlich ziemlich furchterregend. Plötzlich beginnt sich ein Kasten unter lauten Geräuschen zu bewegen! Das gilt aber auch für andere Putzgeräte oder den Duft von Reinigungsmitteln, der nervöse Tiere erschrecken könnte. Auch hier hilft eine desensibilisierende Therapie wie oben beschrieben.

Wenn Ihre Katze alt wird

Katzen sind wie alte Menschen. Sie brauchen besondere Pflege. Sie schlafen länger in ruhigen, warmen Ecken, wo sie nicht vom Trubel des Familienlebens gestört werden. Da ihre Gelenke versteifen, muss ihnen der Zugang zu Bett, Katzenklo, Futter und Wasser erleichtert werden. Sie brauchen ein warmes Bett neben der Heizung und vielleicht ein Extrakissen an ihrem Lieblingsplatz in der Sonne auf der Fensterbank. Im direkten Sprung kommen sie zwar nicht mehr hinauf, aber mit einer Treppe aus Sessel und Tisch vor dem Fenster schaffen sie es immer noch.

Lassen Sie die Katze nur noch zwei warme Zimmer benutzen, in denen sie sich sicher fühlt. Wenn sie arthritisch ist, freut sie sich über mehrere Schalen mit Streu, damit sie ihre Zimmer sauber halten kann. Eine inkontinente, alte Katze ist eine unglückliche Katze; geben Sie ihr die Möglichkeit, innerhalb weniger Schritte die sichere Streu zu erreichen, wenn die Natur es fordert.

Wenn sie nicht schläft, braucht die Katze viel Zuwendung. Sie entspannt sich bei der sanften Fellpflege, und zudem behält eine Katze mit sauberem Fell ihre Selbstachtung. Lassen Sie auch eine alte Katze am Familienleben teilnehmen. Obwohl sie viel mehr Ruhe braucht, ist auch ein Senior auf regelmäßige Anregungen angewiesen. Manche Katze hält sich nun zwar lieber in der Wohnung auf, sie sollten sie aber ermuntern, an warmen, ruhigen Tagen in den Garten zu gehen – vielleicht in Ihrer Begleitung. Eine ältere Katze äußert sich häufig durch Laute. Sie ruft nach Ihnen, wenn sie nachts aufwacht und sich allein fühlt. Gehen Sie nicht zu hart mit ihr um und erlauben Sie ihr, im Bett zu schlafen, wenn sie diese Sicherheit braucht.

Zeigen Sie ihr Ihre Zuneigung. Es ist ziemlich unwahrscheinlich, dass sie sich über eine jüngere Katze in ihrer Nähe freut. Bei alten Katzen ist das anders als bei alten Hunden, die in Gesellschaft eines Welpen nochmals aufleben. Katzen sind ruhiger und vertragen es nicht so gut, wenn sie ihr Revier und die Familie teilen müssen. Zeigen Sie ihr, dass sie geliebt wird und erfreuen Sie sich an dem Charakter einer alten Katze.

Erkundigen Sie sich rechtzeitig beim Tierarzt, wann Sie die Ernährung umstellen sollen und wundern Sie sich nicht über merkwürdige Essgewohnheiten. Alte Katzen ziehen häufigere, leichtere Mahlzeiten vor. Der regelmäßige Tierarztbesuch wird nun besonders wichtig, denn viele Katzen leiden im Alter an Nierenkrankheiten.

Wenn Sie Ihrer Katze das richtige Spielzeug anbieten wollen
Katzen spielen mit allem und jedem, vor allem jedoch mit Dingen, die sich bewegen. Dabei verbessern sie ihre Reflexe und üben sich in der Jagd: Sie schleichen sich an, springen und beißen ihre Beute tot. Es macht Spaß, ihren lebhaften Spielen zuzusehen. Junge Katzen lieben Spielzeuge, denen sie nachjagen können. Pingpongbälle, Schnüre und fest zerknüllte Papierbälle sind billig und genauso gut wie das angebotene Katzenspielzeug. Geben Sie ihnen die Möglichkeit, Neues zu erkunden: Zelte aus Zeitungen, Tragetüten aus Papier und Schachteln, in die sie hineinspringen können. Auch viele ältere Katzen spielen noch immer die gleichen Spiele. Insbesondere Wohnungskatzen brauchen solche Anregungen, damit sie weiterhin wach und lebhaft bleiben. Vermeiden Sie Spielzeug, das Ihre Katze zerkauen und aus Versehen verschlucken könnte. Manche Teile lassen sich nur durch eine Operation wieder entfernen.

Wenn die Neugier der Katze gefährlich werden könnte
Ein englisches Sprichwort sagt: »Die Katze ist ein Opfer ihrer Neugier.« Leider ist dies manchmal traurige Realität. Kommt eine neue Katze in die Wohnung, müssen Sie die Sicherheit Ihres Haushalts überprüfen. Das würden Sie auch tun, wenn ein Baby ins Krabbelalter kommt. Schauen Sie sich alle elektrischen Kabel genau an, verschließen Sie gefährliche Putz-, Bleich- und Desinfektionsmittel an einem sicheren Ort und stellen Sie sicher, dass alle Fenster verschlossen sind, damit das Kätzchen nicht aus Versehen beim ersten Erkundungsgang verschwindet. Kätzchen werfen zudem sehr gerne zerbrechliche Gegenstände von den höchsten Regalen – und ... Kätzchen springen hoch! Haben Sie einen offenen Kamin? Es hat schon Kätzchen gegeben, die sich an den dunklen Aufstieg wagten und stecken blieben. Auch die Trommel einer Waschmaschine ist interessant. Lassen Sie die Klappe grundsätzlich geschlossen, damit sich die Katze nicht auf der Wäsche zum Schlafen hinlegt.

Sobald die Kätzchen etwas älter werden, lässt ihre Neugier nach. Es wäre aber ein Fehler, ihre Neugier zu unterbinden. Sie müssen Neues erkunden, um ihre Scheu zu verlieren. Nur eine aktive Katze schließt sich den Aktivitäten eines Menschen an. Gelangweilte Kätzchen, denen die Anregungen fehlen oder die sich vor den Dingen des Alltags fürchten, interessieren sich bald für nichts mehr. Freuen Sie sich an der Neugier Ihrer jungen Katze! Sie profitieren beide davon.

Wenn sich die Katze von einer Krankheit erholen muss

Der medizinische Fortschritt macht es möglich, unsere Katzen gegen viele tödliche Krankheiten zu impfen. Andere Krankheiten können wir mit modernen Medikamenten und Geräten kurieren und bei Unfällen können wir Katzen ähnlich gut behandeln wie Menschen. Dennoch sind sich die Tierärzte in einem Punkt einig: Gleichgültig wie wunderbar sie einer Katze auch geholfen haben, die eigentliche Heilung hängt ganz wesentlich von der Nachsorge ab.

Eine mutlose Katze hat ihren Überlebenswillen verloren. Nur eine Katze mit einem starken Willen zu überleben kann völlig genesen. Dafür tragen wir als ihr Halter die Verantwortung. Unsere liebevolle Zuneigung stärkt ihren Lebenswillen. Reden Sie sanft mit ihr, halten Sie ihren Körper warm (keine Zugluft!) und bieten Sie ihr etwas zu fressen an. Wenn sie es ablehnt, versuchen Sie es mit kleinen Stückchen ihres heiß geliebten Leckerbissens. Helfen Sie ihr zum Katzenklo und unterstützen Sie sie auf jede erdenkliche Weise. Viele Katzen schließen sich nach einer überstandenen Krankheit sehr eng an ihren Halter an. Möglicherweise verstehen und schätzen sie, dass sie durch Ihre Pflege und Liebe die Krankheit überstanden haben.

Wenn die Katze an Möbeln und Wänden kratzt

Dass Katzen die sichtbaren Spuren ihrer Krallen auf Gegenständen hinterlassen, kommt nicht nur daher, dass sie ihre Krallen daran schärfen. Sie verteilen dadurch auch sichtbare und riechbare Reviermarkierungen. Wenn eine Katze ihre Krallenspuren auf den Möbeln hinterlässt, kommen dafür beide Gründe infrage. Geht es ihr nur um das Schärfen ihrer Krallen, lässt sich ihr Treiben auf einen anderen Gegenstand, z.B. einen Kratzbaum, verlagern. Dieser kann mit einem Strick oder Rinde verkleidet sein oder aus massivem Holz bestehen. Die Kratzbäume aus dem Zoogeschäft, die mit Teppich beklebt sind, könnten die Katze dazu verleiten, gleich Ihren Teppich zum Krallenschärfen zu benützen. Ich würde sie nicht kaufen. Stellen Sie einen neuen Kratzbaum dorthin, wo die Katze ihre Kratzspuren hinterlassen hat. Wenn Sie ihn annimmt, wird er schrittweise an eine Stelle gerückt, wo er nicht stört oder im Weg steht. Der Kratzbaum muss höher sein als die auf den Hinterbeinen stehende, ausgestreckte Katze. Katzen finden gerade diese Höhe an Möbeln so verlockend. Keine Katze würde einen hohen Sessel gegen einen zu kurzen Kratzbaum eintauschen.

Kratzt die Katze allerdings, um eine Duftmarke zu setzen, könnte sie sich unsicher fühlen. Die Duftmarken dienen ihrem Gefühl der Sicherheit. Als Gegenmaßnahme empfehle ich die gleichen Mittel wie bei Urinmarkierungen (siehe dort).

Wenn Ihre Katze Probleme mit der Sauberkeit hat

Katzen sind berühmt für ihre Sauberkeit. Schon die kleinen Kätzchen scheinen instinktiv zur Katzenstreu zu laufen, um sich dort zu erleichtern. Stellen Sie einem neuen Kätzchen eine Schale mit Streu in den Käfig oder in die Nähe seines Körbchens weit genug vom Futterplatz entfernt. Benutzen Sie dieselbe Streu wie der Züchter. Katzen weigern sich, eine stark verschmutzte Streu zu benutzen. Sie brauchen aber dennoch die Streu nicht ständig auszuwechseln. Einmal sauber machen pro Tag oder alle zwei Tage reichen aus. Die Katze wird ihren eigenen Duft an dem neuen Katzenklo riechen und es akzeptieren.

Wenn die Katze älter wird und alle Impfungen bekommen hat, darf sie ins Freie und wird sich höchstwahrscheinlich auch dort erleichtern. Sie können den Übergang unterstützen, indem Sie etwas Gartenerde in die Streu mischen und das Katzenklo nach und nach näher an die Gartentür rücken. Schließlich stellen Sie die Schale direkt vor die Tür. So lernt die Katze, eine Toiletten- von einer toilettenfreien Zone zu unterscheiden. Schließlich verstreuen Sie etwas Streu an einer geeigneten Stelle auf den Gartenboden, damit die Katze in den ersten Tagen ihre neue Toilette findet.

Da kranke Katzen lieber in der Wohnung bleiben, sollte hier immer ein Katzenklo zur Verfügung stehen. Das gilt auch, wenn Ihre Katze bei Regen nicht gern ins Freie geht.

Es kommt so gut wie nie vor, dass eine gesunde Katze in die Wohnung macht. Sollte es dennoch einmal direkt vor Ihren Augen geschehen, setzen Sie Ihre Katze sanft ins Katzenklo. Reden Sie mit ihr, streicheln Sie sie. Sie wird verstehen, was Sie von ihr wollen. Strafen, wie »Nase drin reiben«, bringen nichts. Die Katze kann darin keinen Zusammenhang mit ihrem Fehlverhalten entdecken. Solche Strafen machen sie nur nervös und provozieren weitere Missgeschicke. Wenn Sie die Katze nicht unmittelbar ertappen können, bleibt nichts anderes übrig, als alles sauber zu machen. Zur Sicherheit können Sie auch einen Tierarzt fragen, ob ein medizinisches Problem vorliegt.

Die Therapie einer Katze mit Toilettenproblemen jeglichen Alters ist von der häuslichen Umgebung und dem Vorwissen der Katze abhängig. Die folgenden Tipps sollten Ihnen helfen, das Problem erfolgreich anzugehen:

1. Stellen Sie einen Katzenkäfig in ein geeignetes, kleines Zimmer. Er sollte groß genug sein, um ein Bett und das Katzenklo aufzunehmen. Katzen haben schon in frühester Jugend gelernt, auf keinen Fall ihren Schlafplatz zu beschmutzen. Normalerweise suchen sie sich für ihre Ausscheidungen einen Platz, der so weit wie möglich vom Schlafplatz entfernt ist. Das geht im Käfig nur in der Schale mit der Streu. Nach 7–14 Tagen hat sich die Katze an Schale und Streu gewöhnt. Immer wenn Sie die Katze nicht

beaufsichtigen können, sperren Sie sie in den Käfig. Nach sieben bis zehn Tagen muss die Katze nicht mehr in den Käfig. Sie darf sich allerdings weiterhin nur in diesem Zimmer aufhalten. Dann wird die Schale mit der Streu schrittweise vom Bett entfernt. Erst danach darf die Katze die Wohnung Zimmer für Zimmer wieder neu entdecken. Sie sollten dabei sein und ihr Verhalten beobachten. Wenn abzusehen ist, dass die Katze wieder ins Freie darf, wird das Katzenklo immer näher zur Gartentür gerückt und schließlich vor die Tür gestellt. Wenn die Streu etwas verschmutzt ist, stellen Sie die Schale im Garten an eine geeignete Stelle, um die Katze zu ermuntern, ihr Geschäft auf der Erde zu verrichten. So wird sie schließlich wieder verlernen, im Haus ihr Geschäft zu machen und dies mit »im Freien« in Verbindung bringen.

2. Ist der Katze ein Missgeschick passiert, darf sie erst wieder ins Zimmer, wenn Sie alle Spuren gründlich weggeputzt haben. Das geht am besten mit einem milden, ökologischen Putzmittel und Nachreiben mit Alkohol (Desinfektionsmittel). Lassen Sie die Stelle gut abtrocknen, ehe die Katze wieder in das Zimmer darf. Auf keinen Fall sollte die Katze ihren Geruch an dieser Stelle dann noch wahrnehmen können.

3. Manche Katzen schätzen eine Abdeckung über ihrem Katzenklo; sie fühlen sich sicherer. Schneiden Sie ein Eingangsloch in einen großen Pappkarton und stülpen ihn über die Streuschale. Natürlich können Sie auch gleich ein Katzenklo mit Deckel kaufen.

4. Streu und Schale dürfen auf keinen Fall verschmutzt sein, denn Katzen lieben es sauber. Zu viel putzen ist allerdings auch nicht richtig. Eine normale Katze fühlt sich in einem Katzenklo wohl, das einmal täglich gereinigt wird (wenn sich mehrere Katzen die Schale teilen, muss sie häufiger gesäubert werden). Der leichte Eigenduft der Streu zieht die Katzen an.

5. Probieren Sie unterschiedliche Streutypen aus (Granulate aus Bleicherde, Holzpellets, grobe oder sehr feinkörnige Granulate). Wenn die Katze ins Freie darf, wird die Streu zur Hälfte mit Gartenerde vermischt, damit sie sich frühzeitig daran gewöhnt, sich im Garten zu erleichtern.

6. Halten Sie die Katzenklappe zu geeigneten Zeiten geschlossen, damit die Katze den Unterschied zwischen »Innen-Sicher-Sauber« und »Toilettenzone im Freien« begreift. Auf diese Weise können Sie auch den Wechsel der Katzen zwischen drinnen und draußen kontrollieren und sie besser beaufsichtigen. Lassen Sie die Katze möglichst direkt nach dem Fressen ins Freie. Viele Katzen machen ihr Geschäft unmittelbar danach. Ermuntern Sie die Katze ruhig, längere Zeit im Freien zu verbringen. Damit erhöhen Sie die Chancen, dass sie sich auch im Freien erleichtert und den Garten als geeignete Toilette akzeptiert.

7. Stellen Sie den Futternapf niemals direkt neben das Katzenklo. Das wirkt abschreckend auf Ihre Katze und sie sucht sich einen anderen Platz in der Wohnung. Diese Abneigung können Sie sogar als Abschreckungsmittel nutzen: Stellen Sie Futter an eine »gefährdete« Stelle. In diesem Fall ist Trockenfutter hygienischer als Feuchtfutter. Der Trick klappt auch bei Katzen, die normalerweise Nassfutter aus der Dose bekommen. Kleben Sie die Trockenfutterstückchen am Boden des Napfes fest, damit die Katze sie nicht fressen kann.

8. Bestrafen Sie niemals eine Katze, der in der Wohnung ein Missgeschick passiert ist. Strafe ist sinnlos. Sollten Sie allerdings die Katze in flagranti erwischen, tragen Sie sie zum Katzenklo; streicheln Sie sie und reden Sie mit ihr. Wenn sie sich in der Streu erleichtert, wird die Katze gelobt und bekommt einen Leckerbissen.

Wenn die Katze überall markiert und uriniert

Katze oder Kater, kastriert oder nicht – das Markieren ihres Reviers mit Urin ist ein völlig normaler Vorgang. Gewöhnlich sprühen Katzen dabei Urin auf einen senkrechten Gegenstand – einen Zaunpfahl oder Büsche –, an dem ein Rivale vorbeikommen könnte. Da es sich um ein Konkurrenzverhalten mit fremden Katzen handelt, findet das Markieren normalerweise im Freien statt. Innerhalb der sicheren Wohnung sind keine Rivalen zu befürchten, daher markieren Katzen dort nur selten.

Eine Wohnungskatze, die an Möbeln markiert, ist verunsichert und möchte sich durch ihren Eigenduft immer wieder sicherer fühlen. Als mögliche Gründe kommen umgestellte Möbel oder Veränderungen im Haushalt infrage: ein Gast, ein Baby oder der Tod eines Familienmitgliedes. Je mehr Katzen in einer Wohnung leben, desto größer ist die Gefahr, dass früher oder später eine davon zu markieren beginnt, wenn der Konkurrenzdruck zu groß wird. Türen, Vorhänge, Fenster, Möbelfüße und neue Gegenstände, wie Müllbeutel aus Plastik, sind beliebte Ziele. Da sie sich in Gegenwart eines Menschen sicherer fühlen, markieren Katzen nur selten vor menschlichen Zeugen. Die feuchte, duftende Hinterlassenschaft wird meist erst später entdeckt.

Das Versprühen von Urin zu Markierungszwecken und das Urinieren sind unterschiedliche Verhaltensweisen. Beim Urinieren nehmen Katzen eine hockende Stellung ein, wie im Katzenklo oder im Garten. Beim Markieren wird die Blase nicht entleert, sondern nur eine kleine Portion auf ein hohes Objekt gesprüht. Dabei steht die Katze mit hoch erhobenem, an der Spitze zitterndem Schwanz – manchmal tritt sie zudem mit den Hinterbeinen auf der Stelle – und spritzt einen Strahl nach hinten.

Nicht kastrierte Kater markieren nach der Geschlechtsreife sehr ausgiebig und mit deutlich wahrnehmbarem Duft. Nach der Kastration hört dieses Verhalten sofort auf. Nach der Kastration hören auch die Katzen auf zu sprühen, um Kater anzulocken. Ältere Katzen beiderlei Geschlechts fühlen sich unsicherer als junge Katzen und versuchen mit Markierungen gegen echte oder vermeintliche Konkurrenten anzukämpfen.

Eine Katze, die in der Markierungsstellung uriniert, könnte unter Erkrankungen der unteren Harnwege leiden. Sollte eine Katze unter Schmerzen urinieren oder markieren, insbesondere in der Nähe des Katzenklos, muss sie sofort zum Tierarzt. Zu Beginn der Behandlung wird dafür gesorgt, dass sich die Katze wieder sicherer fühlen kann. Schimpfen Sie nicht, selbst wenn Sie die Katze gerade beim Markieren erwischen. Sie wird sich dann noch unsicherer fühlen und noch häufiger markieren.

Geht das Markieren auf eine Veränderung in der Wohnung zurück, sollten Sie der Katze den freien Zutritt zu den meisten Zimmern verwehren und sie zunächst unter Aufsicht halten. Dann darf sie die »neuen« Zimmer in Begleitung wieder betreten und sie als Teil ihres Reviers kennenlernen.

Reinigen Sie die markierten Stellen mit einem milden, ökologischen Haushaltsreiniger und reiben Sie die Markierungen mit Alkohol (Desinfektionsmittel) nach, damit auch fetthaltige Rückstände gelöst werden. Die Katze darf erst wieder in Begleitung ins Zimmer, wenn alle Rückstände getrocknet sind.

Wenn die Katze über eine Katzenklappe freien Zugang zum Garten hat, wird die Klappe geschlossen, sodass die Katze nur noch mithilfe eines Menschen nach draußen kann. Katzenklappen können die Sicherheit einer Katze beeinträchtigen. Es könnten Rivalen in die Wohnung eindringen, also an den Ort, an dem sich die Katze besonders sicher fühlt. Sollte das Markieren tatsächlich aufhören, können Sie später eine Klappe einbauen lassen, die nur für ihre Katze funktioniert. Dazu trägt sie einen elektronischen oder magnetischen Sender am Halsband, der die Klappe aktiviert. Fremde Katzen können sie nicht benutzen.

Auch hier kann wieder der Käfig in der Wohnung helfen. Er gibt der Katze das Gefühl von Sicherheit zurück. Natürlich sollte ein warmes Bett darin stehen. Ein geschlossener Käfig bietet nicht nur sicheren Schutz, er verhindert auch das Markieren, denn die meisten Katzen halten den Bereich um ihren Schlafplatz sauber. Bleibt die Katze länger als zwei bis drei Stunden in dem Käfig, braucht sie ein Katzenklo, das so weit wie möglich von Bett und Futternapf abgerückt wird. Stellt die Katze daraufhin das Markieren ein, wird sie unter Aufsicht Zimmer für Zimmer wieder an die Wohnung gewöhnt. Am Ende der Behandlung muss die Katze die Wohnung wieder als einen Raum empfinden, in dem sie sich sicher fühlen kann und den sie nur mit ihren Menschen teilt.

Katzen markieren nur selten am Futterplatz. Benützen Sie Futter als Abschreckung und stellen es an eine »gefährdete« Stelle. Für diesen Zweck ist Trockenfutter hygienischer als Feuchtfutter. Der Trick schlägt sogar bei Katzen an, die üblicherweise Fleischfutter aus der Dose bekommen. Kleben Sie die Trockenfutterstückchen am Boden des Napfes fest, damit die Katze sie nicht fressen kann. Auch unbequeme Bodenverhältnisse, wie z.B. Tannenzapfen in einer Schale, können verhindern, dass die Katze bestimmte Stellen aufsucht und dort markiert.

Wenn Sie Ihre Katze vegetarisch ernähren wollen

Überzeugte Vegetarier versuchen manchmal, ihre Einstellung auf Katzen zu übertragen. Für Hunde und Menschen ist rein pflanzliche Ernährung kein besonderes Problem, denn sie haben im Lauf der Evolution gelernt, auch ohne Fleisch auszukommen. Für Katzen ist es schwierig. Der Katzenkörper ist auf Fleischnahrung angewiesen und kann bestimmte lebenswichtige Stoffe, wie Taurin, nicht aus pflanzlicher Kost selbst herstellen. Katzen haben sich zu derart erfolgreichen Jägern und Fleischfressern entwickelt, dass sich ihr Körper alle erforderlichen hochwertigen Nährstoffe aus tierischer Nahrung beschaffen kann, ohne dafür pflanzliche Nahrung verwenden zu müssen: Katzen können keine Vegetarier sein, auch wenn das manche ihrer Halter gerne hätten!

Wenn Sie eine streunende Katze zähmen wollen

Weltweit gibt es Millionen streunender Katzen. Vielen Menschen fallen sie zum ersten Mal bei einem Urlaub am Mittelmeer auf, wo Katzen in den Ferienanlagen nach Futter suchen. In Großbritannien wird die Zahl der streunenden Katzen auf eine Million geschätzt. Viele Menschen kümmern sich um sie. Helfer versorgen sie mit Futter und suchen nach Familien, die eine streunende Katze aufnehmen wollen. Das kann allerdings schwierig und auch gefährlich werden. Eine verwilderte Katze, die bereits in einer Familie gelebt hatte und vertrieben wurde, kann sich wieder an Menschen gewöhnen, eine in Freiheit geborene Katze ist dazu nicht bereit. Bis zum Alter von sieben bis acht Wochen muss eine Katze Kontakt mit Menschen gehabt haben, um Menschen als Freunde zu akzeptieren (siehe Kapitel 2). War sie in diesem Alter mit ihrer Mutter allein, ist sie unfähig, sich in ein menschliches Familienleben einzufinden.

Man kann mit viel Geduld und Hingabe ein acht Wochen altes, wild geborenes Kätzchen noch an Menschen gewöhnen, auch wenn es sich mit Aggression oder Angst dagegen wehren wird, doch der gleiche Versuch wäre bei einer erwachsenen Katze völlig sinnlos. Tatsächlich ist ein solcher Versuch auch für die Katze äußerst unangenehm, denn sie müsste erst lernen, Menschen in ihrer direkten Umgebung zu akzeptieren. Dazu wird sie in einen Gitterkäfig innerhalb der Wohnung gesperrt und leise und sanft an das tägliche Leben gewöhnt. Kätzchen werden früher oder später auf die Menschen eingehen und je jünger sie sind, desto eher können sie sich entspannen und freundlich werden. Ältere Katzen empfinden bereits den Käfig als Stress und jeder Mensch, der sich nähert, verschlimmert ihre Angst. Sie kauern sich bewegungslos in einer Ecke zusammen und reagieren möglicherweise aggressiv.

Wenn Sie wirklich eine streunende Katze aufnehmen und ihr ein liebevolles Heim bieten möchten, dann nehmen Sie ein Kätzchen, das jünger ist als acht Wochen (soweit sich das feststellen lässt) und nur, wenn Sie Zeit haben, sich intensiv mit ihm zu beschäftigen.

Eine ältere Katze zu nehmen, wird für beide Seiten mit einer Enttäuschung enden. Das Beste wäre es, die Katze kastrieren zu lassen und in eine betreute Gruppe verwilderter Katzen zu geben, wo sie ein Leben in Freiheit führen kann und nur regelmäßig gefüttert wird.

Wenn sich die Katze vor Fremden fürchtet

Manche Katzen leben völlig zufrieden in einer Familie und geraten in Panik, wenn ein Gast zu Besuch kommt. Das muss nicht unbedingt daran liegen, dass sie als Jungtiere nicht mit Fremden zu tun hatten. Die Katze kann auch eine schlechte oder gar traumatische Erfahrung mit einem lauten, unfreundlichen Gast gemacht haben, die sie erschreckt hat. Um eine ähnliche Erfahrung zu vermeiden, macht sich die Katze jedes Mal davon, sobald ein Fremder die Wohnung betritt.

Der erste Schritt zu einer Verhaltensänderung ist es, die Flucht zu verhindern und die Katze der neuen Situation auszusetzen. Eine Katze, die ständig wegläuft, gerät zwar nicht in Gefahr, sie verpasst aber auch jegliche Möglichkeit, sich mit der angeblichen Bedrohung auseinanderzusetzen. Wenn die Katze an ein Halsband oder eine Katzenleine gewöhnt ist, halten Sie sie im Zimmer oder setzen Sie sie für kurze Zeit in einen Transportkäfig, wenn Sie Gäste erwarten. Der Käfig sollte bereits in dem Zimmer stehen, in dem sich die Gäste aufhalten – meist also im Wohnzimmer. Beginnen Sie die Übung mit Familienmitgliedern, die zu Besuch kommen. Erst später bitten Sie Freiwillige, Ihnen bei dieser Aufgabe zu helfen. Wenn die Gäste an der Tür läuten, kann die Katze nicht wie üblich flüchten, sondern muss im Käfig sitzen bleiben. Gemeinsam betreten Sie den Raum. Die Katze erkennt vertraute Familienmitglieder und beruhigt sich wieder. Durch mehrfache Wiederholungen lernt die Katze, die Türklingel mit nicht bedrohlichen Fremden zu assoziieren.

Gehen Sie bei den freiwilligen »Fremden« genauso vor: Sie betreten das Wohnzimmer zusammen mit einem Familienmitglied und bleiben in gewisser Entfernung von der Katze sitzen. Es kommt zunächst nur darauf an, dass die Katze sich langsam an die Gegenwart von Fremden gewöhnt. Der Käfig bietet ihr den notwendigen Schutz vor den Gästen, vor denen sie sich einst so gefürchtet hatte. Sie wird sich bald beruhigen.

Manchmal gewöhnen sich sehr nervöse Katzen schneller an Fremde, wenn Sie das Tier unter Aufsicht des Tierarztes mit einem milden Beruhigungsmittel etwas sedieren. Das darf keinesfalls so weit gehen, dass die Toleranz der Katze von Medikamenten abhängt. Nach ein paar Tagen wird das Beruhigungsmittel abgesetzt. So lernt die Katze nicht nur unter Beruhigungsmitteln, sondern auch ohne diese Hilfe umgänglicher zu reagieren. Ob mit oder ohne Beruhigungsmittel: Die Katze wird unter den richtigen Bedingungen lernen, dass die Besucher ungefährlich und nicht bedrohlich sind. Noch wichtiger ist es, dass sie die Fremden innerhalb ihrer Fluchtdistanz akzeptiert.

Der nächste Schritt in der Behandlung des Problems geht etwas weiter. Nun setzen sich die Gäste näher an den Katzenkäfig, damit sich die Katze noch besser an deren Gegenwart gewöhnt. Gehen Sie jetzt jeweils nur so weit, wie die Katze es zulässt. Die Gäste dürfen die Katze weder ansprechen noch berühren. Das geht erst dann, wenn sie sich merklich beruhigt hat. Es klingt zwar ein wenig grausam, aber für den nächsten Schritt sollten Sie die Katze zwölf Stunden lang hungern lassen. Der Besucher nähert sich vorsichtig dem Käfig und wirft der Katze ein Stückchen ihres Lieblingsfutters zu. Dabei sollte er sich nicht von oben über den Käfig neigen. Futter ist wirkungsvoller als die sanfteste Stimme. Dennoch sollten sowohl ein Vertrauter als auch der Fremde in diesem Stadium leise mit der Katze reden, während sie ihr das Futter anbieten. In der Folge wird die Katze jedes Mal mit kleinen Mahlzeiten gefüttert, wenn Fremde anwesend sind. An dieser Übung sollten so viele Gäste wie möglich und auch die Familienmitglieder teilnehmen. Die Katze wird immer selbstsicherer und lernt, auch Fremde als Quelle für Futter, später auch für Zuneigungen anzuerkennen.

Im letzten Schritt wird der Käfig entfernt und die Katze an der Leine geführt, wenn ein der Katze bekannter Gast die Wohnung betritt. Er bietet der Katze wie vorher Futter an, während Sie mit der Katze an der Leine langsam auf ihn zugehen. Gehen Sie sehr langsam vor, damit die Katze nicht wieder in ihr altes Verhalten zurückfällt. Hören Sie auf, sobald die Katze ein Anzeichen von Angst zeigt oder an der Leine zerrt. Wenn alles glattgeht, darf der Gast die Katze streicheln. Beginnen Sie zuerst damit, dann übernimmt der Gast. Möglicherweise lässt sie sich nicht von ihm auf den Arm nehmen, denn damit würde sie ihre Fluchtmöglichkeit aufgeben. Viele Katzen lassen sich ausschließlich von Familienmitgliedern hochnehmen, denen sie vollständig vertrauen. Achten Sie darauf, dass sich die Hand des Gastes entweder ungesehen von der Seite oder sehr langsam von vorn auf die Katze zu bewegt. Sie muss die Handbewegung sehen und akzeptieren. Für eine ängstliche Katze wirkt die Hand wie eine bedrohliche Pfote und Pfoten tragen Krallen. Es könnte also durchaus sein, dass sie die Menschenhand als eine Bedrohung empfindet. Zudem ist es hilfreich, wenn der Gast sich ihr auf Augenhöhe nähert, statt sich drohend über sie zu beugen. Nicht jeder Gast dürfte bereit sein, sich auf den Bauch zu legen, um mit der Katze zu reden, aber sie können die Katze auch auf einen erhöhten Platz setzen – auf den Korb, an der Leine auf den Tisch – sodass ein Kontakt auf gleicher Höhe möglich ist. Denken Sie nicht nur an die Katze. Auch die Sicherheit des Gastes muss gewährleistet sein, damit er keine Verletzungen durch Krallen davonträgt.

Wenn die Katze nachts Zuwendung fordert

In den letzen Jahren wurde zunehmend über neue, merkwürdige Verhaltensweisen bei älteren Katzen berichtet. Das kann daran liegen, dass in vielen Ländern der Erde vermehrt Katzenpsychologen ihre professionelle Hilfe bei Störungen anbieten und dass die Katzenhalter besser auf diese Dienste zugreifen können. Aber auch wir Katzenhalter haben uns geändert. Wir haben gelernt, das Verhalten unserer Katzen genauer zu beobachten und legen großen Wert auf unser gutes gegenseitiges Verhältnis. Katzen werden eher respektvoll behandelt als früher, was sich mit zunehmendem Alter von Halter und Katze noch verstärkt. Zu einem verspielten Kätzchen ist das Verhältnis in erster Linie von kurzfristiger Neugier und Spaß geprägt. Unsere Beziehung zu einer älteren Katze besteht eher aus tiefer Zuneigung und gegenseitiger Zufriedenheit.

Im Vergleich mit einer jungen Katze oder einer erwachsenen Katze legen ältere Katzen in der Tat nur wenige Verhaltensstörungen an den Tag. Die Altersweisheit der Menschen, die auf viele Jahre Lebenserfahrung zurückblicken können, zeigt sich häufig auch bei Katzen. Sie wissen genau, wie sie sich in ihrer Höhle zusammen mit den Menschen betragen müssen, wann sie am Leben der Menschen teilhaben dürfen und wann besser nicht. Sie wissen, wie sie ihre Wünsche äußern müssen und kennen alle guten Plätze, an denen sie ungestört dösen können, ohne belästigt zu werden. Im Laufe der Zeit werden ältere Katzen immer pflegeleichter. Viele Verhaltensstörungen beruhen auf körperlichen Problemen, denn auch Katzen leiden unter altersbedingtem körperlichen Verschleiß. Andererseits sind sie stärker als junge Katzen auf Gesellschaft und Bestätigung angewiesen. Junge Katzen haben eher Probleme damit, sich an das Leben innerhalb einer Familie zu gewöhnen oder leiden unter Nervosität oder unter Auseinandersetzungen mit anderen Katzen. Sie reagieren mit Urinmarkierungen, entleeren sich im Zimmer oder hinterlassen Kratzspuren an den Möbeln. Sie stehen unter Stress, weil ihnen andere Katzen in der Wohnung oder draußen das Revier streitig machen, vor allem jedoch, weil durch eine Veränderung in der Wohnung – Möbel verstellen, Besuche von Menschen oder Hunden – eine für sie unlösbare Situation entsteht. Die größte Aufregung bedeutet es für sie, wenn sie die Sicherheit der Wohnung in Gefahr sehen. Wenn beispielsweise eine Katzenklappe installiert wird, und sie fürchten müssen, dass ein Rivale Bett, Futternapf oder den Schoß des Menschen erobern könnte.

Das eindeutig größte Problem älterer Katzen ist das nächtliche Jaulen. Viele Menschen berichten davon, dass ihre Katzen mit zunehmendem Alter nach ihnen rufen und Aufmerksamkeit und Zuneigung einfordern, meistens in der Nacht. Sie wachen auf, weil die Katze laut nach ihnen ruft. Beim ersten Mal springen sie aus dem Bett, um nachzusehen, was die geliebte Katze haben könnte. Eine plötzliche Krankheit? Alterbeschwerden? Die Katze sitzt jedoch meist ohne das kleinste Anzeichen einer Krankheit direkt vor der Schlafzimmertür oder läuft in der Wohnung herum.

Es stellt sich heraus, dass die Katze weder aufgeregt ist noch einen speziellen Wunsch hat. Sie möchte weder gefüttert noch ins Freie gelassen werden. Nachdem sie gestreichelt wurde, beruhigt sie sich rasch, legt sich hin und schläft weiter. Sie brauchte den körperlichen Kontakt als Bestätigung und Schutz, um sich in der einsamen Ruhe der Nacht sicher zu fühlen.

Für die rufende Katze haben sich zwei wesentliche Dinge verändert: Nachdem sie jahrelang ihre Unabhängigkeit brauchte und vielleicht sogar verärgert war, wenn der Mensch sie in ihrer Einsamkeit störte, beginnt sie nun seine Gegenwart zu schätzen. Sie hat eingesehen, dass ihr der Mensch helfen kann, wenn sie sich einsam oder unsicher fühlt. Ein kurzer Kontakt und alles ist wieder in Ordnung. Sie kann sich auf den Menschen in ihrer Nähe verlassen, er trifft die richtigen Entscheidungen. Der zweite Punkt ist sogar noch wichtiger: Sie hat begonnen, ihren Menschen in echter Pawlowscher Manier zu trainieren. Wie jeder versierte Trainer hat sie den Menschen dazu gebracht, auf Zuruf zu reagieren. Mit einem einzigen klagenden Jaulen konnte sie ihn aus dem Bett holen, und dieses Wissen wird sie von nun an einsetzen. Soll ich mich neben die Heizung oder in die Sonne legen? Ein Jaulen und der Mensch kommt. Die clevere Katze weiß, dass sie ihren Menschen herbeirufen kann. Er wird sie streicheln und sie an einen schönen Platz bringen.

Das Alter hat eben auch gute Seiten für die Katze. Da sie ihren Halter nicht mehr durch elegante Sprünge oder Reiben am Bein beeindrucken kann, ruft sie ihn mit der Stimme. Um das nächtliche Problem zu lösen, stellen manche Katzenhalter den Schlafkorb direkt neben ihr Bett. So können sie helfen, ohne das warme Bett verlassen zu müssen. Wieder andere Katzen sind mit einer Heizdecke oder einem Radio zufrieden. Es gibt sogar die Geschichte einer alten Dame, die auf Zuruf der Katze jede Nacht aufstand, um das heiße Wasser in der Wärmflasche ihrer Katze nachzufüllen. Wieder andere Katzenhalter haben beschlossen, nicht mehr zu reagieren: Sie stecken den Kopf unter die Decke oder halten den klagenden Ton aus, bis die Katze lernt, dass ihre Strategie keinen Erfolg hat. Allerdings können sie ein Lied davon singen, wie ausdauernd Katzen rufen!

Das Verhalten einer Katze verändert sich mit den Jahreszeiten, dem Wetter oder der Aktivität der Familie. Auch das Futter spielt eine Rolle. Wird es als Frischfutter in größeren Portionen oder dauerhaft als Trockenfutter für den kleinen Snack zwischendurch angeboten? Eine ältere Katze schläft länger, auch zu Tageszeiten, an denen sie sonst im Freien war und auf die Jagd ging. Insgesamt passt sie ihren Tagesrhythmus noch stärker an den Lebensrhythmus der Familie an. Selbst für eine Katze, die jetzt mehr in Ruhe gelassen sein möchte, ist es wichtig, dass ihre Menschen ihr weiterhin Sicherheit vermitteln und dass sie zur Stelle sind, wenn sie Zuwendung braucht. Je älter die Katze wird, desto wahrscheinlicher sucht sie Schutz beim Menschen, wenn sie sich aufregt oder nachts aufwacht und sich einsam fühlt.

Sollte sich Ihre Katze zum nächtlichen Jauler entwickeln und Ihren Schlaf stören, dann stellen Sie das Körbchen in Ihr Schlafzimmer. Wacht die Katze nachts auf, spürt sie Ihre Nähe und gibt vielleicht Ruhe. Andernfalls bleibt Ihnen nichts übrig, als die klagenden Rufe zu ertragen. Jedes Mal, wenn Sie aufstehen, bestärken Sie die Katze in ihrem Verhalten und bestärken sie darin, auch in der nächsten Nacht um ihre Hilfe zu rufen. Je weniger sich die nächtlichen Rufe für die Katze auszahlen, desto länger bleibt sie unabhängig, gewinnt ihre Sicherheit zurück und lässt Sie schließlich schlafen.

Kann die Katze Krankheiten auf Menschen übertragen?
Der wissenschaftliche Begriff für Krankheiten, die von Tieren auf Menschen übertragen werden können, ist Zoonose. Einige Menschen lehnen tatsächlich den engen Kontakt zu einer Katze ab, weil sie fürchten, sich mit solchen Krankheiten anzustecken. In dieser Hinsicht braucht man sich aber nur wenig Sorgen zu machen. Tollwut ist natürlich eine schreckliche Krankheit, in unseren Breiten aber sehr selten. Grundsätzlich sollten alle Katzen dagegen geimpft sein, was die Gefahr einer Ansteckung weiter verringert. Theoretisch könnten Würmer über den Katzenkot übertragen werden, doch hier helfen vorbeugende Wurmkuren. Durch Pilze übertragene Hautflechten, nicht nur von Katzen, lassen sich heute erfolgreich behandeln. Außerdem kommen sie eher bei streunenden Katzen, die in großen Gruppen leben, vor und nur sehr selten bei Hauskatzen.

Die Toxoplasmose ist gefährlicher. Sie wird durch einen Einzeller übertragen, der mit dem Kot ausgeschieden wird. Dieser Parasit wird eher über den Genuss von ungekochtem oder halbgarem Fleisch übertragen als durch den Kontakt mit einer Katze. Die infizierte Katze zeigt keine äußerlichen Symptome und auch ein daran erkrankter Mensch hat allenfalls mit grippeähnlichen Symptomen zu rechnen. Während einer Schwangerschaft ist Toxoplasmose sehr gefährlich für das ungeborene Baby. In dieser Zeit sollte ein anderes Familienmitglied die Reinigung des Katzenklos übernehmen. Sollte es doch einmal unumgänglich sein, dass die werdende Mutter das Katzenstreu entsorgt, sollte sich sie anschließend sehr sorgfältig die Hände waschen und möglichst desinfizieren. Wenn wir unsere Katze regelmäßig entwurmen und die üblichen Hygienemaßnahmen beachten, ist das Risiko, dass wir uns bei unserer Katze anstecken, eher gering. Das enge Zusammenleben mit einem Tier hat so positive Auswirkungen auf unser Wohnbefinden, dass dies die geringe Gefahr einer Ansteckung – die zweifellos existiert – bei Weitem aufwiegt.

Verlässliche Hilfe im Internet bietet www.fabcats.org.

Zum Weiterlesen

Bailey, Gwen: Was denkt meine Katze? Katzenverhalten auf einen Blick.

Bessant, Claire: Die Geheimnisse der Katzensprache. Lernen Sie, Ihre Katze zu verstehen und mit ihr zu kommunizieren.

Bohnenkamp/Jones: Was Katzen wirklich brauchen. Verhalten verstehen und Probleme lösen.

Cryer, Max: Das KOSMOS Katzen Sammelsurium.

Federer/Rivas: Spiele für Katzen. Die schönsten Tricks für Stubentiger.

Grimm. Hannelore: Glückliche Wohnungskatzen.

Jones, Renate (Hrsg.): Kosmos Handbuch Katze.

Lauer, Isabella: Populäre Irrtümer über Katzen. Warum die Katzenwäsche für die Katz' ist und uns mit Kater der Morgen graut.

Müller, Karin: Gespräche mit Katzen. Erstaunliche Erfahrungen mit dem sechsten Sinn.

Rauth-Widmann, Brigitte: Katzensprache. Verhalten erkennen & verstehen.

Seidl, Denise: Spiel & Spaß für Katzen. Beschäftigungsideen für Stubentiger.

Seidl, Denise: Wenn meine Katze Probleme macht. Katzenverhalten verstehen, Probleme lösen.

Theby, Viviane: Clickern mit meiner Katze. Der Trick mit dem Klick – Katzen spielerisch erziehen.

Twardokus, Petra: Katzen in die Seele schauen. Erfahrungen einer Katzenpsychologin.

Wright, John C. und Judi Wright Lashnits: Katzen auf der Couch. Rat und Hilfe vom Katzen-Therapeuten.

Register

Aus dem Englischen übersetzt von Dr. Wolfgang Hensel, Bornheim-Rösberg.

Titel der Originalausgabe: »The secret life of cats – Everything your cat would want you to know«, erschienen 2006 bei John Blake Publishing Ltd, London. ISBN 978-1-84454-304-5. Text Copyright © 2006 by Claire Bessant.

Umschlaggestaltung von eStudio Calamar unter Verwendung eines Fotos von Juniors Bildarchiv/Biosphoto/J.-L. Klein & M.-L. Hubert.

Gedruckt auf chlorfrei gebleichtem Papier

ISBN 978-3-440-12275-4
Redaktion: Monika Weymann
Gestaltungskonzept: Populärgrafik, Stuttgart
Satz: Sabine Seifert – Satz/Grafik/Lektorat
Produktion: Eva Schmidt
Printed in The Czech Republic / Imprimé en République Tchèque